東大まちづくり大学院シリーズ

# サステイナブル都市の輸出
## ──戦略と展望

原田　昇 [監修]
和泉洋人
城所哲夫 [編著]
瀬田史彦

野田由美子　森川真樹
岸井隆幸　　安藤尚一
野城智也　　櫃本礼二
加藤浩徳　　信時正人
森口祐一　　橋本徹
滝沢智　　　松村茂久───著
石井亮
田中準也

学芸出版社

# ［はじめに］

　都市輸出という耳慣れない言葉を目にして戸惑いを覚えた方も多いと思う。しかし、一度でも、アジア都市を訪れたことがある方であれば、新興国・途上国の巨大都市ではまさに都市輸出というべき都市化が進行していることを実感として理解していただけるのではなかろうか。

　ここで言う都市輸出とは、もちろん、例えば東京のような特定の都市がまるごと輸出されるという意味ではない。新興国・途上国の都市では、自動車やスマホ、生活製品は言うに及ばず、巨大ショッピングモールからコーヒーチェーン、コンビニ、文化ソフトのような、直接、目に触れるモノやサービスにとどまらず、近年では、鉄道、水道、情報などのインフラ・都市サービスから大規模オフィス・マンション開発等の都市開発に至るまで、先進国企業の技術・資本投資が、日々、存在感を増している。これらの製品や技術、サービス、都市開発は普遍的な意味でのモノやサービスではなく、先進国都市のライフスタイルや都市のあり方、価値観を体現したものである。その意味で、まさに、先進国の都市から新興国・途上国へ、さらには、最近では、中国のような新興国の都市から新興国・途上国の都市へと、まさに都市そのものとも言えるモノやサービスの輸出が進行しているのである。

　このような都市の輸出には、ポジティブな側面とネガティブな側面がある。急速な都市化が進行する新興国・途上国の都市では、そこで生まれる膨大なインフラ整備需要を満たすために官民連携（PPP：Public-Private Partnership）のもとでのインフラ整備は必須であり、そこでは外国資本投資が重要な役割を果たしている。また現代都市に求められる機能を支えるためには先進国企業の有するハード・ソフト両面にわたる先進的技術・ノウハウが欠かせない。先進国企業、さらには、最近では、新興国企業にとっても膨大なビジネスチャンスが広がっており、Win-Win の関係のもとでポジティブな成果が生まれている。一方で、あまりに急速な都市化が進んでいることから、目先の利益のみに囚われた開発が進められ、将来に禍根をのこすような都市開発が進んでしまっている例も多い。本書が、サステイナブルな都市の輸出の重要性を強調する所以である。

　すなわち、現在、まさに進行しつつある都市輸出を、いかにサステイナブル

な都市形成に役立てていくのか、言い換えれば、サステイナブルな都市を目指す新興国・途上国都市と、技術・ノウハウを輸出し、同時に資本投資を行う先進国や新興国の企業とのWin-Winの関係をいかに築き上げていくかについての戦略と展望を示すことが求められている。この点に本書のねらいがある。

翻って、ポジティブな意味での都市輸出を進めることは、日本の都市にとってもプラス面が大きい。直接的には、日本の都市自治体が、新興国・途上国都市に対して、立地企業とともに、積極的に都市整備や都市経営を支援することで、立地企業のビジネスチャンスを拡大したり、都市のブランド価値が高まることでインバウンド観光や企業投資に結びついたりする可能性が拡大するというような効果が期待できる。

加えて、日本のまちづくりへフィードバック効果も大きい。すなわち、サステイナブルな都市の輸出に向けて、日本の都市づくりの制度、技術、ノウハウを体系的に整理し、新興国・途上国都市への適応可能性を当該国都市の政策担当者、専門家、実務家、研究者とともに検討するプロセスを通じて、日本の都市づくりの双方向的相対化がなされることで日本の経験や制度の特殊性と普遍性、利点と弱点があぶり出され、今後の日本の都市づくり・まちづくりに生かしていくことができるのではなかろうか。

本書は、以上のような問題意識のもとで、サステイナブルな都市の輸出に関わる重要なテーマ群を設定し、それぞれのテーマについて第一線の政策担当者、実務家、研究者に執筆をお願いしたものである。編集に当たっては、インフラ輸出や海外における都市開発等、都市輸出の実務に携わっている（あるいはこれから携わるであろう）方々や本テーマに関心のある研究者や学生の方々に都市輸出に関する体系的な見取り図を提供すると同時に、具体的な事例を多く挙げることで実践的にも役立つものとなるよう心がけた。

本書が、サステイナブルな都市の輸出に関する広範な関心と議論を喚起するものとなるならば、編集者の一人として望外の喜びである。

2017年2月　城所 哲夫

## サステイナブル都市の輸出―戦略と展望　★ 目次

はじめに　　　　　　　　　　　　　　　　　　　　　　　　　　　　3

# 序章　新興国・途上国都市のサステイナビリティと都市輸出　　10

城所 哲夫・原田 昇

0-1　サステイナブル都市をめぐる国際的潮流　*10*
0-2　新興国・途上国都市の課題　*13*
0-3　サステイナブル都市への転換と都市輸出　*15*

# I部　世界の都市整備ニーズと日本の役割

## 1章　日本の都市輸出戦略　　20

和泉 洋人

1-1　我が国の都市輸出戦略　*20*
1-2　我が国における主な取り組み事例及び教訓　*24*
1-3　競合国の動向　*28*
1-4　都市インフラ輸出促進に向けた今後の展開　*32*
1-5　「質の高いインフラ」のさらなる推進　*39*

## 2章　都市ソリューション輸出の戦略と展望　　41

野田 由美子

2-1　今なぜ都市ソリューションなのか　*42*
2-2　都市ソリューションをテーマに動き出した世界　*46*
2-3　日本がとるべき都市ソリューション戦略　*51*

# 3章　都市整備——区画整理事業を通じた貢献　61

岸井 隆幸

3-1　我が国都市整備手法の代表：土地区画整理事業　*61*
3-2　区画整理の国際展開・その初動期　*63*
3-3　タイに移転された「区画整理」　*67*
3-4　区画整理を巡る最近の動向　*70*

# 4章　スマートシティ——構想と技術移転の枠組み　74

野城 智也

4-1　スマートシティとは何か　*74*
4-2　スマートシティの実例　*79*
4-3　スマートシティを成立させるための技術的枠組み　*86*
4-4　スマートシティの技術移転　*87*

# 5章　社会基盤とインフラ輸出　　　　——支援からパートナーシップへ　91

加藤 浩徳

5-1　アジアにおけるインフラニーズと日本の貢献　*91*
5-2　世界のインフラ需要とインフラ整備に期待される効果　*92*
5-3　アジアのインフラ整備における日本の貢献の実績　*95*
5-4　インフラ輸出の可能性と課題　*100*

# 6章　都市環境と廃棄物管理　　　　——経験と技術の国際展開へ　104

森口 祐一

6-1　経済発展と都市環境問題・廃棄物問題　*104*

6-2 都市の廃棄物処理　*106*
6-3 廃棄物の処理処分技術とシステム・制度　*111*
6-4 廃棄物分野における国際協力と国際的活動　*115*

# 7章　水インフラ輸出<br>――制度・組織・事業運営モデルの展開へ　*121*

滝沢 智

7-1 国際協力から水ビジネスへ　*121*
7-2 日本の都市人口増加と上下水道普及の歴史　*122*
7-3 水と衛生の問題に対する国際社会の取り組み　*125*
7-4 水環境分野における日本の国際協力の歴史　*128*
7-5 開発途上国の水道事業の変容：国際協力から民間資金の活用へ　*130*
7-6 国際協力から水ビジネスへ：日本の動向　*132*
7-7 質の高い水インフラの輸出に向けて　*136*

# II部　都市輸出の実際と日本の役割

# 8章　都市輸出における官民連携とファイナンス　*140*

野田 由美子・石井 亮・田中 準也

8-1 海外の都市開発への参画という「都市輸出」　*140*
8-2 都市開発ビジネスの雄、シンガポール　*142*
8-3 海外の都市開発ビジネス参画における日本のジレンマ　*145*
8-4 日本の都市輸出戦略の今後　*147*
8-5 都市インフラ輸出ファイナンス　*151*

# 9章 都市開発における国際協力
## ——JICAの経験から　158

森川 真樹

- 9-1　サステイナブル都市に向けたJICAの取り組み　*158*
- 9-2　JICAによる都市開発分野での支援　*159*
- 9-3　M/P策定を軸とした支援での教訓　*170*
- 9-4　支援経験を効果的に活用した都市開発分野での協力可能性　*172*

# 10章 防災まちづくりにおける国際協力　176

安藤 尚一

- 10-1　災害経験から得た課題と対策の整理　*176*
- 10-2　防災まちづくりの国際協力　*179*
- 10-3　最近の大災害の具体事例から　*185*
- 10-4　防災まちづくり分野の日本の役割　*193*

# 11章 環境都市を輸出する——北九州市　196

櫃本 礼二

- 11-1　都市の持続可能性と環境インフラ需要　*196*
- 11-2　持続可能な都市発展に関する日本の経験　*198*
- 11-3　北九州市の環境国際戦略　*209*
- 11-4　世界の均衡ある持続可能な発展に向けて　*219*

# 12章 都市マネジメントを輸出する——横浜市　221

信時 正人・橋本 徹

- 12-1　日本の都市輸出マネジメントの現場——横浜の経験　*221*
- 12-2　都市連携から都市輸出へ（G to G）　*224*

12-3　横浜市温暖化対策統括本部の活動　*225*
12-4　横浜市国際局の国際技術協力（Y-PORT 事業）　*228*
12-5　これからの課題　*239*

# 13章　公共交通指向型開発（TOD）を輸出する　*242*

松村　茂久

13-1　新たな官民協力の枠組みによる TOD 型都市開発　*242*
13-2　ベトナムにおける都市開発マーケット　～経済発展と都市化の現状～　*243*
13-3　ODA と連動させた官民一体となった都市開発事業推進の仕組み　*247*
13-4　ホーチミン市における TOD 型都市開発事業の推進　*255*
13-5　新たな官民協力の仕組み　*262*

# 14章　都市づくりを担ってきた日本企業の海外進出の現状　*265*

瀬田　史彦

14-1　都市づくりを担う日本企業の海外進出　*265*
14-2　業種別の状況　*270*
14-3　東京五輪後に向けて　*278*

おわりに　*280*

索引　*281*

「第二期東大まちづくり大学院シリーズ」の刊行にあたって　*288*

# 新興国・途上国都市のサステイナビリティと都市輸出

城所哲夫・原田昇

## 0-1 サステイナブル都市をめぐる国際的潮流

### 1 持続可能な開発目標(SDGs)と都市

　持続可能な開発（Sustainable Development）とは、「環境と開発に関する世界委員会」（委員長：ブルントラント・ノルウェー首相（当時））が1987年に公表した報告書「我ら共有の未来（Our Common Future）」が提唱した考え方であり、「将来の世代のニーズを満たす機会を損なうことなく、現在の世代のニーズを満たすような開発」を意味している。当初は、開発と環境の両立をどのように図るかが重要な論点であったが、その後、貧困問題などの社会的側面にも光が当てられるようになり、経済発展、環境保全、社会的公正の三つの要素がバランスした発展のあり方を指す社会目標として理解されている。

　2000年9月に開催された「国連ミレニアム・サミット」において採択されたミレニアム開発目標（MDG）のあとを受けて、2015年に開催された「国連持続可能な開発サミット（United Nations Summit on Sustainable Development）」では、「私たちの世界を転換する：持続可能な開発のための2030年アジェンダ（Transforming Our World: 2030 Agenda for Sustainable Development）」が採択され、発展途上国のみならず先進国も含むすべての国が2030年までに達成すべき目

標として、「持続可能な開発目標（Sustainable Development Goals：SDGs）」が位置付けられた。SDGs は 17 の目標と 169 のターゲットからなるが、そのうち、目標 11 では、「包摂的（インクルーシブ）で安全かつ強靱（レジリエント）で持続可能な都市及び人間居住を実現する」として、持続可能な都市の達成が目標として掲げられている（表 1）。

SDGs の採択を受けて、2017 年 10 月にエクアドル・キト市で開催された第 3 回国連人間居住会議（ハビタット III）では、今後 20 年間の都市に関わる国際的な指針となる「ニュー・アーバン・アジェンダ（New Urban Agenda）」が採択された。同アジェンダでは、都市化を、持続的で包摂的（インクルーシブ）な経済成長、社会的文化的開発、環境保全をともに達成する持続可能な開発の牽引車として捉えた上で、表 2 に示す持続可能な都市を実現するための主要な目標を掲げた。同アジェンダでは、持続可能な都市の実現のためには、ベーシ

表 1　国連ミレニアム・サミットで採択された持続可能な開発目標

| | |
|---|---|
| 目標 1 | あらゆる場所のあらゆる形態の貧困を終わらせる |
| 目標 2 | 飢餓を終わらせ、食料安全保障及び栄養改善を実現し、持続可能な農業を促進する |
| 目標 3 | あらゆる年齢のすべての人々の健康的な生活を確保し、福祉を促進する |
| 目標 4 | すべての人に包摂的かつ公正な質の高い教育を確保し、生涯学習の機会を促進する |
| 目標 5 | ジェンダー平等を達成し、すべての女性及び女児の能力強化を行う |
| 目標 6 | すべての人々の水と衛生の利用可能性と持続可能な管理を確保する |
| 目標 7 | すべての人々の、安価かつ信頼できる持続可能な近代的エネルギーへのアクセスを確保する |
| 目標 8 | 包摂的かつ持続可能な経済成長及びすべての人々の完全かつ生産的な雇用と働きがいのある人間らしい雇用（ディーセント・ワーク）を促進する |
| 目標 9 | 強靱（レジリエント）なインフラ構築、包摂的かつ持続可能な産業化の促進及びイノベーションの推進を図る |
| 目標 10 | 各国内及び各国間の不平等を是正する |
| 目標 11 | 包摂的で安全かつ強靱（レジリエント）で持続可能な都市及び人間居住を実現する |
| 目標 12 | 持続可能な生産消費形態を確保する |
| 目標 13 | 気候変動及びその影響を軽減するための緊急対策を講じる |
| 目標 14 | 持続可能な開発のために海洋・海洋資源を保全し、持続可能な形で利用する |
| 目標 15 | 陸域生態系の保護、回復、持続可能な利用の推進、持続可能な森林の経営、砂漠化への対処、ならびに土地の劣化の阻止・回復及び生物多様性の損失を阻止する |
| 目標 16 | 持続可能な開発のための平和で包摂的な社会を促進し、すべての人々に司法へのアクセスを提供し、あらゆるレベルにおいて効果的で説明責任のある包摂的な制度を構築する |
| 目標 17 | 持続可能な開発のための実施手段を強化し、グローバル・パートナーシップを活性化する |

（出典：「我々の世界を変革する：持続可能な開発のための 2030 アジェンダ」外務省仮訳）

表2　ニュー・アーバン・アジェンダ（New Urban Agenda）の主要目標

- すべての市民にベーシックなサービスを提供する
- すべての市民に対して公正な機会と差別のない社会を実現する
- 都市環境保全のためのすべての方策を推進する
- 都市のレジリエンスを強化し、災害のリスクと被害を減少させる
- 気候変動に対して行動し、地球温暖化ガスの排出を減少させる
- 移住上の地位に関わらず、難民、移民、国内再定住者の権利を尊重する
- 交通制約を改善し、イノベーティブでグリーンなイニシアティブを支援する
- アクセスしやすく、緑豊かなパブリック・スペースの整備を促進する
- 実施のための制度、都市計画的、都市デザイン、都市財政の改善を進める

（出典：国連持続可能な開発ウェブサイト）

ック・サービスの提供、環境保全、貧困の解消、気候変動、防災、移民の権利の確保等の社会目標と交通整備、パブリック・スペースの整備、制度、財政等の都市計画・経営的な目標をともに達成することの重要性が強調されている。

## 2　サステイナブルな都市

　上記のような持続可能な開発をめぐる国際的な潮流のもとで、サステイナブル（持続可能）な都市の具体像については、さまざまな議論がなされてきた。中でも、持続可能な都市の基本原則を包括的に示したものとして、国連環境計画（United Nations Environment Programme: UNEP）と持続可能性を目指す自治体協議会（International Council for Local Environmental Initiative: ICLEI）の支援のもとで、世界各国の専門家が2002年にオーストラリアのメルボルン市に集まって策定した「持続可能な都市についてのメルボルン原則（Melbourne Principles of Sustainable Cities）」が挙げられる（表3）。同原則に示されるように、サステイナブルな都市とは、環境的側面、経済的側面、社会的側面からみた目標の実現に加えて、その目標を実現するプロセスにおける人々の参加や協働、ガバナンスを備えた都市のことである。

表3　持続可能な都市のメルボルン原則

1. 持続可能性（世代を超えた社会的・経済的・政治的公正性）に基づいた都市の長期的ビジョンを持つこと
2. 長期的な経済的かつ社会的な安定性を達成すること
3. その都市固有の生物多様性、自然生態系システムの価値を認め、保全、回復すること
4. コミュニティが、そのエコロジカル・フットプリント（人間の環境負荷の量を、その浄化のために必要な面積で表した指標）を最小にすることを可能とすること
5. その都市の生態系システムの特性を生かし、健康的で持続可能な都市をつくること
6. その都市の持つ人間的・文化的価値、歴史、自然などの個性を認め、発展させること
7. 都市の発展プロセスに人々が参加する権利と機会を提供すること
8. 共有の持続可能な未来のための人々の活動を保証し、その協働のネットワークを拡大すること
9. 環境に優しい技術の適正な利用と効果的な需要マネジメントを通じて、持続可能な生産と消費を促進すること
10. アカウンタビリティ（説明責任）、透明性、良いガバナンスのもとで継続的な発展を図ること

# 0-2　新興国・途上国都市の課題

## 1　都市のグローバル・ネットワーク

　今日の都市開発のあり方を規定する大きな要因としてグローバル・ネットワークにおける都市の位置付けが指摘できる[*1]。都市は、一国あるいは一地域内のポジションによってその性格が規定されるだけではなく、グローバリゼーションの進展とともに、アーバン・リージョン（都市とその後背圏域）のグローバルなネットワークが形成され、そのネットワークの中の位置付けによって、そのアーバン・リージョンの特徴的な形成が進む。すなわち、グローバル金融拠点、アジアやヨーロッパ等の地域統括拠点、創造拠点、イノベーション拠点、高付加価値生産拠点、ローコスト生産拠点等のネットワークが自由な資本の移動のもとでグローバルに展開される。

　途上国・新興国のアーバン・リージョンの都市開発は、ローコスト生産拠点として展開してきたものであり、海外直接投資（FDI）のもとでの外国企業の工場進出を牽引車として経済成長と都市形成が進んでいる。したがって、ローコスト生産拠点としての位置付けのもとで、生産拠点としての都市開発、すなわち、海外直接投資による工業生産機能とそのマネジメント・サービスのため

のオフィス機能を中心とした都市開発が先行し、生産コスト高の要因となりうる都市インフラ整備、住環境整備、都市環境保全等の都市機能の整備は後回しとなってきたのが実態である。言いかえれば、グローバル・ネットワークの圧力により、実力以上の都市開発が進んでしまった結果、新興国・途上国都市では、さまざまな都市問題が山積するに至っているのである。

## 2　都市発展のフェーズと都市開発ニーズ

　山積する都市問題のそれぞれの分野に関する個別の都市開発ニーズについては関連する各章で詳しく触れられているので、ここでは、それらの都市開発ニーズの背景について解説する。図1に示すように、都市の発展とともに、深刻度すなわち対策における優先度の高い都市課題は、衛生問題等の生活レベルの課題から、交通整備、住宅整備、都市環境汚染、防災、拠点整備、歴史地区保全、緑地保全等の都市レベルの課題、さらには気候変動に対する対応等の地球環境レベルの課題へと次第に広域的な課題へ遷移していく。

　問題改善のためのタイム・スパンにおいても、直接的な健康被害が大きい生活レベルの課題が短期的な対策を必要とするのに対して、対策に時間のかかる都市レベルの課題では中長期的な対策が必要となる。一方、影響が間接的で、

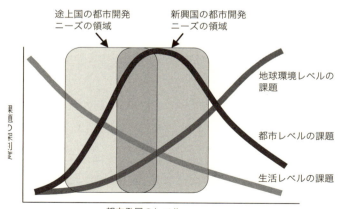

図1　**都市発展と都市開発ニーズ** (出典：UNEP (2011), Figure 1, *Urban Environmental Transition*, p457 をもとに筆者作成)

かつ場合によってはライフスタイルそのものの変化が求められるような複雑で広範な対策の必要となる気候変動への対応のような地球環境レベルの課題に対しては長期的なビジョンのもとでの息の長い対策が必要となる。気候変動対策には、気候変動の要因としての地球温暖化ガス抑制という緩和策の側面と気候変動の結果としての自然災害の激甚化への対策という適応策の側面の両面があるが、いずれにしても、長期的で複雑な対策が必要であることには変わりない。

　現在の多くの新興国・途上国都市の発展段階は、図に示すように、生活環境レベルならびに都市レベルの課題の双方に対処しなければならない段階にある。さらに、気候変動等の地球環境レベルの課題への長期的な対処を開始すべき段階へといたっている。すなわち、新興国・途上国では、個別的な対策では問題の発現に追い付かず、それぞれの対策が相互に相乗効果を持つような包括的な都市整備が必要となっているのである。

# 0-3 サステイナブル都市への転換と都市輸出

## 1　都市輸出

　グローバルな都市ネットワークの位置付けにおいてローコスト生産拠点としての開発が進んできた新興国・途上国の都市をサステイナブル都市へと転換していくにはどうしたらよいだろうか。この点で、高度成長期以降の日本のまちづくりが大きなヒントとなる可能性がある。「世界の工場」、すなわち、ローコスト生産拠点として、高度成長期に公害問題、交通戦争とも呼ばれた交通問題、住宅難等の深刻な都市問題を経験し、行政、企業、市民のさまざまな努力のもとで克服してきた経験が、現在の新興国・途上国都市に対して大きな示唆を提示することができると期待されている。

　本書は、PwC都市ソリューションセンターが事務局となって産官学連携により実施された都市ソリューション研究会のもとで行われた議論を一つのベースとして、上記のような問題意識のもとで編まれたものである[*2]。もちろん、日

本のまちづくりが辿ってきた背景と今日のグローバル化が進展した世界における都市発展のあり方の間には大きなギャップがあり、日本のまちづくりの経験をそのまま適応できると考えるのは幻想である。また、今日の新興国・途上国都市が、日本の都市が辿ったように、ローコスト生産拠点から高付加価値生産拠点やイノベーション拠点あるいは地域統括拠点へと、グローバル・ネットワークにおける、より高次のポジション、すなわち、より高コストの都市整備が可能となる都市発展のコースを辿ることができるかどうかについても、現時点において不確実であると言わざるを得ない。

とは言え、欧米流の事前確定的なマスタープランに基づいて都市発展を導く「マスタープラン型」の都市開発とは異なり、ローコスト生産拠点という条件のもとでローコストな都市化が先行し、事後的に漸進的な都市機能の高度化を進めてきた、日本の「まちづくり型」の都市開発のスタイルは、同様の都市発展の道を歩む新興国・途上国の都市にとって大いに参考になるものと言えよう。この意味で、まちづくりを通じての国際貢献への期待は大きい。

本書の各章で詳細に論じられ、あるいは紹介されているように、既に、まちづくりの多くの分野で、国や国際協力機構（JICA）、地方自治体、民間企業、市民セクターにより、日本の都市のまちづくりに関わる制度、技術、経営ノウハウの移転、個別インフラの輸出あるいは都市開発事業等が行われている。上述のような問題意識からは、このような個別の動きが発展し、国や自治体、民間企業ならびに市民セクターの連携のもとで総合的なまちづくりの支援が行われていくことが望ましい。

本書が対象とする新興国・途上国の都市においては、個別の開発のみならず、インフラ整備においても、官民連携（PPP）のもとで民間セクターが大きな役割を果たすようになりつつある。本書では、この潮流の上にたって、単体としてのインフラ輸出を超えて、あるいはインフラ輸出と一体となって、総合的なまちづくりを展開することで、新興国・途上国の都市がサステイナブルな都市へと転換することを支援していくことを、やや挑戦的な言葉ではあるが、先述した都市ソリューション研究会での議論も踏まえつつ、「サステイナブル都市の輸出」と呼び、本書全体のテーマとしている。

## 2　本書の構成

　最後に、読者の方々の便宜のために、本書の構成と各章の内容について簡単に紹介することで本書全体のパースペクティブを示し、本章の結びとする。

　本書は、大きく分けて二つのパートから構成されている。第 1 部は、理論・政策編として、都市輸出のための政策と理論的背景ならびに戦略と展望を示すことを目的としている。実践編の第 2 部では、官民連携の仕組みのもとで都市輸出を進めていく実践的方法論を提示することを企図した。

　各パートを構成する各章は、いずれも、それぞれの分野の第一線で活躍する政策担当者、専門家、研究者の方々に執筆していただいた。理論・政策編の第 1 部・第 1 章では、政府の都市輸出戦略の内容と今後の展開方向が、実際に政策形成に関わる著者により詳細に論じられる。続く第 2 章では、新興国・途上国のインフラ市場に精通し、都市ソリューション輸出のコンセプトを提唱してきた著者により、都市ソリューション輸出を進めていく上で実践的戦略が提示される。以上の総論を受けて、第 3 章から第 7 章では、各論として、各分野の第一線の研究者により、都市輸出の要となる分野である、都市整備と土地区画整理、スマートシティ、都市インフラ整備、廃棄物マネジメント、水インフラ整備における新興国・途上国都市における整備ニーズと対応する日本の制度、技術、マネジメント・ノウハウの国際展開の動向と展望が論じられている。

　実践編となる第 2 部では、まず第 8 章において、都市輸出を実務的に進めていく上で鍵となる官民連携（PPP）とファイナンスの仕組みが解説される。第 9 章では、日本が国際協力を進めていく上での要の組織である JICA による都市開発分野における支援の動向と今後の方向性が具体的な支援事例をもとに解説されている。第 10 章では、日本が世界をリードする立場にあることから、とりわけ重要な分野である防災分野を取り上げて国際協力の取り組みの展開を詳しく論じていただいた。第 11 章、第 12 章では、それぞれの自治体で実際に取り組みを進められてこられた著者らにより、サステイナブル都市の輸出をリードしてきた先進自治体である北九州市と横浜市の取り組みとそこから得られる教訓とこれからの展望が詳細に論じられている。第 13 章では、日本が豊富な経験とノウハウを有すると世界から認められている公共交通指向型開発（TOD）

を取り上げて、ベトナムを事例として、新興国・途上国都市への適用の現状と展望が論じられている。最後に、第14章では、日本の民間企業による新興国・途上国における都市開発事例を紹介するとともに、都市輸出の具体的な展開が展望されている。

　都市輸出に関する議論は始まったばかりである。本書が、まちづくりによる国際貢献の新たな方向性を切り開くものとなることを期待するものである。

**注**
* 1　Sassen, S. (2002) *Global Networks, Linked Cities*, Routledge
* 2　都市ソリューション研究会編、原田昇・野田由美子監修（2015）『都市輸出　都市ソリューションが拓く未来』東京経済新報社

**参考文献**
・松行美帆子・志摩憲寿・城所哲夫編著（2016）『グローバル時代のアジア都市論―持続可能な都市をどうつくるか』丸善出版
・Kidokoro, T., Harata, N. *et al*, eds. (2008) *Sustainable City Regions: Space, Place and Governance*, Springer
・UNEP (2011) *Towards a Green Economy*, UNEP

# I 部

# 世界の都市整備ニーズと日本の役割

# 1章 日本の都市輸出戦略

和泉洋人

## 1-1 我が国の都市輸出戦略

　2015年9月に国連サミットで採択された「持続可能な開発のための2030アジェンダ」において指摘されているように、持続可能な都市開発とその管理は、国民の生活の質を確保するうえで欠くことができない。国連の推計によると都市化の進展は開発途上国において顕著であり、上下水道、廃棄物処理、エネルギー供給、交通、防災等都市の持続的な発展に必要なインフラの需要が今後、急速に拡大すると考えられる。

　我が国は、急速な人口増大や公害等高度経済成長期にさまざまな都市課題を克服してきた経験や先進的な技術を有している。我が国の経験等を都市開発に活かすことにより、開発途上国をはじめ各国で深刻化する諸課題を克服し、都市開発を通じた各国の持続可能な経済開発に貢献することが可能である。また、政府としても膨大なインフラ需要を我が国の経済成長に結びつけるため、民間の都市インフラ輸出を積極的に支援する方針を打ち出しており、本章では、都市インフラ輸出を推進する日本政府の政策の方向性を明らかにすることを目的とする。

　以下では、まず、我が国の成長戦略における都市輸出戦略の位置付け、都市インフラ輸出の課題を紹介し、次に都市インフラ輸出の主な取り組み事例とそ

こから得られた教訓、さらに競合国の動向等を分析し、都市インフラ輸出促進に向けた今後の展開を順次扱うことにする。

## 1 成長戦略における都市輸出戦略の位置付け

2013年3月、内閣総理大臣の指示のもと、官房長官を議長として、インフラ輸出、経済協力等を一体的に議論する閣僚会議である「経協インフラ戦略会議」が設置された。同年6月に策定された「日本再興戦略」（2013年6月14日閣議決定）では、世界の膨大なインフラ需要を積極的に取り込むため、日本の「強みのある技術・ノウハウ」を最大限に活かして、2020年に約30兆円のインフラシステム受注を達成するという目標が設けられた。

日本企業のビジネス機会の拡大を図り、インフラシステム輸出による経済成長を実現するためには、特に成長目覚ましいアジア市場をはじめとする海外市場の需要を取り込むことが必要不可欠である。また、海外にモノやサービスを輸出するだけではなく、都市開発や地域開発において我が国が培ってきた技術やノウハウを凝縮した「質の高いインフラ投資」[*1]等を行うことにより、相手国の持続的な成長に寄与することが可能となる。

政府としては、民間の都市インフラ輸出について、積極的に支援していく方針が示されている。具体的には、「日本再興戦略改訂2015」（2015年6月30日閣議決定）において、「広域的総合開発に当たっては、産業基盤の整備や都市間交通ネットワークの整備等、複合的な要素が含まれる場合も多い」ことから「官民が協力して総合的な推進体制を構築し、川上の構想段階から現地の政府、民間企業等と連携して取り組んでいく」こととされている。

また、「インフラシステム輸出戦略」（2013年決定、その後年1回改訂。最新版は2016年5月23日「経協インフラ戦略会議」決定）においても、「インフラ案件の面的・広域的な取組への支援」として「広域開発プロジェクトにおける日本の経験や技術、実績のPR、早期段階からの相手国政府との連携や政策対話の実施、民間セクター、地方自治体等とも連携したマスタープランの作成を通じて、我が国の技術・ノウハウが適正に評価される環境を整備する」ことが謳われている。

## 2 都市インフラの現状及び課題

1―都市化の進展による問題の顕在化

　国連の推計では、2014年には世界人口の約54％が都市部に在住し、2050年には66％となる見込みである。また、都市化の進展は、開発途上国、特にアジアとアフリカにおいて急速に進むと指摘されており、都市人口の割合は、アジアでは2014年の48％から2050年には64％に、アフリカでは2014年の40％から2050年には56％に上昇すると推計されている。さらに、世界の人口50万人以上の都市は、2014年には1013都市から2030年には1393都市に増加すると見込まれている[*2]。

　都市における人口の増大や経済活動の拡大に伴う急速な都市化の進展は、エネルギー不足、交通機能不全、環境問題の深刻化等、さまざまな問題を惹起する。一方、上下水道、廃棄物処理・リサイクル施設、エネルギー供給施設、交通機関等の都市インフラへの需要は世界的に拡大すると予想されている。例えば、上下水道の整備・運営等の水ビジネスは約7000億ドル（2015年）から2020年には約8300億ドル規模の市場（Global Water Market 2017）に成長する見通しである。

2―都市インフラ輸出に係る課題

　都市インフラ輸出の特徴としては、民間事業者のみでの参入が難しいケースが多いということが挙げられる。その要因として、①案件が大型かつ複合的であり、事業期間が長期にわたることから事業リスクが極めて大きい、②ディベロッパー、コンサルタント、商社、メーカー等関与する事業者や分野が多岐にわたることから、関係者間の調整がなかなか進まない、③開発許認可手続き、関連インフラ整備等で現地政府の影響力が大きいこと等が挙げられる。

　対策としては、第一に案件の発掘・形成から、受注・建設、施設の維持・運営・管理まで、いわゆる「川上」から「川下」までの一貫した取り組みを官民一体として行うことが挙げられる。海外諸国では、長期にわたる事業運営権を落札者に与える事例が増えてきていることから、従来の売り切り型のビジネスではなく、長期のビジネスを志向していくことが重要である。第二に、政府が、

各段階のリスクを踏まえた適切な支援を実施することが重要であり、技術協力、無償資金協力、円借款、公的金融等経済協力の多様な支援ツールを総合的に活用する必要がある。第三に、都市輸出ビジネスに参入するコンソーシアムの立ち上げ等官民の連携体制の構築が挙げられる。その際、司令塔機能の在り方、官民の適切な役割分担等も論点になろう。第四に、現地政府に係るリスクへの対応として政府の川上段階からの関与が課題である。計画の上流段階で本邦企業に不利な仕様が採用されるとその後の段階での参画が難しくなることから、相手国政府との政策対話を早い段階から実施することや、相手国の地域開発に必要なマスタープランの策定支援や制度整備支援等を通じて案件の発掘・形成段階から関与することが重要である。

また、我が国は、さまざまな都市課題を解決してきた経験、先進的な技術、災害復興等のノウハウを有しているが、これらの経験やノウハウに基づく優位性が各国に十分に認識されているとは言い難い。我が国の都市開発の優位性をさらに明瞭かつ積極的に発信することも必要である。

## 3 ─ 都市化の課題解決に係る我が国の優位性

我が国は高度経済成長期に開発途上国に先立ちさまざまな都市課題を経験しており、都市インフラ整備において豊富な経験を有する。例えば、地方自治体は、都市を巡るさまざまな課題に対し、適切に対応してきた経験を蓄積しており、類似の課題に直面する海外諸都市に対し、ノウハウや技術を提供することが可能である。また、鹿島臨海工業地域のように臨海部の産業立地と基礎インフラを併せて開発し、雇用と所得を創出してきた経験を有する。このように我が国は、海外の都市インフラ整備に主体的に関与していく潜在力を有している。また、エネルギー、環境、情報通信等我が国の優れた技術を活用することにより、質が高く、安全性・信頼性に優れたインフラを提供することが可能である。

## 1-2 我が国における主な取り組み事例及び教訓

### 1 タイ　東部臨海開発

1 ―大規模地域総合開発の経験

　日本政府が川上から川下まで一貫して取り組んだ大規模地域総合開発の初期の成功事例として挙げられるのが、タイの東部臨海開発である。1970年代、オ

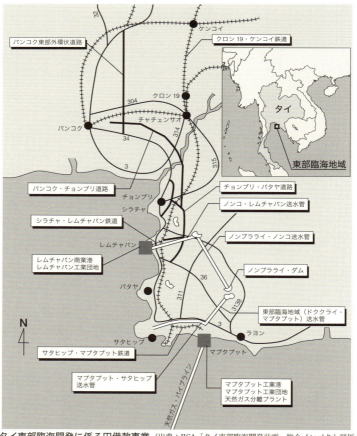

図1・1　タイ東部臨海開発に係る円借款事業 （出典：JICA「タイ東部臨海開発計画　総合インパクト評価」）

イルショックの影響もあり非産油国だったタイは国際収支が悪化し、農業中心だった産業構造から輸出志向型工業化政策を打ち出すことになった。また、同時期にシャム湾沖で天然ガスが発見され、タイ政府は東部臨海地域を工業化の拠点として定め、首相を委員長とする「東部臨海開発委員会」を設置して同地域の開発を積極的に推進することとなった。

東部臨海開発計画は、バンコク首都圏への一極集中を回避し、新しい産業基盤を整備するため、シャム湾に面したチャチェンサオ、チョンブリ、ラヨンの3県において地域総合開発を行うものである。具体的には、重化学工業開発を中心とするマプタプット工業団地の建設、輸出型産業立地のためのレムチャバン工業団地の建設及び関連インフラ（港湾、鉄道、道路等）を整備するものである。本計画において、国際協力事業団（現国際協力機構（JICA））が技術協力で全体の開発計画及び各個別プロジェクトのフィージビリティ調査（F/S）を実施し、海外経済協力基金（現国際協力機構）により16事業（図1・1）に対して、計27件の円借款（約1800億円）が供与される等、日本政府が全面的に支援を行った。

## 2 ―主な成果

東部臨海地域は、工業化が著しく進展し、バンコク首都圏に次ぐ第二の産業センターに成長した。同地域への新規雇用者数の約38％が東部地域で創出され、一人当たりの所得も1996年には全国平均の約3倍に達した[*3]。

多くの日系企業は工場立地を決めた理由として、投資優遇策、運輸インフラの充実、公共サービスの充実を挙げており、円借款供与によるインフラ整備が民間投資の呼び水となり、投資誘致に結び付いたと言える。

## 3 ―得られた教訓

### (1) 相手国政府の強いコミットメント

本計画は、タイの5か年計画に採択され、優先的な開発計画として位置付けられた。また、タイ首相を委員長とする「東部臨海開発委員会」が設置される等、タイ政府のハイレベルのコミットメント及び強いオーナーシップがあったからこそ成功した事業と言える。

(2) 計画から実施までのシームレスな協力

　タイ政府の要望に対して、我が国は、総合的な開発計画の策定を行い、タイムリーに計画実施に必要な資金供与（円借款）を行った。約10年もの間に、円借款事業が27件も供与され、これにより民間投資誘致に必要な基礎インフラが整ったと言えよう。

　特に1985年のプラザ合意以後の円高基調において日本企業の海外進出が加速し、バンコク首都圏に過度に集中し、受け皿が不足していたところに、タイミングよくインフラが整備されたことは大きい。また、自動車等の組み立てメーカーや現地財閥等の大企業の誘致に成功したことにより、その関連企業も比較的容易に誘致することができたと言える。

(3) 運営維持管理に必要な実施機関の能力

　大規模な地域開発は、人口流入を招き、都市部の公共サービス需要を増大させ、道路、鉄道、工業団地等のインフラを運営維持管理するタイ政府の関係公社並びに上下水道、廃棄物等の住環境整備及び教育、医療、社会福祉等の公共サービスを担う地方自治体の能力向上が事業成功のカギを握る。相手国の地方自治体の協力を得つつ、資金協力に加え、人材育成等の技術協力も含めた包括的な協力が必要不可欠である。

## 2　ミャンマー　ティラワ地域開発

### 1―官民一体となった総合的地域開発の経験

　官民が連携し、相手国政府のニーズに迅速に応えた地域開発案件として挙げられるのが、ミャンマーのヤンゴン都市圏に隣接するティラワ地域開発である。ミャンマーは長年国際的に孤立し、成長が阻害されてきたが、2011年3月のテイン・セイン大統領就任後、民主化、市場経済化に向けて進展が見られ、所得向上や雇用創出を実現する上で、海外直接投資の誘致を重視した政策を打ち出してきた。特にティラワ経済特別区（SEZ）については優先的に開発を推進する意向を表明しており、2011年11月の首脳会談において、ミャンマー側から日本側に協力要請があった。

　ヤンゴン中心市街から約23kmに位置するティラワSEZに、工業団地・商業

施設等を総合的に開発するプロジェクトで、経済産業省によりマスタープランが策定され、全2400haのうち、400haの開発を行っている。

2013年には両国の共同事業体（日49％、緬51％出資）であるMJティラワ・デベロップメント社（MJTD）が設立され、日本の民間企業に加え、2014年にはJICAも海外投融資で全体の10％を出資することを決めた。また、円借款にて、ティラワ地区港湾の整備や発電所等の電力関連施設、ヤンゴンとティラワSEZ間のアクセス道路等を整備中で、官民一体となった総合的な地域開発案件である（図1・2）。

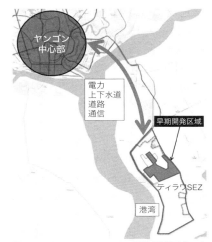

図1・2　ミャンマー・ティラワ経済特別区（SEZ）
（出典：JICA資料）

## 2 ― 主な成果

ティラワSEZでは、2016年11月現在までに78社と予約契約を締結し、早期開発区域全体（400ha）で約5～6万人の雇用創出が期待される等、日・ミャンマー間のフラッグシップ・プロジェクトとして順調に開発が進められている。2016年3月に発足した新政権においても、引き続き重要案件として位置付けられ、同年10月には、閣僚等が立ち会いのもと、次期開発区域に関しても、MJTDが引き続き開発・運営を行うことについて日緬官民間で合意した。

## 3 ― 得られた教訓

### (1) 川上から川下までの官民による一体的な開発

本事業は、開発途上の案件であり、成果や教訓を語るには時期尚早かもしれないが、我が国が川上から川下まで官民一体となって支援したモデルケースであると言えよう。川上の計画段階において、ミャンマーの労働・雇用・社会保障大臣や運輸副大臣等を招聘し、茨城県にある鹿島港の視察を通じて、臨海部の産業立地と港湾インフラ等を一体的に開発し、雇用と所得を創出した日本の

経験を伝え、理解を醸成した。また、川中段階においては、日本が優位性を持つ、岸壁等の急速施工（ジャケット工法）を採用することにより、ティラワ港湾開発の工期を短縮する予定である。川下段階においては、港湾関連行政手続きを電子化する港湾EDIシステム（港湾 Electric Data Interchange）や通関手続きを電子化するMACCS（Myanmar Automated Cargo Clearance System: ミャンマー版NACCS）を導入し、各種行政手続きの効率化を図っている。

(2) 迅速化による相手国の開発効果の早期発現

こうした大規模な広域開発については、通常計画段階から事業開始まで長期間を要するが、本件は、マスタープラン策定に係る覚書締結（2012年4月）からSEZの開所式（2015年9月）までわずか3年半というスピードで開発を進めている。これまでODA事業と民間事業とのスピードの差により、官民連携（PPP）が進まないケースもあったが、本件はODAの承認プロセスや調査を同時並行に実施する等、迅速化を図るためさまざまな工夫がなされているモデルケースであり、今後、他の面的開発案件の参考になると言えよう。

## 1-3 競合国の動向

### 1 シンガポール

シンガポールは1965年の独立以降、多くの都市問題の課題解決に取り組んできたが、その過程で多くの技術とノウハウが蓄積されてきた。特に上水道については、最先端の水管理技術により課題解決した経験を、中国や中東にも共有している。自国産業の海外進出を促進するため、都市輸出を官民連携により推進している。

1―都市輸出戦略

シンガポール政府は、自国の国造りを通じて蓄積された都市開発のノウハウを積極的に海外へ展開している。特に自国の強みである①水・ごみ処理、②港

湾・空港、③電子政府を中心とした都市開発を含めたマスタープランを策定し、各国に提案している。また、都市インフラの設計から建設、運営・維持管理を担う、国内外で実績を有する企業が存在し、総合的な開発を実施している。こうした企業の海外展開を IE シンガポール（国際企業庁）が側面支援している。また、資金面では、シンガポール財務省100％出資の政府系投資会社を活用し、都市輸出を行っている。

## 2 ― 官民連携

同国の都市輸出は、官民が密接に連携しつつ展開されている。具体的には、シンガポール政府は外交を通じて、政府間協力の基盤を構築し、まずはハイレベルでの二国間経済協力関係を樹立する。その後特定の産業やセクターにおける覚書等を締結し、企業間のビジネス交流を政府が側面支援している。

## 3 ― 先端都市モデルショーケース

自国企業のビジネス機会の拡大のため、シンガポール政府がマスタープランから事業に参加している事例が「天津エコシティプロジェクト」である。本件は、2007年にシンガポールのリー・シェンロン首相と中国の温家宝首相（当時）の間で二国間の枠組みで実施することが合意された。天津市は以前より水不足に悩まされていたが、シンガポールの強みである水処理技術が中国のニーズにマッチしたと考えられる。シンガポールは約3兆5千億円という巨大プロジェクトの全体管理とマスタープランを策定するとともに、水、エネルギー、交通等の個別技術を担っている[*4]。

# 2　韓国

## 1 ― 都市輸出戦略

韓国の建設企業の多くは、国内の建設需要には限界があることから、アジアでも比較的早い段階から海外市場へ進出してきたが、韓国政府としても、こうした企業の海外展開を促進するため、さまざまな支援を行っている。具体的には、海外における建設工事及び建設エンジニアリング活動を促進するため、

1993年に「海外建設促進法」を制定し、これらの活動を「都市輸出」として建設業界の成長戦略の一つに位置付け、国を挙げて「韓国型都市」の開発ノウハウの輸出を推進している。

また、政府系機関である韓国土地公社と大韓住宅公社が2009年に統合し、韓国土地住宅公社（略称：LH公社）として、海外の新都市開発を積極的に展開している。

## 2 ── 官民連携

都市開発における官民の役割については、政府は上流部分で相手国政府との信頼関係の構築やMOU（覚書）の締結、契約マネジメント及び資金調達を行い、民間企業がその後の都市開発の計画、建設、維持管理を行っているケースが多い。

その際、官側の主体となるLH公社は、以下の通り主に三つの役割を担っている。

(1) トップセールス：大統領自ら各国に対して営業活動を行い、案件形成するケースが多い。その際に、価格やリスクの交渉も行うことにより民間企業の負担を軽減し、受注の確度を高めている。

(2) 人材育成：都市インフラ輸出を新興国等に提案する場合、人材育成やノウハウの技術移転を要求されることが多い。官側のスキームとして、奨学金やさまざまな研修プログラムが用意されており、ベトナム、セネガル等の公務員や技術者を韓国に招聘して研修を行っている。

(3) ファイナンスリスク管理：新興国の大型インフラ案件では不確定要素が大きいことから、民間企業のリスク軽減のため、グローバルインフラファンド（GIF）が設置されている。GIFは、50％インフラ関連国有企業、50％民間金融機関出資の官民共同ファンドであり、その規模は2012年までに2兆ウォン（約2000億円）まで拡大し、さまざまなインフラ事業に出資している[*5]。

他方、民側を牽引している主体は、韓国海外建設協会である。700社以上の民間建設会社が所属しており、民間企業に対する新たな市場開拓に向けた支援、中小企業の受注支援、海外政策に関する情報収集、海外建設人材の育成、海外

建設情報サービスの提供等を行っている。

その他、日本の日本貿易振興機構（JETRO）に当たる韓国貿易投資振興公社（KOTRA）や日本プラント協会にあたる韓国プラント産業協会（KOPIA）等、さまざまな機関が都市インフラ輸出拡大を支援している。

3 ―先端都市モデルショーケース

韓国政府は、海外への都市インフラ輸出と並行して未来型モデル都市の構築（U-City（ユビキタス都市）[*6]構想）に力を入れている。U-Cityとは韓国が得意とする情報通信技術を都市建設と融合させた先端都市モデルである。2003年より開発が進められているドンタン・スマートシティ（ソウルから南に40km）は街中にセンサーや防犯監視カメラを設置し、渋滞や環境汚染情報の提供、防犯監視システムの導入等を行っている。韓国政府はU-Cityを将来の都市輸出のためのショーケースとして位置付けており、相手国政府の首脳や高官等を招待し、見学会を行っている。

# 3 中国

近年、中国は「一帯一路構想」の実現に向けて、アジアインフラ投資銀行（AIIB）やシルクロード基金[*7]の設立等含め、壮大な計画を打ち出し、工業団地や港湾開発、鉄道や道路の沿線開発を中心に総合的なインフラ整備に力を入れている。特にASEAN各国及びパキスタン等の南アジア地域においては、大規模な面的開発を通じた地域協力により、巨大な経済圏の構築を目指している。

中国国内の投資の伸びが鈍化し、建設業や鉄鋼等の製造業の過剰生産の問題が浮き彫りになってきた中で、同構想の推進によりインフラ関連の輸出拡大が問題の解決につながるのではないかと期待されている。また、国内の石油・天然ガスの需要が増える中で、石油・天然ガスの輸入パイプラインと発電所や電力設備の建設は、エネルギー安全保障上急務となっている。マラッカ海峡を経由する海上輸送のみならず、陸路を経由する新たなルートの開拓を目指している。

既に「中国・パキスタン経済回廊」「バングラデシュ・中国・インド・ミャンマー経済回廊」「中国・シンガポール経済回廊」等において、具体的なプロ

ジェクトが形成されており、一帯一路のルート沿線には自由貿易区が設置され、物流センターが建設されている。また、中国政府は、貿易利便性の加速化のため、通関コスト削減、投資障壁撤廃等のソフト面でも積極的に交渉を行っている[*8]。

「中国・パキスタン経済回廊」については、2015年4月に習近平国家主席がパキスタンを訪問した際に、460億ドル規模の支援を行うことを表明し、51のMOU(覚書)に署名した。中国とパキスタンの国境道路、パキスタン国内の送電線やガスパイプライン、さらにはラホールとカラチを結ぶ高速道路網等の建設計画がそれに含まれる。また、シルクロード基金の第1号案件としてカロット水力発電所(720MW)も進めることに合意している。また、2016年6月にはAIIBはアジア開発銀行との協調融資で高速道路建設事業に、同年9月には世界銀行との協調融資で水力発電所の拡張事業に融資を決めた。

## 1-4 都市インフラ輸出促進に向けた今後の展開

新興国中心に、人口の増大、経済活動の拡大に伴い、交通渋滞や環境問題等、多様な都市問題が深刻化している。また、都市インフラ開発と関連し、広域的な地域整備、産業基盤の整備、さらにはこれらを結ぶネットワークの整備に関するニーズが拡大すると見込まれる。我が国は、都市開発や地域開発において培ってきたハード面のノウハウ、先進的な技術と、投資環境整備や産業政策等のソフト面の知見を有しており、これらを組み合わせ、総合力を発揮することにより日本企業のビジネス機会の拡大を図ることが可能となる。本節では、「質の高いインフラパートナーシップ」及び「質の高いインフラ輸出拡大イニシアティブ」等を紹介するとともに、都市インフラ輸出促進に向けた取り組みを論ずる。

# 1 「質の高いインフラパートナーシップ」及びそのフォローアップ

2015年5月、安倍内閣総理大臣のイニシアティブで、アジア地域の膨大なインフラ需要に応え、「質の高いインフラ投資」を推進すべく「質の高いインフラパートナーシップ」が提唱された。同パートナーシップは、「質の高いインフラ投資」をアジア地域に提供することを目標に、①JICAの支援量の拡大・迅速化、②ADB（アジア開発銀行）との連携、③JBIC（国際協力銀行）等によるリスクマネーの供給拡大、④「質の高いインフラ」の国際的スタンダード化・グローバルな展開といった四つの柱から構成される。また、同年11月に、これらの施策をさらに具体化し、我が国として相手国の状況や事業の性格に応じた柔軟かつ迅速な支援を行うため、「質の高いインフラパートナーシップのフォローアップ」が発表された。同フォローアップでは、上記四つの柱の施策に関してより抜本的な制度拡充を実施することとされている。

特に、都市インフラ輸出との関係では、上記四つの柱のうちJICAの支援量の拡大・迅速化及びリスクマネーの供給拡大が着目される。まず、支援量の拡大・迅速化については、円借款の魅力を高めるため政府関係手続きに要する期間を短縮すること等が盛り込まれている。また、民間投資を奨励するため、JICAの海外投融資制度の対象を拡大するとともに、JICAと民間金融機関との協調融資を可能にすることとした。さらに、円借款の魅力を向上させるため、ドル建て借款、ハイスペック借款、事業・運営権対応型円借款を創設する等、その支援手法の多様化が図られている[*9]。次に、リスクマネーの供給拡大についてであるが、JBIC等がより積極的にリスクマネーの供給を行うための機能強化策が盛り込まれた。具体的には、従来、JBICが償還確実性に鑑み対応が難しかったリスクに対応するため、社会資本整備に関する特別業務が追加される等の機能強化が図られた。また、事業終了後の外国政府等による契約違反リスクのカバー等貿易保険制度の改善に係る施策が盛り込まれた。

# 2 「質の高いインフラ輸出拡大イニシアティブ」

2016年5月に発表された「質の高いインフラ輸出拡大イニシアティブ」は、

世界の膨大なインフラ需要等に対応し、資源価格低迷による世界経済の減速及び将来の資源価格高騰リスクを低減させ、日本企業の受注・参入を一層後押しすることを目的とし、今後5年間の目標として、インフラ分野に対して約2000億ドルの資金等を供給することとされている。本イニシアティブは、①世界全体に対するインフラ案件向けリスクマネーの供給拡大、②質の高いインフラ輸出のためのさらなる制度改善、③関係機関の体制強化と財務基盤の確保といった三つの柱から構成されている。まず、一つ目の柱として、対象地域をアジアから全世界に、インフラの対象を資源エネルギー等も含む広義のインフラに拡大している。次に、二つ目の柱では、円借款の魅力向上のため、「円借款のさらなる迅速化」等を実施する。具体的には、F/S調査開始時から着工までの期間を最短1年半に短縮することとしている。また、民間企業の投融資奨励を図るため、「JICA海外投融資の出資比率規制の柔軟な運用・見直し」「貿易保険の機能拡大」等の施策も盛り込まれている。さらに、㈱海外交通・都市開発事業支援機構（JOIN）や㈱海外通信・放送・郵便事業支援機構（JICT）によるリスクマネーの供給拡大及び機能強化を図ることとしている。最後に、三つ目の柱として、円借款や海外投融資の案件数の増加等業務拡大に伴い、JICA等の関係機関の体制及び機能強化並びに財政基盤の確保を行うという内容である。都市インフラ輸出は、事業期間が長く、リスクが大きいことから、政府系金融機関によるリスクマネーの供給拡大等により民間企業の事業への参画が促進されることが期待される（図1・3）。

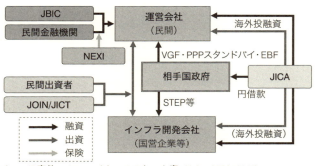

図1・3　大型インフラ案件でのファイナンススキーム案　(出典：内閣官房資料)

# 3 都市輸出促進に向けた取り組み

## 1 ―「総合力」の発揮

　我が国は、高度成長期に非常に速いスピードで都市を整備してきた実績があり、公害対策の歴史や防災・震災対策のノウハウも蓄積されている。また、高速・都市鉄道等の交通インフラと周辺開発、基盤インフラ整備と都市開発、積出港等の臨海部整備と産業開発等、さまざまな面的開発に関する知見・経験を有する。さらに、エネルギー、交通、情報通信等の分野では先進的な技術を有している。競合国と差別化するため、これらの知見・経験・技術を都市インフラ輸出に活用し、総合力を発揮することが求められる。

## 2 ―「川上」の段階からの関与

　「機器」単品の売り込みや建設・プラント事業の受注といったいわゆる「川中」の取り組みは、競合国との厳しい価格競争に直面する。また、いったん開発計画の初期段階で本邦企業に不利な仕様が採用されるとその後の段階に入り込むことが難しくなる。官による「川上」からの取り組みとして、相手国の国土・地域開発に必要な総合的マスタープランの策定や国際機関と連携した国境をまたぐ地域開発計画策定への関与等、総理・閣僚等によるトップセールスを効果的に活用しながら、案件形成段階から相手国の都市開発事業に関与することが重要である。

## 3 ―長期のコミットメント

　海外では、近年、設計や工事から施行、運営管理に至るまでを一括で発注し、事業者を募る事業運営権入札が増えている。本邦企業もこれまでのように売り切り型のビジネスではなく、長期のビジネスを志向していくことが重要である。日本政府としても、インフラ整備と並行して、当該インフラを活用して展開が可能となる各種ビジネス・サービス分野への参入機会を拡大するため、官民連携手法により、我が国企業による事業運営権の獲得を促すこととしている。

4 ― 官民連携の推進

　競合国は、大統領や首相がセールス活動を展開しており、我が国においても、総理・閣僚等によるトップセールスを推進していくことが重要であり、案件形成から、事業提案、落札までを組織的に対応できる官民連携体制の整備が必要である。また、海外のキーパーソンにコンタクトし、条件交渉を有利に進めるためにも日本の強みを明確化する必要がある。例えば、日本の経験や技術、実績について官民一体でプロモーションを行うことも考えられる。さらに、多様なインフラニーズにきめ細かく対応するため、医療、リサイクル、水分野等特定分野においてポテンシャルを有する中小企業、地方自治体の海外展開について後押しすることも必要である。

5 ― 制度整備・人材育成支援に関する取り組みの強化

　新興国においては、五月雨的な地域開発の進行、都市インフラの不足等により、国土レベル・広域地域レベルでの戦略的な計画策定の必要性が認識されてきている。また、都市開発では、用地買収や土地区画整理がボトルネックとなり、計画通りに案件が進まないことが多いことから、都市計画の実効性を担保するための法制度整備が重要である。さらに、前述の通り、タイの「東部臨海開発事業」では、インフラの維持、運営、管理をする政府関係公社や地方自治体の能力向上が事業成功のカギを握ったと言える。ハード整備と合わせて、運営・維持管理等に必要な人材や、都市開発・地域開発、交通渋滞・交通安全対策、環境・省エネルギー等の横断的な課題解決に対応できる人材を育成するため、我が国からの専門家派遣や現地人材の本邦での研修等、人材育成のための仕組みづくりが重要である。

# 4　具体的事例

1 ― ベトナム　ホアラック科学技術都市（HHTP）

　ハノイ中心部から西に約30kmにあるホアラック地区においてベトナム初の科学技術拠点都市を日本政府の支援により整備している。本プロジェクトは、2006年にベトナムのズン首相（当時）が訪日した際に、南北高速鉄道、南北高

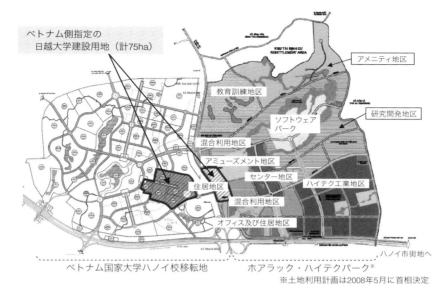

図1・4　ベトナム・ホアラック・ハイテクパーク整備プロジェクト（出典：JICA資料）

速道路とともに三大プロジェクトの一つとして日越共同声明に言及された（図1・4）。

　ベトナム政府の要請を受けたJICAは、総面積約1650haの科学技術都市（ハイテクパーク）の開発計画（マスタープラン）を策定し、優先的に整備すべきインフラプロジェクトの提案を行った。その後、マスタープランの計画に基づき、周辺インフラ整備（道路、上下水道、電気通信施設等）に係るF/Sを行い、円借款によるファイナンス支援も行った。

　また、ハイテクパークを運営するホアラック・ハイテクパーク管理委員会の企業誘致支援のため、JETROの専門家も派遣した。

　さらにHHTP内には、円借款にて「ベトナム国家衛星センター」を建設予定であるほか、ベトナム国家大学の傘下として位置付けられている「日越大学[*10]」の新キャンパスがHHTP内に建設される構想がある。

2 ── フィリピン　クラークグリーンシティ構想

　マニラから北西約120kmにあるクラーク地区の米軍基地跡地の一部（約

図1・5 フィリピン・クラーク・グリーンシティ構想
(出典：JOIN資料)

9450ha）で新規の地域開発を行う構想のコンセプトプランを、フィリピンの基地転換開発公社（BCDA）が策定した。BCDAは右計画を進めるため、㈱海外交通・都市開発事業支援機構（JOIN）と共同調査会社を設立し、新規の都市開発とマニラを結ぶ鉄道整備を一体的に行うためのマスタープランの作成を2016年7月から開始した（図1・5）。

　JOINが上流から関与することにより、公共交通を活用した交通渋滞や治安問題等の無いまちづくりに日本の知識・技術・経験を活かせるよう、本邦企業の意見も聞きつつマスタープランに反映し、将来的に本邦企業のインフラ事業への参画を実現できる環境を整備することを目指している。公共交通以外にも医療・ICT・電力等の分野においても日本の先進技術を都市計画に活用することが期待されている。また、JICA、JBIC、NEXI（日本貿易保険）等による公的ファイナンスの活用も視野に含め、官民連携により総合的広域開発のモデルケースとなることが期待されている。

3 ─ インド　アンドラ・プラデシュ（AP）州新州都建設

　インド南東部に位置するアンドラ・プラデシュ（AP）州は、2014年にテランガナ州から分離し、現在の州都であるハイデラバード市が2024年以降、テランガナ州の州都となることから、AP州は新州都開発を進めている。新州都アマラバティは、20年後には人口が215万人、面積が217km²と大阪市と同規模の都市となる見込みで、開発されるインフラの規模や資金需要の検討が必要となっている。AP州政府は、州都地域開発庁の傘下にアマラバティ開発公社（ADC（CCDMCから改称））を設置し、同州政府による出資に加え、日本を含む外国政府による出資も期待している（図1・6）。

　インド側が作成した全体のマスタープランを踏まえ、日本政府として我が国

企業に優位性のある分野のセクター別マスタープランの策定により、本邦企業の進出の促進が期待される。また、工業団地やその周辺インフラ整備を進めることにより産業集積を促進することが重要である。その際には、都市交通、電力、省エネ、ICT、上下水道等、我が国が技術的に優位性のある分野での支援が効果的である。さらに、港湾開発と産業集積を一体的に進めることにより、貿易・投資の拡大と雇用の創

図1・6　インド・アンドラ・プラデシュ州新州都建設プロジェクト　（出典：経済産業省資料）

出に寄与することができる。新州都開発全体では、2024年までに円換算で5兆円規模の事業が予定されており、官民一体となってスピード感を持って取り組むことが求められている。

## 1-5　「質の高いインフラ」のさらなる推進

　本章では、我が国の成長戦略における都市輸出戦略の位置付け、過去の成功事例とそこから得られた教訓、都市インフラ輸出の課題と今後の展開等について幅広く論じてきた。その中でわかってきたことは、①川上の計画段階からの関与が重要であること、②関連分野が多岐にわたり、リスクが大きいことから、インフラ整備に際しては官民が一体となって、戦略的に取り組む必要があること、③相手国の制度整備から運営管理に至るまで、人材育成を含めた長期的な協力が案件の成否を決めるということである。

　政府としては、今後予定されている都市インフラ案件に対して、「質の高いインフラ輸出拡大イニシアティブ」等に含まれる政策ツールを最大限活用し、「質の高いインフラ」を積極的に支援し、日本企業のビジネス機会の拡大を図っていく方針である。

官民の叡智を結集し「オールジャパン」の体制で都市インフラ輸出を推進することにより、新興国の国民生活の向上、雇用創出及び経済成長に貢献していくことが我が国に課せられた責務であろう。

注
* 1 　質の高いインフラ投資とは、①ライフサイクルコストからみた経済性、②安全性、強靱性、③雇用創出、能力構築、④社会・環境配慮、⑤経済・開発戦略との整合性等を考慮した投資。これらの要素を盛り込んだ「質の高いインフラ投資の推進のための G7 伊勢志摩原則」が、2016 年 5 月の G7 伊勢志摩サミットで合意されている。
* 2 　国連（2014）「World Urbanization Prospects 2014revision」
* 3 　JICA 合同評価（1999）「OECF との合同評価調査：タイ王国東部臨海開発」国際協力事業団評価監理室
* 4 　髙橋睦ほか「都市輸出ビジネス（上）都市インフラの海外展開」『知的資産創造』2010 年 12 月号
* 5 　奥田恵子（2011）「韓国におけるインフラ事業の海外戦略」(財)運輸調査局
* 6 　ユビキタス都市：「道路、橋梁、学校、病院などの都市基盤施設に先端情報技術（ICT）を融合してユビキタス基盤施設を構築し、交通、環境、福祉などの各種ユビキタスサービスをいつでもどこでも提供する都市」（大竹喜久・宋賢富（2012）「韓国の都市輸出戦略①」『土地総合研究』2012 年冬号より）
* 7 　シルクロード基金：中国の「一帯一路構想」を資金面で支えるため、中国国家開発銀行等が出資する 400 億ドル規模のファンド
* 8 　「「一帯一路」計画を発表～インフラ建設を優先～」『BTMU（China）経済週報』2015 年 4 月 10 日、第 247 期
* 9 　円借款のメニューとして「EBF 借款」「VGF 借款」に加え、「PPP インフラ信用補完スタンド・バイ借款」が追加された。
* 10 　日越の国家プロジェクトとしてアジア最高水準の研究・教育機関を目指した学術機関。2016 年 9 月にはハノイ中心部に日越大学の「修士課程」が開講した。

# 2章 都市ソリューション輸出の戦略と展望

野田由美子

　21世紀のメガトレンド「都市化」。地球上では毎週150万とも言われる人々が都市に流入し、2050年には世界人口の3分の2が都市に住むと予測されている。都市には機会があふれる一方で、交通渋滞、大気汚染、ごみ問題等深刻な課題も山積みだ。サステイナブル（持続可能）で住みやすい都市をどう構築するのか。世界の都市リーダーはその解決策を求めて果敢に挑戦を続け、国際機関や各国政府、グローバル企業も都市課題解決支援に乗り出している。

　これは日本にとって千載一遇のチャンスである。何故なら我が国は、世界でもまれに見る急速な都市化の経験者だからである。高度経済成長の過程で顕在化した公害や交通問題に加えて幾多の災害をも乗り越え、青い空ときれいな水、便利で安全な公共交通を主体とした住みやすい都市を実現した。この都市課題解決のノウハウ（"都市ソリューション"）こそが日本の競争優位の源泉であり、世界に対して提供できる最大の価値なのだ。

　本章では、都市ソリューション輸出の必要性と、世界の潮流、日本がとるべき戦略と展開方策について詳述する。

## 2-1 今なぜ都市ソリューションなのか

### 1 都市化というメガトレンド

1 ― 国家の時代から都市の時代へ

　21世紀は都市の時代と言われる。2050年には世界人口の75%が都市に住み、世界のGDPの80%を創出するという。アメリカ・ロシアを中心とした「国家」が世界の秩序を形成し維持した20世紀から1世紀の時を経て、国家が生み出した「都市」は経済を動かす中心となり、生みの親である国家に勝る影響力を持つようになった。

　なぜ都市は世界の主役に躍り出ることとなったのか。その理由は「都市化」にある。都市化とは地方から都市へと人口が流入する現象。経済が発展し、製造業やサービス業等の第二次・第三次産業が都市に立ち上がってくると、農村等の非都市地域から就業の場や生活の利便性を求め、都市へと人口が流れ込む。

　現在、都市人口の増加は毎週150万人にのぼり、国際連合人間居住計画（UN-Habitat）の予測では2050年には世界の人口の約3分の2に当たる60億人以上が都市で暮らすとされる。都市に人が集まれば、モノやお金、文化・芸術、情報も都市に集中する。国家よりも面積が小さく、かつ高密度に人口が集中しているエリアで政策を実行できるため、都市は国家にはない優位性を持つ。人が暮らすうえで必要なインフラも重点的に整備しやすい。インフラの発展は都市の利便性を高め、この循環が都市化の流れをさらに推進するのである。

2 ― 1000万人の人口を有するメガシティ出現

　途上国における都市人口比率の爆発的な上昇傾向はさらに加速していくと予測されている。2050年には世界人口のうち先進国に居住する人口の割合はわずか13.6%となり、残りの86.4%は途上国に居住するが、その多くが都市の住民となる。国際連合の調査によれば、世界で1000万人以上の人口を有するいわゆるメガシティは、1950年には東京とニューヨークの二都市のみであったが、

図2・1 メガシティの数 (出典:国際連合資料 (2012))

途上国、とりわけ中国とインドを中心に多くのメガシティが誕生しており、2025年にはASEANの都市も仲間入りして、計37都市になるという。

## 2 都市化が引き起こす課題

都市化がもたらす人口構造の変化と世界の経済力のシフトは、必ずしも途上国都市のサステイナブル（持続的な）発展を保障するものではない。都市の急激な高密度化は生活環境を悪化させ、大気汚染・水質汚濁といった環境問題を引き起こす。都市インフラの整備不足は、人やモノの移動（モビリティ）を麻痺させ、ごみの山を作り出し、水の供給や処理に支障をきたしている。経済発展に伴うエネルギー使用量の増加は気候変動に影響を与え、世界規模で自然災害リスクを増加させている。

1──交通渋滞と環境汚染

途上国の大都市では、公共交通機関による輸送能力が人口増に追い付かず、自動車やモーターバイクが道路上に入り乱れ、安全上の問題や大気汚染が深刻化している。中国の環境保護省は2015年、北京市、杭州市、広州市、深セン市における最大の大気汚染源は自動車排気ガスであるとの調査報告を発表した[1]。近年、インドのデリー市のPM2.5の値は危険な水準に達している。交通渋滞に

よって引き起こされる経済的損失も甚大である。ジャカルタ特別州の交通渋滞が生み出す経済損失は年間65兆ルピア（約6000億円）[*1]、マニラの交通渋滞は年間7300億ペソ（約2兆円）と試算されている[*2]。

## 2―増え続ける廃棄物

　ごみ問題は、途上国都市が共通して抱える課題だ。多くの途上国では廃棄物の焼却処分をせず、リサイクルも不十分なまま埋め立て処分を行う。その結果、廃棄物の最終処分量は大量かつ不衛生なものとなり、自然発火や土壌汚染、水質汚濁の原因となっている。インドのバンガロール市では廃棄物処分場の環境問題に伴う住民訴訟が起き、政治問題化した。フィリピンのパタヤス処分場では、2000年にごみの山が崩落、200人以上が生き埋めになる事故も起きている。

　都市が発展して生活レベルが向上すると、一人当たりの廃棄物量も一般的に増加する。人口増加と一人当たりの廃棄物量の増加により、途上国都市における廃棄物量は今後、級数的に増加していくと予想される。

## 3―不足する上下水道

　安全な飲料水を利用できない人々の割合を半減させようとの国連のミレニアム開発目標（MDGs）は2010年に達成された一方、いまだに安全な水にアクセスできない人々は数多く残されている。例えば、カンボジアで安全な水を利用できる人は全人口の約半分にすぎない（2013年）。衛生的なトイレも健康な生活を送るために重要である。WHO（2005）によると世界の乳幼児死亡要因の第2位は下痢であるが、きれいな上下水の導入により下痢の死亡率は激減することが明らかになっている。国連の持続可能な開発目標（SDGs）の議論においても、水・衛生は引き続き重要なテーマである。

## 4―追い打ちをかける自然災害

　都市のサステイナブルな発展を考えるうえで、忘れてならないのが自然災害である。内閣府の防災白書（平成22年度版）によると、世界における自然災害の発生件数は1970年代と比べ2000年代には約3倍に増えている。国際的なNGOであるWRIは、世界で洪水の危険にさらされる人口が2030年に年間5400

万人に増加すると予測する。

都市化により無秩序に形成されるスラムは、自然災害にとりわけ脆弱である。これは、都市における格差をさらに拡大させ、都市の安全をも阻害する。インドでは、都市の住宅不足によりスラム人口が2017年には1億500万人に増えると予測されている（住宅・都市貧困緩和省（MHUPA））。

# 3 加速するグローバル都市間競争

## 1 ─ 地域のハブをめぐる熾烈な戦い

都市化によって今後メガシティが数多く誕生すれば、今後一層厳しくなるのが都市間競争だ。企業・人材・資本が最適な場所を求めて国境を越えて自由に移動する今日、都市は企業や人によって「選ばれる存在」となった。どの都市に住んで働きたいか、どの都市に企業を立地するか、どの都市に研究機関を置くか、どの都市で国際会議を開くか、どの都市に留学したいか。選択が都市レベルでなされることも少なくない。

例えば東京は、かつてニューヨーク、ロンドン、パリ等を重要な比較対象としてベンチマークした。しかし今や様相は一変している。東京の手ごわい競争相手は、アジア地域にいる。地域におけるハブ（中心）の地位をめぐって、東京、シンガポール、北京、上海、ソウル、シドニー、香港等が熾烈な競争を繰り広げている。そして、ここにインド、中国、ASEANの都市も参戦し、人材や企業をめぐる地域間の闘いはさらにヒートアップしてゆくだろう。

## 2 ─ 都市が評価される時代

投資を検討する企業側も、地域の中でどの都市に投資すべきなのか、都市の競争力や将来性に関する客観的な評価を求めるようになる。その結果、さまざまな調査機関や企業が都市の競争力を評価し、ランキングを行っている。PwCでは、2007年以来、世界の大都市を対象に都市力比較を行い、レポート（Cities of Opportunity）を公表してきた。未来に向けて魅力的で機会に溢れる都市となるための要件を分析し、ランキングしたものだ。米マーサー社は、世界の200以上の都市について世界生活環境調査（Quality of Living Survey）を発表してい

る。日本では、森記念財団が2008年以降、世界の40都市を対象とした「世界の都市総合力ランキング」を公表している。

　企業が自ら都市評価を行う動きも出ている。独シーメンス社は、2009年以来、環境面の取り組みを中心に世界120都市の評価を行う。米マスターカード社は、世界75都市を対象にビジネスセンター指標を作成している。

　このように、急速な都市化が深刻な都市課題を生み出し、メガシティの誕生とともに都市間競争が激化し、都市が評価される時代へと変遷している中で、都市課題を克服して住みやすい都市を構築し、世界の人材や企業を引き寄せ都市間競争を勝ち抜くためのノウハウ、すなわち"都市ソリューション"が世界中で切望されているのである。

　次節では、都市ソリューションをめぐる具体的な世界の動きを概観してみたい。

## 2-2　都市ソリューションをテーマに動き出した世界

### 1　課題解決に挑戦する世界の都市リーダー

1―世界都市サミット市長フォーラム

　2015年7月、ニューヨーク市に世界各国65名の市長が集結した。シンガポール政府が主催する世界都市サミット市長フォーラム（World Cities Summit Mayors Forum）参加のためだ。ニューヨーク市長をホストに、インドネシアのバンドン市長、コロンビアのメデジン市長、アフリカのケープタウン市長、ヨルダンのアンマン市長、インドのボパール市長、フィリピンのアンヘレス市長等、途上国からも多くのトップが参加した。熱気のこもる大会議室で、それぞれが抱える深刻な都市課題を共有し、他都市のソリューションに耳を傾け、都市の未来を語り合った。

　この市長フォーラムは、シンガポール政府が国を挙げて実施する世界都市サミット（World Cities Summit）のイベントの一環で、シンガポールと、リークア

ンユー都市賞の受賞都市において、毎年交互に開催されている。翌年2016年にシンガポールのマリーナベイサンズにて開かれた市長フォーラムには120名を超える世界の都市リーダーが参加し、都市課題解決に向けたイノベーションの重要性について議論を繰り広げた。

2 ―アジア開発銀行（ADB）都市リーダーフォーラム

2014年12月、ADBのマニラ本部において開催されたサウス−サウス・シティリーダーズフォーラム（"South-South City Leaders' Forum"）には、ブータン、バングラデシュ、インド、ネパール、カンボジア、ミャンマー、ラオス、パキスタン、フィリピン、インドネシア等南アジアの都市のトップが40名近く集まった。彼らが共通して抱える交通問題、ごみ問題、水問題がテーマとして取り上げられ、テーマごとに丸テーブルに分かれて喧々諤々の討議が行われた。

ある市長が、増え続けるごみ問題の悩みを打ち明けると、隣国都市の市長も同様の悩みを語り始める。多少なりとも効果のあったソリューションを互いに教えあいながら、未来の都市創りへのヒントを得てゆく。

こうした会議から垣間見えるのは、深刻な都市課題に立ち向かい、世界のベストプラクティスをベンチマークし、住みやすい都市の構築に向けて切磋琢磨する世界の都市リーダーの真剣な姿である。地元に根差す地方自治体トップが頻繁に国際会議に顔を出すというのは、従前はあまり見られなかったことだ。しかしながら、都市が否応なくグローバル競争に晒され、とてつもない都市課題が目前に立ちはだかる中で、そのソリューションを世界に求める動きが加速しているのである。

## 2 支援に乗り出した国際機関や企業

1 ―世界銀行　～シンガポールに都市のハブを開設

都市のリーダー達が果敢な挑戦を続ける中、世界銀行やアジア開発銀行（ADB）、経済協力開発機構（OECD）、UN-Habitat等の国際機関も積極的な支援に乗り出している。

世界銀行は、2008年に都市に関するハブ（"Urban Hub"）をシンガポールに開設した。都市化が顕著なアジア諸国への支援をシンガポール政府と協働で進めることが目的だ。以降、都市を表彰するプログラム（"Eco2 Cities"）や、都市のレジリエンスを高めるためのプログラム（"Resilient Cities Program"）、持続可能な都市のためのプラットフォーム（"Global Platform for Sustainable Cities"）等、都市に関するイニシアティブを数多く立ち上げている。2016年3月には、シンガポールでアーバンウィーク（"Urban Week"）と銘打った大規模な都市イベントを開催し、最近では、途上国都市幹部向けにテクニカルディープダイブ（"Technical Deep Dive"）と呼ばれるトレーニングプログラムを頻繁に実施している。

## 2 ─ アジア開発銀行（ADB）〜アジア共通の課題解決に向けて

　アジア開発銀行も、都市課題解決の支援を活発化させている。アジア地域内の都市が、経済のみならず環境や社会的公正といった観点も踏まえた統合的発展を遂げられるよう、長期ビジョンの作成からファイナンス、人材育成まで幅広い支援を行っている。

　とりわけ、環境に優れた都市のイニシアティブ（"Green Cities Initiative"）の推進や、アジアの都市の首長に対して都市課題解決のノウハウを提供するリーダーズプログラム（"Asia Leadership Program"）、先述した市長プログラムの開催など、ナリッジの提供に力を入れる。知識・経験・情報等のナリッジ提供に当たっては、日本をはじめとする先進都市や、世界各国のシンクタンクや国際機関・政府と連携した取り組みも活発に進めている。

## 3 ─ フィランソロピーやグローバル企業も都市分野に進出

　国際機関だけではない。世界のフィランソロピー組織（慈善事業団体）も都市課題の支援を始めた。米国のロックフェラー財団は、財団設立100年を記念して2013年に「100 Resilient Cities（100RC）」と銘打ったプログラムを立ち上げた。都市の急速な発展や自然災害リスクに対して強靭な都市づくりを支援するため、財団が世界の100都市に対して、総額1億ドルの財政支援や技術的支援、選定都市相互の情報交換の場を提供する。ニューヨークやロンドン、ローマ、メルボルンほか、日本からも富山市と京都市の2都市が選定されている。

2016年11月には富山市でレジリエント・シティ・サミットが開催され、100RCのメンバーも参加してレジリエント（強靭）な都市創りに向けたディスカッションが行われた。

この100RCの取り組みには、ドイツのシーメンス社、米国マイクロソフト社、スイスのスイスリー社等のグローバル企業が財団のパートナ企業として協力している。企業サイドの都市ソリューション提供に向けた関心の高さを示している。

シーメンス社は、自社単独でロンドンに「The Chrystal」と呼ばれる都市のパビリオンを有しており、交通・エネルギー・水・災害といった世界の都市課題について学習と対話を促進しながら、解決に向けた取り組みを行う。

## 3　都市ソリューションを軸に成長戦略を描くシンガポール

こうした世界のトレンドをいち早く捉え、都市ソリューションを自国の成長戦略に取り込んでいるのはシンガポールである。マングローブ生い茂る熱帯の沼地からスタートし、建国わずか50年で世界有数の都市国家へと変貌を遂げ、その都市ソリューション力を都市化が進む世界へと輸出するシンガポールの取り組みについて、詳しく見てみる。

1 ―課題が生み出すイノベーション

シンガポールは、その面積は淡路島の1.2倍程の小さな島に過ぎないが、1人当たりGDPで日本を凌駕する都市国家に飛躍した。PwCの2016年都市力評価ランキングでは東京を大きく引き離し、ロンドンに次ぐ2位に浮上している。この繁栄がたった50年で築かれたということは驚嘆に値する。マレーシアから分離独立を余儀なくされた際、水資源も産業も人材も無かった国が、どうやって世界の中で生き残れたのか。無一文の島を世界屈指の豊かな都市国家へと変貌させたシンガポールの歴史は、壮大な社会実験、試行錯誤、そして戦略構築の歴史に他ならない。

その象徴的な例は水資源に見られる。シンガポールは、マレーシアへの水の依存が国家存続のアキレス腱であった。そこから脱するために、世界の水に関する最先端の技術を取り込みながら雨水や海水や汚水を処理して水を造り出し、

その過程で培った技術とノウハウを、今度は同じく水資源不足に悩む世界の国々に輸出するまでに研ぎ澄ました。今やシンガポールは世界の水分野のハブ（Global Water Hub）としての地位を確立し、そこには世界中の名だたる水企業が集積する。自国の水関連企業も大きく成長し、水不足に悩む中東やアフリカ等へも進出を遂げている。「水が無い」という深刻な課題ゆえに水分野のイノベーションを生み出したのである。

　水分野に限らない。金融、バイオ、観光、教育等においても、産業・雇用創出のために、英語教育の義務化とビジネス環境の改善を徹底的に行い、外国企業誘致を大胆に進めた。世界銀行のビジネスのしやすさインデックス（"East of doing business Index"）において、シンガポールは常にトップクラスの地位を維持している。同時に、安全な暮らしを支える基盤として、地下鉄やバス等の公共交通網を整備し、道路には渋滞緩和システムを導入し、質の高い公営住宅も大量に整備した。現在、シンガポール市民の80％以上が政府の住宅開発局（Housing Development Board）が整備・運営する公営住宅に住む。緑豊かで安全安心のまちづくりにこだわりながら、世界一流の企業と人材が集まる都市国家を構築したのである。

## 2　アウトバウンドとインバウンドの好循環サイクル

　そしてこの半世紀の都市づくりのノウハウを、都市化が進み、住みやすい都市創りへの挑戦に立ち向かっている世界の都市に向けて積極的に輸出しているのだ。シンガポール政府は2008年、センター・フォー・リバブルシティーズ（CLC）と呼ばれる政府機関を設立し、都市のナリッジを集積し、都市ノウハウを戦略的に海外へと輸出する戦略を着々と進めている。世界都市会議（World Cities Summit）や世界市長フォーラムの開催、ヤングリーダープログラムの推進、リークアンユー都市賞の授賞、アーバンソリューション（Urban Solution）という雑誌の発行等、巧みにマーケティング活動を行い、世界にシンガポールの都市ノウハウを発信する。

　同時に、IEシンガポールや経済開発庁（EDB）をはじめとする他の行政部門と緊密に連携しながら、先端的な企業の誘致やシンガポールに立地する企業の海外展開を戦略的に進めている。シンガポールの成功要因は、課題解決のため

に世界の知見を貪欲に取り込み（インバウンド）、自らを実験場にしてイノベーションを生み出し、それを都市ソリューションとしてノウハウ化したうえで世界に輸出し（アウトバウンド）、さらにその過程で学んだノウハウを国内にフィードバックしながら都市力を向上させる（インバウンド）、という好循環サイクルにあると言える。

### 3 ― 世界のあこがれを作り出すブランディング

今やシンガポールは、世界の都市にとってあこがれの存在になりつつある。実際に、中南米やアフリカ諸国の市長からは、「シンガポールを目指したい」との声が聞こえてくる。2016年7月に開催された世界都市サミット・世界水ウィーク・環境サミットのイベントには、世界125か国から2万1238名の参加があった。他の都市関連会議と比べ、参加者の数及び質において群を抜いている。都市リーダーの間に、シンガポール世界都市サミットは"Must Attend（参加必須）"イベントであるとの認識ができつつあるという。

あこがれを作り出すことができれば、こちらから売り込みに行かずとも、向こうから具体的な相談が持ち込まれるようになる。まさにブランドである。その結果、シンガポールの企業の技術やプロダクトへの関心も高まり、受注の可能性も引き寄せる。例えば、インドのアンドラプラデシュ州は、その新州都開発プロジェクトに当たりシンガポール政府に相談し、シンガポールの設計会社スバナ社がマスタープランの策定に当たった(詳細は8章参照)。アフリカのルワンダの首都、キガリ市のマスタープランも同様にスバナ社が作成した。シンガポールの築いたブランドが、実ビジネスにつながった事例と言えよう。

## 2-3 ｜ 日本がとるべき都市ソリューション戦略

世界が都市の課題解決のソリューションを切望し、シンガポールがいち早くその可能性に気付いて戦略的取り組みを展開する中、日本はいったい何をすべきだろうか。実は、我が国には宝庫とも言える都市ソリューションが眠ってい

る。そしてそれはシンガポールに対しても大きな優位性を持つポテンシャルを秘めている。本節では、その理由を解き明かし、日本がとるべき都市ソリューションの戦略と展開のアプローチについて論じる。

## 1　都市ソリューションの宝庫ニッポン

1─都市ソリューションのポートフォリオ

　1960年代、70年代の高度経済成長期に、我が国は急速な都市化を経験し、交通渋滞、大気汚染、水質汚濁、廃棄物問題、住宅問題に加え、2度のオイルショックにも見舞われた。さらには地震や津波、台風、豪雨、豪雪、噴火等多様な災害とも格闘しながら、今日の都市を築いてきた。これだけの課題を短期間に経験し、克服しながら安全で便利で清潔な都市を創り上げた経験を有する国は、世界の中でも稀である。

　特筆すべきは、日本には世界が求める都市課題解決の"多様なモデル"があるということだ。例えば、北九州市は環境問題解決のモデルと言える。60年代の急速な重化学工業化で、国内最悪とされる大気汚染と「死の海」と呼ばれる水質汚濁を経験した同市は、市民・企業・行政の一体となった取り組みの結果、澄みきった空と生態系豊かな海を取り戻した。北九州市の課題克服の実績は世界でも高く評価され、経済協力開発機構〔OECD〕からアジアで初めての「グリーン成長に関するモデル都市」に選定されている。

　ごみ問題の解決なら横浜市。人口急増によりごみの増加に悩んだ同市は、徹底したごみの分別政策や市民・企業との協働を通じて、2003年からの7年間で約40％のごみ減量に成功した。その成果は、ごみ問題を抱える多くの途上国都市のモデルとして、世銀のEco2Citiesやリークアンユー都市賞特別賞の受賞につながった。

　大都市の渋滞問題と言えば、東京が優れたモデルを提供する。公共交通網を中心に1300万人というメガシティを整然と運営し、安全で歩きやすい都市を構築した。世界のメガシティの多くが慢性的な渋滞問題から抜け出せずに深刻な大気汚染に苦しむ中、東京は多くの示唆を提供できる。

　災害に頻繁に見舞われてきた仙台市には、災害に強い都市づくりのノウハウ

が豊富に存在する。気候変動により災害が多発する世界から高い関心が寄せられている。高齢化については富山市だ。LRT（次世代型路面電車）の整備を中心に、お年寄りが歩いて暮らせるコンパクトシティづくりを進める。地方の小さなまちも負けていない。人口3400人の北海道下川町は、豊富な森林資源を活用したエネルギー自給と産業再生を進めている。

　大都市から地方の小都市まで、それぞれの課題を独自の手法で克服してきた多様な"ポートフォリオ"こそが、我が国の最大の武器である。世界の都市が抱える課題は一様ではない。だからこそ、多種多様な課題に対する解決を見出してきた日本こそが、ソリューションを的確に呈示できるのだ。これは、都市国家であるが故に単一の都市モデルしか持たないシンガポールに対する圧倒的な優位性である。

2 ── 急速な都市化を克服した唯一の先進国、日本

　我が国の都市ソリューションの優位性の2点目は、都市化のスピードにある。北米、南米、ヨーロッパでは都市人口比率が10％台から50％を超えるまでに100〜200年を要したのに対して、アジアはおおむね欧米の2−3倍で進んでいる（図2・2）。日本はどうだろうか。わずか50年で約18％の都市人口比率が50％を上回った。アジア途上国都市と同様の急速なスピードで都市化を経験し、そこから生じる都市課題を克服しながら先進国の仲間入りをしたのは世界

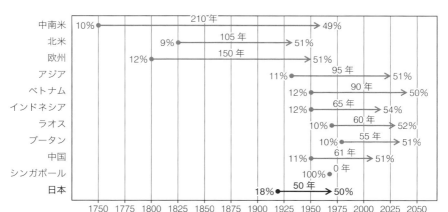

図2・2　都市化のスピード（各国の都市人口比率）（出典：ADB資料をベースにPwCが分析）

の中では日本しかない。スピードが同様であれば、おのずと課題も類似してくる。第1節で詳述した途上国都市に共通する都市課題は、まさに我が国がかつて経験した課題に驚くほど酷似している。だからこそ日本の都市ソリューションが参考になるのである。

　確かに、シンガポールは短期間に豊かな都市を創り上げた。しかし都市国家という性格を有するシンガポールの都市化のプロセスは、非都市地域から都市部へ人口が流入する多くの国の状況とは根本的に異なる。シンガポールよりもむしろ日本の方が、アジアの都市にとって「先輩」としてアドバイスを提供できる存在なのだ。

3 ―ガバナンスモデル

　3点目の優位性として、ガバナンスのモデルについて言及したい。シンガポールは都市国家であり、行政当局が強力かつ強制的な権限をもっていることから、都市課題の解決をスピーディに進めることができたとも言える。行政当局が強力な権限を有するのは中国も同様だ。しかしながら、アジアの他の国でこのような統治機構を有しているところは少なく、シンガポールや中国のモデルをそのまま模倣することは容易ではない。国と自治体という関係性の中で都市政策を進め、企業や市民等の多様なステークホルダーとの調整もはかりながら、種々の課題を克服してゆかねばならないケースが一般的である。

　実際にアジアの都市の幹部からは、日本の自治体がどのように国との間で役割を分担し、制度の構築や資金調達を行ってきたのかとの質問が寄せられる。例えば大型の都市開発に際して、住民や地権者との交渉に悩んでいる都市も多く、我が国の権利変換と開発利益還元によるまちづくり手法は大いに参考になるという。我が国の国・自治体の役割分担のあり方や民主的なプロセスによる都市課題克服ノウハウは、途上国にとって貴重な知見なのである。（8章参照）

## 2　都市ソリューション展開のマーケティング

　このように世界にとって大きな価値を提供しうる我が国の都市ソリューションだが、どのように海外へ展開してゆけばよいのだろうか。求められる視点と、

マーケティングのアプローチ及び具体的な方策について考えてみたい。

## 1―視座の転換　〜インフラ輸出から都市ソリューション輸出へ

　政府は、2020年までに日本企業によるインフラ輸出を30兆円にするとの目標を掲げ、企業の後押しを積極的に推進してきた。成果も出始める一方で、中国や韓国といったライバルの技術力も進化しており、我が国企業の戦いは容易ではない。

　もはや、モノで競争するというビジネスモデルは限界と言える。そこで重要となるのが、「都市ソリューション」を売るという視座への転換である。自らのプロダクトをそのまま売る"プロダクトアウト"方式ではなく、相手都市の真の課題を理解し、その課題の解決に資する"ソリューション"として仕立て、売るのである。

　例えば、日本の焼却プラントは性能が良いが値段は高い。単体のプロダクトを売り込もうとしてもライバルに見劣りする。そこで、相手都市のごみ問題のソリューションを売るという発想に立ってマーケティングする。ただし、相手のごみ問題は、企業のプラント技術だけで十分に解決しえない。国や自治体の環境政策やリサイクルの制度・規制のあり方や、自治体のごみ分別・収集のノウハウも必要となる。したがって、企業の製品だけでなく、制度や政策も含めたトータルの"ごみソリューション"として売ってゆく。その際、住みやすく安全な都市を構築した都市の成功ストーリーと関係付けながら、プラントの安全性や環境性能を訴求する。プラント単体の価格は割高であっても、街の中心部に設置できるために運搬コストや近隣住民への対応のコストが減り、ライフサイクルコストや社会・環境価値に優れることを理解してもらう。

　シンガポールが自らの成功を「シンガポール・ストーリー」としてまとめ、世界からのあこがれを作り出しながら、自国企業の海外展開を後押ししているように、日本の自治体もまた自らの都市の課題を解決したプロセスを見せ、「日本の何々市のように安全で環境に優れた都市を目指したい」と思わせ、そのソリューションの一部として企業の技術を売るというアプローチが、迂遠なようであるが企業のインフラ輸出を促進する鍵となる。

## 2 ─都市ソリューション・フレームワーク　～6つの要素

図2・3　都市ソリューションのフレームワーク
（出典：PwC資料）

　上述した都市ソリューション輸出を展開するに当たり、最も重要なことは国・自治体・企業がそれぞれの経験と知見を持ち寄り、連携することである。制度や政策の知見だけでも、自治体のノウハウだけでも、企業のプロダクトだけでも、相手の都市課題への真のソリューションとはなり得ない。

　価値ある都市ソリューションを構成する6つの要素を、都市ソリューション・フレームワークとして整理した（図2・3）。これら6つの要素を、相手都市が抱える課題や求めるニーズに応じて、最適に"擦り合せる"ことが、都市ソリューション輸出ひいてはインフラ輸出の成功を導くのだ。

　6つの要素について、以下に簡単に説明する。

①都市課題克服のストーリー…日本の自治体が対峙してきた都市課題の深刻さを伝え、それを克服してきたプロセスを成功物語として見せることが、相手都市の関心を惹きつけるうえで最も重要となる。「Before & After」である。その際、こちらのストーリーを押し付けるのではなく、途上国都市が抱える課題やニーズとの関連性を持たせる形で演出することが大事である。

②政策・制度…途上国都市が日本のように安全で環境に優れた都市を構築したいなら、どのような政策・制度が不可欠なのかを示唆する。国や自治体が導入してきた制度や有効な規制のあり方等について、途上国都市の状況を踏まえて抽出しわかりやすく説明する。日本型の制度や規格を導入してもらえれば、後の企業のプロダクト輸出にもつながりやすい。

③ガバナンス…都市課題を解決するに当たり、自治体は国とどのような役割分担で政策・事業を進めてきたのか。企業との連携、市民との協働のあり方はどうか。これらは多くの相手都市が悩むポイントであり、相手都市が適切なガバナンスの仕組みを構築できるよう、参考となるように示す。

④製品・サービス…企業の有する質の高い製品やサービスは、環境や安全、災害への対応等の都市課題克服に有用なソリューションを構成する。単純に、質の高さをアピールするのではなく、我が国の都市課題克服のストーリーと関係付けながら訴求することが重要である。また、製品・サービスの初期コストだけではなく、オペレーションや維持管理も含めたライフサイクルコストに言及することが有用となる。

⑤オペレーション…日本の高性能の製品・サービスは運用段階もセットにすることでその効果を発揮する。予防保全の仕組みについても日本には豊富なノウハウがある。なお、水道やごみ等のオペレーションは自治体が実施するケースも多いので、自治体の参画も期待される。

⑥公的支援…都市ソリューション輸出の実現には、政府によるさまざまな金融・技術支援制度を組み合わせ、相手都市のニーズを満たしながら負担可能なスキームに仕立てていくことが重要である。公的支援のみならず、官民連携（PPP）手法の導入についても我が国はリードしており、PPPも含めた幅広い資金調達スキーム導入の支援が有効である。

## 3　都市ソリューション輸出を促進する官民連携組織

　都市ソリューションのフレームワークに基づいて日本のノウハウを展開するに当たっては、その実現を担保するさまざまな組織制度面の仕組みが不可欠である。本稿では、最後に、この仕組みの要として、国・自治体・企業を横断し、都市ソリューション戦略の一元的な司令塔となる官民連携組織（"アーバンソリューションセンター"と呼ぶ）の創設を提言する。

### 1―"アーバンソリューションセンター"構想

　都市ソリューション輸出の成功には、世界の都市の課題や動向を把握したうえで、日本の都市ソリューションを戦略的に発信し、相手の関心を惹きつけ、ニーズに応じた日本のソリューションをマッチングさせ、企業のビジネスへつなげる一連のプロセスが必要となる。我が国は、都市やインフラに関わる省庁や政府機関、自治体等の数が多く、これら既存組織はそれぞれの所掌範囲にお

いて豊富な知見を有しているが、都市ソリューション輸出というミッションの遂行には、残念ながら不十分と言える。

　都市ソリューションやインフラに関連する国・自治体・企業をネットワークで束ね、各分野の専門家が参画する緩やかかつ包括的な官民連携組織としてアーバンソリューションセンターを創設する。我が国が都市ソリューションの宝庫であるとの世界ブランドを確立しながら、課題を抱える世界の国や都市からの相談を一元的に受ける窓口とする。

　例えば、水分野の課題に悩む世界の都市は多いが、彼らは相談先としてシンガポールや韓国を選ぶことが少なくない。なぜなら、シンガポールにはセンターフォーリバブルシティという都市の専門組織があり、韓国にはK-waterという国営の水インフラ事業者があるからだ。日本の場合は、ノウハウが各自治体に分散し、海外都市に対する営業も個別に行っていることから、結果として訴求力が弱まっているのである。

　センターに相談すれば日本の都市ソリューションの情報が得られる、との認知が高まれば、途上国のニーズを漏れなく捕捉し、効果的なビジネス展開へとつなげることが可能となる。

## 2―アーバンソリューションセンターの機能

　センターの果たす役割は、もちろん一元的窓口機能にとどまらない。センターは、我が国に分散する都市課題とソリューションの知見を統合し、都市課題に悩む世界の都市のニーズに対応し、ノウハウを持つ国・自治体・企業と自由自在に協働し、それらプレーヤー間の連携を促し、都市ソリューション輸出へと具現化していく一連のプロセスをガイドすることが期待される。センターが持つ具体的な機能を以下に列挙する。

　①データベース‥日本の国・自治体・企業に散在する都市ソリューションやインフラ関連の知見を集め、データベースとして整備する。
　②ナレッジハブ‥同時に、世界の都市の最先端の知識と情報を蓄積し、都市関連の国際会議等を戦略的に開催して、世界の都市リーダーや有識者とのリレーションシップを構築する
　③プロモーション‥日本の都市ソリューションのポートフォリオを、世界に

むけて発信し、我が国が都市ソリューションの宝庫であるとのブランドを構築する。発信の手法としては、マーケティングツールに加えて、シティギャラリーや都市のショーケース等の「都市を見せる」施設を通じて、日本の都市の成功ストーリーを訴求する。

④ダイアローグ‥都市課題の相談を持ち込んだ相手都市との対話を重ね、きめ細かくニーズを把握しながら、日本サイドでマッチング可能なソリューションを探る

⑤コーディネーションとマッチング‥詳細に把握できた相手のニーズに対して、「都市ソリューションのフレームワーク」に基づき国・自治体・企業のノウハウを擦り合せ、相手に価値ある"ソリューション"に仕立てる。

もちろんセンターの機能は5つにとどまらない。日本の都市やインフラの素晴らしさをPRするための教育機能やMICE機能、ラボ機能等、将来に向けてさまざまな可能性が考えられるだろう。

## 4 都市ソリューションから都市イノベーションへ

本章では、都市化というメガトレンドを俯瞰したうえで、先行事例としてのシンガポールモデルを紹介しながら、我が国が急速な成長のプロセスで克服してきた都市課題を、都市ソリューションとして展開することで、日本の新たなインフラ輸出ビジネスにつなげていく戦略について論じてきた。

確かに我が国は、都市ソリューションの宝庫ではあるが、既存のソリューションを輸出するだけでは、世界に対する貢献も持続できなければ、肝心の日本の国力を底上げするにも不十分だ。超高齢化、人口減少、地域過疎、エネルギー問題、インフラ老朽化、さらには脅威が高まる自然災害等、まさに世界の中でもトップクラスの課題先進国であり、こうした課題をさらに克服していく中で、新たなソリューション力を磨くと同時に、日本をより豊かな国へと導いていく努力が不可欠であることは言うまでもない。

アーバンソリューションセンターは、ソリューションの輸出のみならず、世界のベストプラクティスの導入にも大きな役割を果たしうる。ナレッジハブとして、世界中の都市と対話や交流を進める過程において、世界の最先端のソリ

ューションを吸収し、そのナレッジを我が国の都市にフィードバックしながら、各都市の課題解決を支援してゆくのだ。

折しも、AI、ビッグデータ、ロボティックス、ドローン、AR/VR等、科学技術のイノベーションの進化が、私たちの世界を幾何級数的に変え始めている。ライドシェアリングや民泊に代表されるシェアリングエコノミーの台頭は、都市における交通、物流のあり方のみならず、私たちの生活そのものを大きく変えつつある。数年前には実現できないと思われていた高レベルでの自動制御・自動運転が、すぐ目の前の現実となっている。IoT（もののインターネット）は、インフラの管理運営のあり方を劇的に変えるだろうし、ブロックチェーンは、ビッドコインにとどまらず、自治体の機能も含め、大きな社会変革をもたらすと目されている。

さまざまな課題を克服してきた我が国であるが、今一度、目の前の課題に真正面から立ち向かい、世界のベストプラクティス、そして新たなテクノロジーを最大限取り込みながら、新たなイノベーションを生みだし、都市ソリューションを進化させてゆかねばならない。そうしてこそ初めて、アジアを初めとする世界の都市が日本同様に超高齢化時代を迎えたとき、再び我が国は、進化させた都市ソリューションを輸出し、世界に貢献することができる。

シンガポールが、自国の都市課題の克服を軸に、積極的に世界の知見を集めソリューションを生み出し（インバウンド）、そのノウハウを輸出していったように（アウトバウンド）、我が国においても、世界の知見を集め都市イノベーションを推進し、アウトバウンドとインバウンドの好循環を戦略的に創り出すことが、我が国のみならず世界の都市の未来にも光をもたらしうる。そんな大胆な構想と果敢な挑戦が、今こそ求められている。

注
* 1 　『時事通信アジアビジネス』2015年4月2日、2015年5月25日
* 2 　http://www.manila-shimbun.com/series/opinions/news214930.html

参考文献
・都市ソリューション研究会編、原田昇・野田由美子監修（2015）『都市輸出　都市ソリューションが拓く未来』東洋経済新報社
・野田由美子（2016.2）「レクチャー　都市ソリューションが拓く未来」『日経産業新聞』2016年

# 3章 都市整備——区画整理事業を通じた貢献

岸井隆幸

## 3-1 我が国都市整備手法の代表：土地区画整理事業

　我が国で近代都市計画法が初めて制定されたのは1919年である。その最初の都市計画法の中で、都市整備の手法として「土地区画整理事業」を導入することが宣言された。現在の精緻かつ詳細な都市計画法と違って、この1919年都市計画法は全文わずか26条でしかないが、その中の4割近い10条が土地区画整理事業に関するものとなっている。ただ、同法では土地区画整理事業を実施する手続きについては、既に1888年に制定されていた土地所有者が農地の整理を共同で行う「耕地整理事業」の手続きを準用するものと規定されていた。つまり、その当時考えられていた土地区画整理事業は基本的には土地所有者による任意の土地共同開発事業であったのである。

　一方、同時に同法では都市計画決定後1年間を経ても施行する組合が組成されない場合に、公共公団体が施行できるという道も開いており（第13条）、この公共団体施行の土地区画整理事業は関東大震災からの復興、第2次世界大戦の後の復興に活用されて全国に広がっていった。

　1954年には耕地整理法が廃止されたこともあって土地区画整理事業に関する基本法「土地区画整理法」が制定され、改めて手続きも独自のものが確立さ

れた。現在は大きく区分すれば、土地所有者等が合意に基づいて共同で実施するもの（個人施行と呼ぶ）や土地区画整理組合を結成して土地の共同開発を行うもの（組合施行と呼ぶ）のように土地所有者主導で動くものと公共団体等の公的な団体が都市計画決定された地域で事業を実施する公共主導で動くものに分けることができる。

　また、1968年の都市計画法全面改正に当たっては、改めて「市街地開発事業」の一つとして位置付けられ、新たに導入された線引き制度（区域区分制度）と一体となって運用された。その結果、郊外部の先行的な市街地整備に幅広く活用されることとなった。

　結果として、これまでに全国で約37万haの事業が施行されており、我が国市街地（DID）の約30％に相当する地域がこの土地区画整理事業によって整備されたことになる。また、この事業手法を基礎にしながら権利の立体的な変換を行う市街地再開発事業や多様な手法を組み合わせる防災街区整備事業等の新たな整備手法も生まれている。

　こうした経緯からもわかるように、我が国の都市整備手法はこの土地区画整理事業に代表されるといっても過言ではない。

　なお、土地区画整理事業では事業に要する経費（工事費等）は受益者が負担するのが基本的な原則で、土地区画整理事業実施によって地区内の土地の総価額の上昇がある場合には、その上昇（受益）の範囲内で受益者である土地所有者等が保留地と呼ばれる「処分して事業費に充てる土地」を共同で供出する仕組みとなっている。また、地区内に不特定多数の人が利用する大規模な都市計画施設等（例えば、広幅員の都市計画道路）がある場合には、その用地費・整備費にあたる費用を国や公共団体が土地区画整理事業施行者に補助する仕組みもある。つまり、土地区画整理事業は「受益者負担の原則」を事業運営の仕組みとして包摂している都市整備手法であるということができよう。

　我が国は戦後、驚異的な経済成長を遂げ、いち早く先進国の仲間入りを遂げたが、その背景に何があるのかを探りに来る諸外国の人々の眼にこの土地区画整理事業の成果が触れることとなった。そして、開発の中で生まれた受益を土地で回収するという仕組み（土地供出による受益者負担）が事業に内在化されていることは自己完結的な事業手法（セルフマネジメントができる事業）であ

るという評価につながり、結果として開発途上国の都市整備に非常に有効な手法としてとらえられるようになってきた。我が国もこうしたニーズに呼応して積極的に技術援助を行い、今や世界各地で導入の動きが広がっている。

次節ではどのように国際展開が進んだか、そのきっかけと経緯を紹介する。

## 3-2 区画整理の国際展開・その初動期

### 1 国際化の端緒

1979年6月、台湾桃園市土地改革訓練所（Land Reform Training Institute）で世界初の土地区画整理事業に関する国際会議（International Conference on Land Consolidation）が開催された。この国際会議はアメリカのリンカーン土地政策研究所（Lincoln Institute of Land Policy）、世界銀行、台湾の農業計画開発委員会、土地改革訓練所が共同で主催したもので、参加者は世界銀行及び土地政策に関連する研究者、韓国、台湾、西ドイツ、オーストラリア、フィリピン、インドネシア、マレーシア等であり、日本からは宅地開発公団（当時）事業部事業計画課長と名古屋市計画局区画整理課係長の二人が出席されている。

そもそも何故こうした区画整理に関する国際会議が台湾で開催されたかというと、もちろん台湾で区画整理が行われていた（韓国・台湾の区画整理はかつて日本が持ち込んだものである）ということもあるが、実はハーバード大学の教授[*1]が1977年に世界銀行から依頼を受けて韓国の都市開発事情を調査、ソウル市・大邱市（テグ）等で行われていた区画整理を見てその成果に驚き、発展途上の国々に活用すべき手法として報告したところに起因している。

なお、この会議の様子は(社)日本土地区画整理協会の協会誌「区画整理」に紹介[*2]されているが、今後の課題として、
1) 情報提供の必要性（法令の英訳等情報を海外に提供する体制が必要）
2) 海外研修生の受入体制の確立
3) 海外協力技術者の養成（区画整理技術者に英語を習得させることが必要）

4）協力体制の強化（行政のしっかりした体制が必要）
を掲げ、最後に「都市計画、区画整理に携わる者にとって、我が国で長い間培われてきた成果を広く海外に伝え、それが各国の都市行政や住宅行政に大きな役割を果たすならばこれに優る喜びはないであろう。世界は同じ。それをつくづくと感じさせられた台湾の会議であった。」*3 と結んでいる。
　これがまさに区画整理国際展開の端緒であった。

## 2　区画整理国際展開の歩み

　この会議後、日本の区画整理をより積極的に国際社会に発信すべきであるという機運が高まり、日本で最初の区画整理に関する国際会議（International Seminar on Development Policies ; Focus on Land Management）が 1982 年 10 月名古屋市で開催された。名古屋市は戦災復興区画整理及びその後の組合区画整理を積極的に進めてきた区画整理先進都市である。また、名古屋には 1971 年に設立された国際連合地域開発センター（UNCRD）という国連機関が立地しており、1980 年 10 月には HABITAT（国連人間居住計画）と共催で「大都市圏の計画と管理に関する国際会議」を開催する等国際会議運営の経験も有していた。こうした状況を背景に「戦災復興事業完成記念」として名古屋市主催、国際連合地域開発センター共催での開催が実現した。
　この会議には国内から 180 名、海外からは国連機関の職員、オーストラリア、中国、西ドイツ、香港、インド、インドネシア、マレーシア、パプアニューギニア、フィリピン、韓国、タイ、アメリカから 33 名の参加者があり、区画整理の英文解説書等も作成された。また、最後に会議の提言として、
　1）継続的な事例研究の実施
　2）区画整理の技術研修
　3）パイロット事業の実施
　4）引き続きこうした会議を開催すること、
等が発表された*4。
　そして 2 年半後の 1985 年 3 月には土地区画整理法施行 30 周年を記念して、通算 3 回目の国際会議「区画整理に関する国際セミナー」（International Seminar

on Kukaku-Seiri) が、建設省主催、名古屋市及び(社)日本土地区画整理協会共催で開催された。この会議には19か国（日本、ブルネイ、カナダ、中国、西ドイツ、インドネシア、韓国、マレーシア、ノルウェー、フィリピン、シンガポール、タイ、アメリカ、ブラジル、イラク、メキシコ、パナマ、バングラデシュ、パキスタン）のほか、国連地域開発センター、世界銀行、アジア開発銀行、アジア工科大学が参加、参加総数は500名強（うち海外からは41名）に及び、東京、筑波、名古屋を舞台に展開された。

このセミナーの総括では、

1) 定期的に都市整備及び区画整理に関する国際会議・セミナー並びに訓練プログラムが開催される必要がある
2) 区画整理のバリエイションの糸口が見出されるよう技術的な側面だけでなく、社会的制度的側面を包含した事例研究をする必要がある
3) 区画整理に関心のある諸国間で区画整理の可能性に関する事前調査やパイロット事業の実施のための経済的、技術的国際協力を行うとともに専門家や訓練生の交換を行うべきである

の3点がまとめられている。

こうして我が国が主導する区画整理国際化の本格的展開が始まったのである。

この区画整理に関する国際会議は、その後「土地区画整理と都市開発に関する国際セミナー」（通称「区画整理国際セミナー」）と称して、2年ごとにアジア各国を回って開催されることになり、第4回が1987年にフィリピン（マニラ）、第5回は1989年マレーシア（クアラルンプール）（図3・1）、第6回が1991年タイ（バンコク）、第7回が1993年インドネシア（バリ）、そして第8回は1995年11月に阪神淡路大地震の傷がまだ癒えていない神戸市で開催された。その後も、第9

図3・1 1989年にマレーシアで行われた第5回国際セミナー。日本の区画整理事業・制度の確立に貢献された（故）井上孝東大教授による講演

回が 1997 年タイ（バンコク）、第 10 回が 2000 年インドネシア（バリ）、第 11 回が 2002 年大阪と続き、この国際セミナーを通じアジアの国々に区画整理の概念が普及していった。各回の様子は、随時、報告されているが、1991 年及び 1994 年には協会誌「区画整理」に特集が組まれ、台湾、ドイツ、スウェーデン、フランス、オーストラリア、ネパール、インドネシア、インド等でも似たような手法が活用されていることが紹介されている。

また、この間に「区画整理の可能性に関する事前調査やパイロット事業の実施のための経済的、技術的国際協力」が JICA による区画整理の適用可能性調査としてアジア各地で実行に移され、「海外研修生を日本へ迎え入れて研修する制度」も 1983 年に JICA の集団研修「都市整備コース」として開設された。この JICA の区画整理研修は現在も継続されており（現在は「都市開発のための土地区画整理手法」コースと呼ばれている）、近年は日本国内で 2 か月弱の研修を受けた後、タイへ移動してタイの区画整理（次節で詳述）の状況を学ぶという内容で行われている。

## 3 アジア以外の諸国との交流

この時期、こうしたアジアの動きに呼応するようにアジア以外の国々でも区画整理に対する関心が高まり、コロンビア（1984 年、1991 年）、アメリカ（1986 年、1987 年）、スウェーデン（1991 年）等において二国間の区画整理セミナーが実施された。

1986 年のアメリカセミナーは、南部フロリダに広がる住宅地の再生に区画整理手法が利用できないかという意図をもって行われたもので、参加者の多くは民間デベロッパーであった。フロリダには「第二の人生は温暖な地で悠々自適」を頭に描いた人々が土地を購入していた。しかし、こうした宅地は結局リタイアするまで使われないまま放置されていたため、いよいよリタイアして夢の地に住もうと思った時にはインフラの老朽化が進んでおり、もう一度手を入れざるを得ないという状況が生じていた。もちろん既にデベロッパーの手は離れており、こういった地域の更新に責任を持っている会社はいない。自治体も後始末を手伝うつもりはない。再投資を区画整理のセルフファイナンスの仕組みで

実現できないかという意図を持ってセミナーが開かれたのである*5。

また、スウェーデンでは、1987年にJoint Development Actが施行されていた。Joint Developmentとは土地所有者の自由意志による共同開発で、いわば日本の個人施行区画整理あるいは組合施行区画整理のようなイメージである。スウェーデンの郊外部、特に山地では均等相続の結果として土地が短冊状に細分化されて所有されていた。こうした土地を利用するにはその集約・整理を行うことが必須で、区画整理は敷地整形化のための権利調整を実現する開発手法という観点で関心を呼んだのである*6。当時、北欧でこうした手法が議論されていたことは日本では全く知られていなかった。区画整理国際セミナーがさまざまな知の交流・国の交流を引き起こしたと言えるであろう。

## 3-3 タイに移転された「区画整理」

前節で示したように1980年代から区画整理の本格的な国際展開の歩みが始まったが、その成果が結実したのがタイである。以下、タイで区画整理が活発に展開されるまでに至った経緯を再確認してみたい*7。

### 1 区画整理の導入期

タイは現在人口約6700万人、首都バンコクは800万人を超える人口を擁する大都市（都市圏人口は1500万人ともいわれる）である。当然のこととして都市問題が大きな課題であり、政府関係者は我が国の区画整理に対して強い関心を抱いていた。前節で示した区画整理国際セミナーにも常に参加しており、1983年日本で研修を受けた職員によって区画整理導入の検討が始まった。日本もこの動きを支援し、1987年には都市計画・都市開発分野で初めて専門家をバンコク首都圏庁（以下、BMA）に派遣、1988年からは内務省都市計画局（以下、DTCP）にも専門家を派遣している。

また、内務省をカウンターパートとして実施されたJICAの「都市計画策定指

針作成調査」を活用して1988年に区画整理手法が提案され、この提案が当時のタイ政府の方針「公共基盤整備への民間資本の投資促進」に合致したことからDTCP内に検討グループが設置されることとなった。以後、この二つの組織DTCPとBMAを軸にタイ国の土地区画整理事業の検討が進んでいく。

そして1989年マレーシアで行われた区画整理国際セミナーに内務省の局長をはじめとする担当官が参加、区画整理導入の取り組みがより一層本格化する。1992年には内閣が区画整理の検討を進めることを閣議決定、DTCPがその中心的役割を担うことが決まり、内務省事務次官を委員長とする区画整理委員会が設置された。また、同年、JICAの「都市開発における土地区画整理事業適用調査」においてバンコクホイクワン・バンカビ地区（基本構想800ha、基本計画300ha、事業計画85ha）を対象とした土地区画整理事業の検討が行われている。こうした動きを受けて、タイ政府は1993年、区画整理実施のための基金を創設、同年、タイにも区画整理課が誕生した。

## 2 タイ区画整理の自立的発展

1995年、全体で78条からなる区画整理法案が内務省で決定され、この法案が法制局で審査される運びとなったが、1997年のアジア経済危機もあって閣議決定には至らなかった。しかし1997年にタイで行われた第9回の国際セミナーで区画整理に積極的に取り組むという姿勢が今一度発信され、2001年、タクシン政権が発足後、再度法案の審議が始まり、2003年3月、閣議決定、国会審議に入り、2004年12月26日、区画整理法が決定公布された[*8]。我が国の都市計画制度が初めて他国に移転されたのである。

その後、2006年にパイロット事業地区としてランパン、ヤラー、サムサコン、ナーンの4地区が優先地区に選ばれ、2008年5月にナーン地区土地区画整理事業（45.2ha、地権者99人、公共減歩率10.3％、保留地減歩率4.0％）がタイで初めて事業認可、2014年2月末現在で12地区が事業認可、8地区が事業認可準備中と大きな広がりを見せている（図3・2）。2016年にはDTCPが全県で土地区画整理事業によって都市計画道路の整備を進める方針を打ち出した。

このようにタイへの土地区画整理事業技術移転は19年に及ぶ努力が実を結

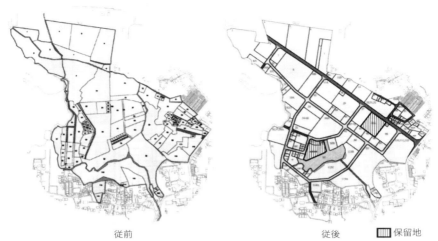
図 3・2　タイで実施されているナーン地区土地区画整理事業の従前・従後

んだものであり、これまでに JICA の関連調査は約 50 件、タイに派遣された専門家は延べで長期専門家 26 名、短期専門家 70 名以上、タイから受け入れた研修員は計 113 名に及んでいる。

　筆者も短期専門家として何度かバンコクに足を運んだが、日本語と英語とタイ語が飛び交う中での技術移転であった。もちろん、英語にたけた日本の区画整理専門家はそれほど多くない。まずは翻訳に使う用語集の作成から取り掛かるというような地道な作業が必要であったが、1988 年 DTCP に最初の日本人専門家として派遣され、2001 年から 2005 年まで再びチーフアドバイザーとして活躍した専門家はタイ語をマスター、最後はタイの国会、衆議院特別委員会においてタイ語で答弁をした。

　こうして実現した「タイへの土地区画整理事業技術移転とその自立的発展」については、その技術協力の成功が高く評価され、2015 年 5 月、(公社)日本都市計画学会より国土交通省都市局、JICA、タイ内務省市計画局（DTCP）、バンコク首都圏庁（BMA）、及び JICA 長期専門家グループに対して石川賞[*9]が授与された。この受賞のニュースはタイ国内地元紙でも報道され、DTCP、BMA のウェブサイトにも掲載されている。

## 3-4 区画整理を巡る最近の動向

### 1 HABITATの提案：PILaRアプローチ

　タイで実を結んだ区画整理の技術移転であるが、最近また世界中から脚光を浴びている。2011年6月には、ケニア・ナイロビにある国連組織HABITATで区画整理（Land Readjustment）に関する専門家会議（The UN-Habitat Expert Group Meeting: A Road Map for Developing Urban Legal Knowledge and New Partnership）が開催され、この分野の専門家が世界から20名ほど集められた。アジアからは筆者、他はイギリス（ロンドン大学法律専門家）、南アフリカ（コンサルタント）、フランス（研究機関）、スペイン（法律家）、カナダ（コンサルタント）、アメリカ（世界銀行及びリンカーン土地政策研究所）、ドイツ（フランクフルト市）、オランダ（プルメレント市シニアコンサルタント）、ブラジル（ビジネススクール教授）、エジプト（エジプト政府）と多彩であった（図3・3）。

　彼らは土地区画整理事業（一般にLand Readjustmentの頭文字を取ってLRと呼ばれる）を「開発利益の還元（Capture the Development Value）」の手法として認識しているが、会議での議論は、そもそも区画整理とはどういうものかを学ぶところから始まり、事業の紹介が求められたのは日本、ドイツ、そしてスペインであった。筆者にとってはスペインで区画整理が実施されていることは新たな情報であったが、逆に彼らは誰一人日本がタイへ区画整理の移転に成功したことを知らなかった。

　この会議のあと、HABITATは2014年に"参加と成果の包括的共有（Participatory in

図3・3　2011年ナイロビで行われたHABITATの区画整理専門家会議

Process and Inclusive in its Outcome)"の概念を強調した区画整理をPILaR (Participatory and Inclusive Land Readjustment) アプローチとして紹介するリーフレットを作っている[*10]。そこには、実際の例として、コロンビア第二の都市、メデジン市の写真が掲載されている。

また、HABITATは韓国に国際都市訓練センター (International Urban Training Center) を設置しており、2015年10月には同センターで区画整理のセミナーを開催した。バングラデシュ、ブラジル、ブータン、インドネシア、インド、モンゴル、ネパール、パキスタン、スリランカ、ベトナムといった国々から22名の参加があった。

## 2 世界の環境都市クリチバへの展開

PILaRアプローチのリーフレットにコロンビア・メデジン市の写真が使われたように、実は区画整理の新しい動きは南米に発信源があった。我が国はこれまでコロンビアに対しても区画整理の技術移転を長年にわたり行ってきた。特に帯広のJICA北海道国際センターでは帯広市や北海道大学の協力を得てコロンビアを対象とした国別特設研修（2003年からは南米5か国が対象）が行われていた。こうした努力の結果、コロンビアで1997年法律388号（都市計画法）が制定されるとともに、2006年から2007年にかけて関係省令が整備され、コロンビア型の区画整理が実現することとなった。タイの区画整理と違ってコロンビア型区画整理には特別法があるわけではなく、都市計画法の枠組みの中で定められる部分計画（地区レベルの計画）を実現するためのプロジェクトの枠組みとして規定されている。市が策定した地区の計画に沿って民間事業者が事業を主導する仕組みで、この際、地区内の地権者の土地は共同化されることが前提、しかも51％の賛同を得れば反対者の土地を収用することもできることとなっている[*11]。その上で計画にある公共施設等の用地は無償で市に提供され、地権者は事業前の持分に応じて建築物の床への配分（共有持分）を受けることを基本としている。ある意味では「立体換地を基本とする会社施行の区画整理」のようなものであると言えるかもしれない。

コロンビアではメデジン市に適用したコロンビア型区画整理の成果を受けて、

2014年に南米諸国の都市計画行政実務者を対象とした土地区画整理研修会（JICA及びコロンビア国土省主催）が開催されている。そして、現在、ブラジルのクリチバ市が区画整理の導入に向けて動いている。クリチバはBRTを活用した環境都市として世界に名を馳せているが、近年、都市の膨張に悩んでおり区画整理の手法に強い関心を寄せている。我が国も技術協力を展開し、2015年秋には日本で二国間のセミナーを開催した。クリチバ市都市計画研究所の所長を始め多くのスタッフが参加して、熱心に討議が行われた。

世界の環境都市クリチバの問題を日本から技術移転した区画整理が解決するとなれば、世界への発信効果は極めて大きなものとなるであろう。

## 3 日本の区画整理から世界のLRへ

先に記したように、我が国の土地区画整理事業は、1919年に都市計画法が制定されたときに初めて都市整備手法として正式認知され、耕地整理事業の都市部への展開という形で活用されてきた。そして関東大震災からの復興、戦災からの復興という場面で活用されて、都市の既成市街地での技術も磨かれてきた。こうした経験が他の国々にも十分役に立つことはタイやコロンビアの例を見ても疑う余地はない。加えて「日本型TOD」という言葉で「鉄道の整備と一体となった土地区画整理事業」が世界の耳目を集めている。

もちろん、都市整備は当然、それぞれの社会の「規範や慣習」に寄り添った仕組みでないと動くわけもない。したがって、常に我が国の土地区画整理法にうたわれているシステムに固執する必要もないし、実際、既に世界は独自に日本語の「区画整理」から英語の「LR」へと動き出している。新しい時代の新しいLRがそれぞれの地域で動き出す、そういう時代が来たのである。我が国としても共に学ぶ時代が来たことを素直に喜び、そして今後とも協調して歩む姿勢を持ち続けることが必要であろう。

世界はLRという都市開発の知恵でつながろうとしているのである。

注

＊1　この教授W. A. Doebele氏は1982年に、*Land Readjustment: A different approach to finance urbanization* をLexington Booksから出版している。

\*2　林清隆・一杉喜朗（1979.11）「区画整理国際会議に出席して」『区画整理』(社)日本土地区画整理協会、p.29

\*3　前掲\*2、p.56

\*4　一政義之（1981.1）「都市開発名古屋国際セミナーについて」『区画整理』(社)日本土地区画整理協会、p.32

\*5　岸井隆幸（1986.7）「アメリカを"区画整理"してみますか：アメリカにおける区画整理セミナーの開催」『区画整理』(社)日本土地区画整理協会、p.51

\*6　岸井隆幸(1991.10)「世界の区画整理：スウェーデン」『区画整理』(社)日本土地区画整理協会、p.84

\*7　タイにおける区画整理の導入には多くの方が関わっているが、日野祐滋氏が「タイ国における区画整理技術移転に関する実証的研究」（2009年9月、博士論文）を、また、(公社)街づくり区画整理協会が「タイ土地区画整理回顧録」（2015年6月）を取りまとめている。この章の記述はこうした文献に基づいている。

\*8　タイの区画整理制度は、借地権者の取り扱い、仮換地や収用の規定等必ずしも日本の区画整理制度と全く同じということではない。

\*9　都市計画に関する独創的または啓発的な業績により、都市計画の進歩、発展に顕著な貢献をした個人または団体を対象とする（会員に限らない）賞で、日本都市計画学会が授与する賞の中でも最も権威がある賞である。

\*10　http://unhabitat.org/participatory-and-inclusive-land-readjustment-pilar/

\*11　岡辺重雄（2013.8）「コロンビアにおける土地区画整理の展開」『日本建築学会講演梗概集（北海道）』pp.879〜888

# 4章 スマートシティ
## ——構想と技術移転の枠組み

野城智也

## 4-1 スマートシティとは何か

### 1 世界規模での都市化の進展

　世界の都市は人々を吸い込み続けている。国連の資料によれば、1960年時点では世界人口のうち都市人口の占める割合は33.5%であったが、2015年にはその割合が53.8%にまで上昇している（図4・1）。2050年には、世界の都市総人口は倍増して64億人に、都市人口比率は66%に達するという予測もある。都市への人口流入は、いわゆる開発途上国で著しく、国連の分類上もっとも開発が遅れている国々（Least developed countries）では、都市人口比率は1960年には9.6%であったが、2015年には31.5%になっている。2050年には開発途上国における都市総人口は52億人に達すると予測されている。また、スマートシティの潜在市場として俯瞰した場合、過去20年において、アジア諸国やアフリカでも都市人口比率の伸びが著しいことは注目に値する（図4・1）。

### 2 現代都市に働く二つのベクトル

　ひとくちにスマートシティといっても、本稿執筆の時点では、多様な用例が

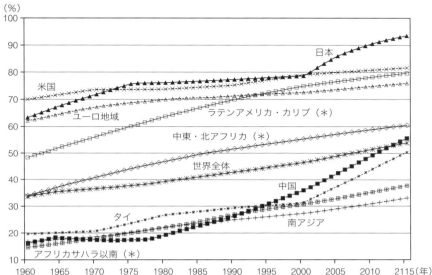

図 4・1 世界人口に対する都市人口の割合の推移。図中の地域凡例（＊）は裕福国を除いていることを指す（出典：United Nations, *World Urbanization Prospects*）

ある。それらが包含する意味あいは、現代都市に働く二つの方向性（ベクトル）とは無縁ではないと考えられる。

その一つは、現代都市は、人材や資源をますます集積させて日々その力を増しているというベクトルである。もう一つは、その集積が都市に脆弱性も高めているというベクトルである。

スマートシティは、第一のベクトルの作用をさらに強める、すなわち都市の力を強化する手段としてとらえられている。また、第二のベクトルの作用を緩和する、つまり都市の脆弱性を緩和する手段として認識されることもある。そこで、スマートシティとは何であるかを考えるに当たって、まず、これらの二つのベクトルを概括しておきたい。

## 1 ― ベクトル1　都市の「力」の増大

18世紀から19世紀にかけて欧米でおきた産業革命は、都市に工場を立地させ、その労働者を農村地域から吸い込むことで、都市への人口移動を促進した。都市への人口集中は、そこで働く人々を対象としてサービスを生み出し、それ

がさらなる就業機会を生み出すとともに、そのサービスの充実が、よりよい生活を求める人々を惹きつけ、さらなる都市化を推進させた。図4・1が示す、1960年以降の世界規模での都市化の構図も基本的には同じである。就職就業の機会や、よりよい住宅、教育、医療等のサービスを得ることを目的に人々は雪崩をうつように都市へと移動してきたとみることができる。

　ただし、現今の情報化社会、知識経済の進行は、都市の意味・性格を大きく変えようとしていることも留意しなければならない。それは、イノベーションの拠点としての都市という新たな性格付けである[*1]。技術の高度化複雑化、人々の要求の多様化等を背景に、従前のような、一組織内だけの経営資源だけでイノベーションが達成できるケースは限定されてきている。むしろ、積極的に各企業や各人が持っている情報・知識・能力を当意即妙に紡ぎ合わせるオープン・イノベーションが数多く試みられるようになってきている。そして、「都市は、オープン・イノベーションを図る舞台として最適な場である。」という認識が急速に拡がっている。

　実際、欧州・北米では、都市を舞台にしたイノベーションが野心的に戦略的に進められようとしている。例えば、ニューヨークのイーストリバー上に計画されているコーネル大学の新キャンパス、ロンドンのハーマースミス南方に計画されているインペリアルカレッジの新キャンパスは、その好例である。これらの事例には、各都市の次のような戦略が透けてみてとれる。

・高い多様性を内包し、かつ独自性の高い（＝唯一無二の）イノベーション・コミュニティを地理的に集積させる。
・価値創成のための主体間の臨機応変な連携を促すことができる社会的環境や仕組みを醸成する。

　このように、現代の都市は、18世紀の産業革命以来の都市化要因に加えて、知識経済におけるイノベーションの拠点としての役割を持ち始め、都市はその力をますます増加させているとみることができる。

## 2―ベクトル2　都市の「脆弱性」の増大

　都市の「力」の増大する一方で、図4・1に示した世界規模での急速な人口集中は、都市の脆弱性も高めている。都市化の主舞台である開発途上国では、都

市化の進行にインフラの整備が追いつかず、水、衛生、環境、交通等の問題は深刻化している。加えて、例えば、大多数の大規模都市が臨海部に接しているにもかかわらず、洪水や津波に対する防災対策は後手に回る等、災害への危険性は増している。世界中の都市における消費生活は、エコロジカル・フットプリントを増大させ、資源の消費と廃棄物を増加させ、さらには気候温暖ガスの排出を増大させ、深刻な地球規模での環境問題を生み出している。また、都市に流入する低所得者の人々の居住環境は悪化の一途を辿り、都市社会の深刻な分裂を生んでいる都市も少なくない。

　残念なことに、こうした都市の脆弱性は、地球規模での環境問題と、非寛容さを生んでいる。21世紀の人類の文明を脅かすものがあるとすれば、地球規模での環境問題、もしくは非寛容が生むテロ・戦争であると考えられる。約20年前、リチャード・ロジャースは、その著『都市—この小さな惑星の』の中で「人類が暮らすところ—私たちの都市—が、生態系の最大の破壊者であり、この惑星上で人間の生存を脅かす最大の脅威を与えているというのは皮肉なことだ。」という警句を発しているが、現実はロジャースがおそれた方向に動いていると考えざるを得ない[*2]。

## 3 ─ スマートシティの定義

　現代都市には、力を増大させるベクトルと、脆弱性を高めるベクトルが並行して働きながら都市を変容させている。この二つのベクトルをを勘案するならば、スマートシティとは「都市の可能性を引き出し賦活するとともに、その脆弱性を緩和できるような系統的・持続的な仕組みを構築し運用している都市」と定義すべきであると考えられる。

## 4 ─ スマートシティの対象となる都市の諸側面

　都市は、さまざまな側面（aspect）を持つ複雑で大規模なシステムとみなすことができる。表4・1は、スマートシティによる「系統的・持続的な仕組み」の構築対象となる、都市の諸側面を整理したものである。この表では、それらの側面を「都市の可能性を引き出し賦活する」ことに係わる側面、及び「脆弱性を緩和」することに係わる側面に大別している。さらに、これらを、精神的・

表4・1 系統的・持続的な仕組の構築対象となりうる都市の諸側面

| 理念 | ベクトル1<br>都市の可能性を引き出し賦活する | ベクトル2<br>脆弱性を緩和する |
|---|---|---|
| 豊 | ・情報・知識の集積<br>・資金・経営資源の集積<br>・食糧の豊富さ<br>・水資源の豊富さ<br>・住宅ストックの豊富さ<br>・公共空間・領域（realm）の豊潤さ | ・情報・知識ネットワークの多核化<br>・水・食糧の備蓄<br>・エネルギーの地産地消（再生可能エネルギー導入）の進展<br>・防災施設の拡充<br>・社会基盤（ライフライン、交通、住宅、公共空間等）の計画的な冗長性推進による災害や事故への回復力（resilience）の向上 |
| 益 | **・交通の利便性の向上**<br>・情報へのアクセシビリティ向上<br>・イノベーションの誘発・育成効率の高さ | ・交通渋滞の緩和<br>・各種情報システムの多重化<br>**・エネルギー使用効率向上**<br>・資源生産性の向上（資源の循環利用の推進） |
| 潤 | **・居住性の高さ**<br>・文化的多様性・文化的成熟<br>・コミュニティの充実<br>・参加参画機会の拡大<br>・食生活の充実 | ・バリアフリー化の進展<br>・文化的多様性への寛容性増進<br>・自助・共助システムの充実<br>・社会的孤立の緩和<br>・地域組織の適応性の拡大 |
| 福 | ・地域経済の持続的発展、及び発展への見通し・期待の高さ<br>・教育機会の拡大<br>・就業機会の拡大・就業環境の改善<br>・医療・福祉サービスの充実<br>・治安の良さ<br>・将来への安心感の拡がり | ・多様な産業基盤の形成による変化に対する経済的適応性の高さ<br>**・各種災害に伴うリスクの軽減**<br>・医療・福祉サービスの多重性<br>・多重的セキュリティの拡充<br>・都市の状況に関する情報共有の度合の高さ |

身体的・経済的な<u>豊</u>かさ、人や社会への便<u>益</u>、精神的・身体的・経済的な<u>潤</u>い、しあわせ・さいわい（<u>福</u>）という四種の理念で分類している。

　表4・1に示された側面全てについて、同時に「系統的・持続的な仕組みを構築し運用」することは、理念としてはあり得ても現実的にあり得ないと考えられる。まずは、これらのうち、その都市もしくはその一街区において重要であると考えられる側面に焦点を当てて「系統的・持続的な仕組み」を構築し、そのうえで、漸次、対象とする側面を拡大させていくことが現実的であると考えられる。実際、本稿執筆の時点では、表4・1に挙げた側面のうち、エネルギー使用効率向上やエネルギーの地産地消の進展、及び交通の利便性の向上や交通渋滞の緩和に焦点を当てて「系統的・持続的な仕組み」を構築・運用し、さらに対象とする側面を拡げていこうとしているスマートシティの事例が国内外で

数多く見られる。

## 4-2 スマートシティの実例

本節では、表4・1に挙げた諸側面のうち、以下の四側面に焦点を当てたスマートシティの国内外の事例を概観する。
- エネルギー使用効率向上　及び　エネルギーの地産地消
- 交通の利便性の向上　及び　交通渋滞の緩和
- 各種災害に伴うリスクの軽減
- 居住性の高さ

### 1　エネルギー使用効率向上・地産地消を目指したスマートシティ事例

日本国内では、スマートグリッド、スマートコミュニティの概念に焦点を当てたスマートシティのパイロット・プロジェクトが展開されてきた。

#### 1―スマートグリッド

エネルギー使用効率向上・地産地消を目指したスマートシティにおいては、何らかの形で、ICTを活用し、電力の需要と供給をきめ細かく自動調整する、スマートグリッド（賢い電力網）に係わる技術が応用されている。ただし、ひとくちにスマートグリッドといっても各国の事情によって、その発展の方向性が異なっていることに注意する必要がある。例えば、米国では、老朽送電設備が多く、停電が頻繁におきることを背景に、スマートグリッドには停電対策としての効果も期待されている。一方、欧州では、再生可能エネルギーを大量導入した際の電力系統を安定させるための技術として発展している。日本においては、欧州と同様に再生可能エネルギーの大量導入時における電力系統安定の目的に加えて、図4・2に示すように、「電力の需給調整に、需要家が協調する（荻本和彦）」ことを目的にその技術が発展してきた。

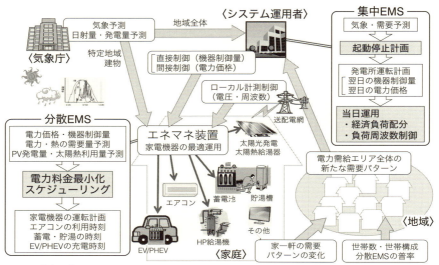

図 4·2　荻本和彦によるスマートグリッド概念図。HEMS の導入が再生可能エネルギー大規模導入と省エネルギー強化を可能とする

2 ─ スマートコミュニティ

　スマートグリッドは、電力網に焦点を当てた技術であるが、さらにそれを都市・地域のエネルギーマネジメントや、都市の諸側面に対象を拡げていく観点から、スマートコミュニティという概念が経済産業省から提案された。これは、「電気の有効利用に加え、熱や未利用エネルギーも含めたエネルギーの面的利用や、地域の交通システム、市民のライフスタイルの変革などを複合的に組み合わせたエリア単位での次世代のエネルギー・社会システムの概念」である[*3]。

3 ─ プロジェクト事例 1：柏の葉キャンパスシティ

　千葉県柏市の柏の葉キャンパス駅周囲の約 273 ha の区域を対象に、柏市、千葉県、三井不動産、東京大学、千葉大学が公民学連携組織を作って推進しているプロジェクトである。環境共生都市、健康長寿都市（疾病・介護予防等）、新産業都市（起業の推進等）という三つの大目標を掲げている。

　環境共生都市の大目標のもと、食とエネルギーの地産地消を目指し、地域でエネルギーを一元管理するとともに、地域内での省エネルギー、創エネルギー、

蓄エネルギーが推進されている。具体的には、街全体でエネルギー利用の最適化を進める AEMS（エリアエネルギー管理システム）のもとで、太陽光発電や蓄電池等の分散電源エネルギーを街区間で相互に融通するスマートグリッドが運用されている。例えば、平日は事務所街区の電力需要が高まるため、大型商業街区から自営の送電線を使って電力を融通し、逆に休日は事務所街区から大型商業街区に電力を供給することで、地区全体では、約26％の電力ピークカットを達成している。

4 ─ プロジェクト事例2：横浜スマートシティプロジェクト（YSCP）

2012年に経済産業省から「次世代エネルギー・社会システム実証地域」として選定されたことを受け、横浜市役所を核にエネルギー関連事業者や電機メーカー等34社が連携して推進したパイロット事業で、15のプロジェクトから成る。HEMS（Home Energy Management System）4200件、太陽光パネル37MW、電気自動車2300台を導入し、既成市街地へのエネルギー受給バランスの最適化に向けたシステムの導入や実証実験が展開されている。このパイロット事業の実施を通じて培ったノウハウを生かし、防災性、環境性、経済性に優れたエネルギー循環都市を目指すため、新たな公民連携組織が2015年4月に設立され、実証から実装へ向けた取り組みが継続されている。

5 ─ プロジェクト事例3：Fujisawa サステイナブル・スマートタウン

神奈川県藤沢市のパナソニックの工場跡地19haに、1000戸の住宅、商業施設、福祉施設、各種クリニック、保育所、学習塾で構成される街区を建設し運営するプロジェクトである。パナソニックを含め17社1協会から成る連携体が推進している。

その目標は表4・1に挙げた広範な側面を視野に入れており、「くらし起点」で100年持続可能な街を作り運営するという理念のもと、エネルギーだけでなく、セキュリティ、モビリティ、ヘルスケア、コミュニティ、非常時対応も視野に入れている。エネルギー分野では、戸建住宅の全てに HEMS を導入し「$CO_2\pm0$」、すなわち、ZEB（Net Zero Energy Building）にすることを中核に、$CO_2$ 排出量70％削減（1990年比）、生活用水30％削減（2006年比）、再生エネ

ルギー30％以上という野心的な目標の実現を図ろうとしている。

6 ─ プロジェクト事例4：マスダール・シティ・プロジェクト

　クリーン・テクノロジーの将来ビジョン（A vision of the clean-tech future）を具現化するという意欲のもと、アラブ首長国連邦のアブダビ市の近郊約650haの敷地に居住4万人、通勤通学5万人の都市として建設されている。アブダビ未来エネルギー公社を主体に、世界的建築家ノーマン・フォスターが率いる設計チームがマスタープランを作っている。大規模メガソーラー発電施設等、再生可能エネルギーの導入等によって、持続可能なゼロ・カーボン（二酸化炭素）にすること、ゼロ廃棄物都市とすることを目指している。蓄電技術が現時点では高コストであることを考慮して、太陽光発電が稼働する昼間は、余剰分はアブダビ市の電力網に送電するとともに、逆に夜間はアブダビ市の電力網から受電する方式をとっている。砂漠という立地特性もあり、上水の80％の再利用及び全ての排水の繰り返し再利用も試みられている。

## 2　交通の利便性向上及び交通渋滞緩和を目指したスマートシティ事例

1 ─ ITS及び自動車走行車技術

　ITS（高度道路交通システム）、及び自動走行車技術が、交通の利便性向上及び交通渋滞緩和の基盤になると言われている。

　ITSは、Intelligent Transport Systemsの略であり、「人と道路と自動車の間で情報の受発信を行い、道路交通が抱える事故や渋滞、環境対策など、さまざまな課題を解決するためのシステム」である[*4]。ITSは、道路交通の最適化、事故や渋滞の解消、自動車交通に伴うエネルギー使用量の削減に寄与する。

　自動走行車技術が発展し、普及することによって、交通渋滞や交通事故が大きく軽減され、救急車等緊急車両の移動もスムーズになると言われている。

　また、過疎地等において自動走行車を活用することにより、それに対応したパーソナルモビリティシステム等がITSを基盤に開発されて普及し、地域住民の足が確保されるようになることも期待されている。

　すなわち、自動走行車等次世代自動車と、ITSを組み合わせることにより、各

個人にとって最適化された移動環境、すなわち交通モード(車、電車、歩行等の手段)を最適に組み合わせて連繋することで、効率的でエネルギー使用効率の高い移動環境を社会全体に提供することが期待されている。

なお、持続可能な運輸(Sustainable Transport)を実現するためには、充電や電力融通の仕組みが重要であると考えている国も多く、例えばオランダ・アムステルダム市では、港湾・船舶間の電力充電や、電気自動車用の充電ポイントの拡充が推進されている[*5]。

## 2 — 米国連邦政府ATCMTD補助金に見られる原則

2016年米国連邦政府は、スマートシティを推進するため先進的運輸・渋滞マネジメント技術(ATCMTD: Advanced Transportation and Congestion Management Technologies)に対して総計6000万ドルの補助金を拠出することを決め公募した。そこでは、表4・2に見られるような技術的要件が掲げられている。この表は、交通の利便性向上及び交通渋滞緩和を目指したスマートシティを実現するに当たっての一般的な技術的要件をよくあらわしていると見なすこともできる。

## 3 — プロジェクト事例:長崎EV & ITSプロジェクト

長崎県EV・PHVタウン構想をもとに、EV(電気自動車)等とITSが連動した未来型のドライブ観光システムを実装し検証することを目的に世界遺産候補を有する五島地域において2010〜2014年に推進された(図4・3)。

長崎県庁を中核に学識経験者、自動車メーカー、カーナビ・電機メーカー、

表4・2 米国連邦政府先進的運輸・渋滞のマネジメント技術(ATCMTD)補助金の技術的要件

| |
| --- |
| 1. 先進的な利用者への情報提供技術 |
| 2. 先進的な運輸マネジメント技術 |
| 3. インフラストラクチャの維持管理、モニタリング、及び現状評価 |
| 4. 先進的な公共交通システム |
| 5. 交通システムのパフォーマンス・データの収集・分析・周知システム |
| 6. 先進的な安全システム |
| 7. ITSとスマートグリッドやエネルギー供給・課金システムとの統合 |
| 8. 自動課金・支払いシステム |
| 9. 先進的なモビリティ及びアクセスに係わる技術、例えば、高齢者や障害者のためのサービスを支援できる融通性の高い乗用車の相乗り(ridesharing)用情報システム等 |

**ITSで実現する地域主体の観光サービス**

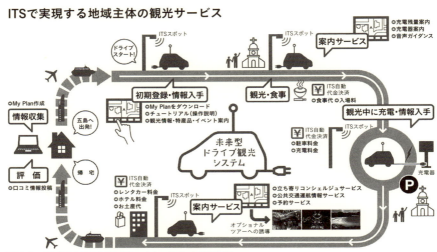

図4・3　長崎 EV & ITS プロジェクト　(出典：長崎県資料)

地場企業、業界団体、行政機関・地域等により「長崎 EV & ITS コンソーシアム」が設置されプロジェクトが推進された。五島列島のレンタカー等に EV 車138 台、プラグインハイブリッド自動車 2 台を導入し、急速充電器を 14 か所27 基、普通充電器を 26 か所 35 基を整備した。また、地元の観光情報を ITS スポット対応カーナビを通じて発信した。延べ約 5 万台 (2014 年 3 月末時点) の貸出実績を踏まえ、充電ポイントの台数・配置、充電モードの使用状況、車や充電器の稼働率、ユーザーによる「電欠」対策状況、カーナビによる情報配信効果等について検証がなされた。

## 3　各種災害に伴うリスクの軽減を目指したスマートシティ事例

表 4・1 に挙げた諸側面のうち、各種災害に伴うリスクの軽減、情報・知識ネットワークの多核化、水・食糧の備蓄、エネルギーの地産地消の進展、防災施設の拡充、社会基盤の計画的な冗長性推進による回復力の向上、各種情報システムの多重化、自助・共助システムの充実、及び都市の状況に関する情報共有の度合の高さ等の諸側面は、災害時における救援・復興にとって重要である。各種の自然災害の常襲地である我が国では、こうした側面に当てたスマートシ

ティの推進が強く望まれている。現時点で、その動きが顕在化しているのは、各種災害に伴うリスクの軽減という側面である。

1―プロジェクト事例 1：大丸有スマートシティ

　東京都の大手町・丸の内・有楽町（大丸有）地区では、同地区内に所在する主要企業をメンバーとする、まちづくり協議会を設立し、官民協調のまちづくりを進めている。その、一つの活動の柱が、環境性と防災性を両立したまちづくりである。BCD（Business Continuity District）を実現するため、地区内に複数の防災拠点機能ビルを配し、エリアマネジメント機能、情報受発信機能、災害救護機能等の防災級能を、エリア内部の建物間で必要に応じて分担する仕組みを構築している。

## 4　居住性の高さを目指したスマートシティ事例

　世界各地では、スマートシティの構想を具現化することで、市民生活の質を上げていく試みが種々展開されようとしている。例えばアムステルダム市では、「持続可能に働くこと（Sustainable Working）」の標語のもとに、照明・冷暖房・セキュリティ機能を高めたスマートビルディングへの既存建築の転換が進められたり、「持続可能な公共スペース（Sustainable Public Space）」という標語のもとに諸施策を展開しているという[*5]。

1―プロジェクト事例 1：柏市豊四季台地域スマートウェルネス住宅・シティ

　クラウド上のデータベースを核に、患者、主治医、在宅療養支援診療所、訪問看護、薬局、緊急受け入れ病院等の諸機関・組織がサービス種別を越えた情報共有のシステムを構築し、在宅医療・ケアに係わる多職種チームを形成する試みがなされている。

## 4-3 スマートシティを成立させるための技術的枠組み

### 1 データ収集・分析の重要性

　前節で挙げた事例群において、「系統的・持続的な仕組み」を有効に機能させていくには、ICTを活用した多岐にわたるデータの収集と解析、及びそれに基づく制御が前提となる。さもなければ、表4・1に挙げた何れかの側面を賦活するスマートシティの仕組みを構築することができても、期待されたパフォーマンスを上げることは困難である。近年中国ではスマートシティプロジェクトが戦略的に展開されているが、必ずしも期待したパフォーマンスがあらわれていない事例もあると仄聞する。日本にも五十歩百歩の例はあると推察される。その主因は、データ収集し、解析し、都市を構成する人工物の運用を制御していく仕組みの運用が十分になされていないためであると推察される。

### 2 都市の動態分析及びリアルタイム制御のための枠組み

　「系統的・持続的な仕組み」が有効に働くためには、都市がどのように動いているのかその動態を把握し、継続的に運用改善していかねばならない。言い換えれば、センシングによる都市動態データ収集→解析→フィードバック制御（または予測制御）がなされねばならない。

　このような枠組みを考えるうえでの一つのキーワードは、集成（aggregation）である。都市の諸側面を支える諸施設の最適運用のあり方は、使い手がどのように行動するかによっても大きく左右される。一人一人の人間の行動はある意味では恣意的で予測は難しく、技術システムの運営者にとっては大きな不確実性が生まれる。しかし、それは供給者側の視点であって、一人一人の使い手には、個々別々の信条や選好がある。こうした、それぞれの個の事情をまとめあげて、集成して社会全体の動態を把握し、技術システムを運用運営していく、ひとまとまりの取り組み（collective approach）が求められている。

こうした、ひとまとまりの取り組みを支えるために集成できうるデータは、サービスを直接供給する事業者だけでなく、思わぬところに存在している。例えば、携帯電話の発する信号を集成すれば、交通の利便性の向上という側面からスマートシティを経営していこうとする組織にとっては垂涎の的となる移動実態データとなりうる。この例のように、情報化社会の進展で、都市の人々の動態の足跡はさまざまな形でさまざまなところに残されている。ユーザーの同意とプライバシーの保護を確保しつつ、組織の枠を超えて、いかなる方法で人々の動態に係わるデータを収集し解析するかということは、スマートシティ実現のためには避けて通れない極めて重要な技術的課題である。

　加えて、別々の組織によって収集された異種データを相互に連携付けることで、さらに動態が立体的に把握できる可能性もある。また、こうした大量なデータからいかに有効な意味を抽出していくのか、いわゆるビッグデータの解析力も問われている。これらも、挑戦が不可欠の技術的課題と言わねばならない。

　こうした技術的挑戦を担う組織的な枠組みと体制をいかに構築していくかということも、スマートシステムの実現のためには肝要であると言わねばならない。

## 4-4　スマートシティの技術移転

### 1　国際動向

　世界全体では、スマートシティ市場に対して、2011年から2030年までの累計で4000兆円の投資の可能性があるという見積りもある[*6]。例えば、中国政府が2010年にスタートさせた「第12次5か年計画」では、資源の節約・環境友好型な社会をつくり、生態文明のレベルを向上させるために、五年間でエコシティのパイロットプロジェクトの数を100個に増やすことがうたわれ、各地でスマートシティのプロジェクトが意欲的に推進されたこと[*7]は記憶に新しい。

　ただし、スマートシティの技術移転にとって我が国の有力なパートナーとなりうるアジア等の新興国においては、加速する都市化に対応するための基礎的

インフラ整備が急務でスマートシティに係わる技術導入は、二次的課題であると受け止められていると見る認識が我が国には根強い。

ではあるが、図4・1に示したアジアやアフリカにおける都市化圧力を勘案すると、我が国からの技術移転の潜在的な可能性は極めて高いこと、またその潜在的な可能性をいかすためには長期的な取り組みが必要であることを忘れてはならない。実際、都市の整備が長期間にわたることを念頭に、欧米企業はこうした潜在的可能性を先取る形で、さまざまな連携拠点を設け始めている。例えば、シーメンス社は、インフラ・都市部門を設置し、世界の主要都市に60人以上のシティ・アカウント・マネージャーを配置し、地元政府や都市開発関連事業者とのネットワークを構築している。同社は、中国政府の環境共生都市建設戦略を念頭に、咸寧市、青島市、武漢市、北京市にシティ・アカウント・マネージャーを配置しているという。またIBMは、スマーターシティ・チャレンジ（Smarter Cities Challenge）プログラムを構築し、各都市に専門家チームを派遣し、コンサルティング・サービスを無償提供することで長期的な関係の構築を図っている。

## 2　日本の取り組み

こうした海外勢の動きを受けて、日本では、2011年10月に不動産ディベロッパー、商社、メーカー、ゼネコン、建設コンサルタント、金融機関、法律事務所等から成る海外エコシティプロジェクト協議会（J-CODE）が設立された。設立以来、日本の都市開発において蓄積されてきた知見と技術を「チームジャパン」として総合的に提供することを念頭に、構想・企画から開発、管理運営まで官民一体の支援体制で事業推進を図る活動を展開している。

また、2014年には、政府の呼びかけで、官民が共同出資し、交通・都市開発の分野で、海外市場に飛び込む事業者を支援するため、㈱海外交通・都市開発事業支援機構（JOIN）が創設され活動を行っている。

## 3 技術移転戦略に関する留意点

　スマートシティ分野で我が国からの技術移転を受けるのは、地方政府・自治体等都市を経営する立場にある組織である。それらの組織にとってみれば、その技術移転の成否は、いかにして、都市の可能性を引き出し賦活する、または都市の脆弱性を緩和する系統的・持続的な仕組みを構築したうえで、実際にパフォーマンスをどのくらい上げてくれるのかという成果の実質によって評価されると思われる。

　我が国は、公共交通中心の街づくり、安全安心の街づくり、自然と共生した街づくり、資源循環型街づくり、省エネルギー型の街づくり分野に比較優位性があるとも言われている。しかし、前節で述べたように、都市の動態をセンシングしたデータを収集・解析し、これをもとにシステムを運用・制御し、実パフォーマンスを改善していくという成果が達成されない限り、その比較優位性が盤石であるとは言い難い。モノ（施設）ではなく使用価値（パフォーマンス）が問われるわけであり、いわゆるターンキー契約で施設建設が終われば仕事が終わりという姿勢では、スマートシティの技術移転という国際市場では我が国が地歩を築くことは困難であると言わざるを得ない。

　シーメンス社やIBMがそうであるように、技術移転先との長期間のパートナーシップを構築し、やりながら学びながら（learning by doing）、賢く運用していく方策を継続的に改善していく姿勢・体制が不可欠である。

　言い換えれば、スマートシティの概念を実体化させ、都市の可能性を引き出し、脆弱性を緩和していくためには、従来の垂直統合された産業組織の桎梏を離れ、使い手の価値を基点にした、多分野多業種から成る統合チームを組成し、「系統的・持続的な仕組み」を構築・運用し、成果の実を上げることが肝要なのである。

注
* 1 イノベーションとは、「何らかの新たな取り組み・率先（initiative）により、何らかの豊益潤福を創造・増進し、現状を刷新するような社会的変革を生みだすこと」である（野城、2016）。ここで、豊益潤福のそれぞれ字義を包含した意味を持つ。すなわち、
　　・「豊」は精神的・身体的・経済的な豊かさ（richness and fullness）を、
　　・「益」は人や社会に役立つこと（benefit）を、

・「潤」は精神的・身体的・経済的な潤い（amenity）を、
・「福」はしあわせ（welfare）
を表す。
* 2 リチャード・ロジャース、フィリップ・グムチジャン、邦訳　野城智也、手塚貴晴、和田淳（2002）『都市─この小さな惑星の』鹿島出版会
* 3 スマートコミュニティ・アライアンス（JSCA：Japan Smart Community Alliance 275 社・団体加盟）による（https://www.smart-japan.org/　retrieved on 10 Dec. 2016）
* 4 http://www.its-jp.org/about/（retrieved on 10 Dec. 2016）
* 5 鈴木剛司（2009）「アムステルダムの「スマートシティ」プログラム」『NEDO 海外レポート』NO. 1053, 2009.10.21 available at www. nedo. go. jp/content/100105905. pdf(retrieved on 10 December)
* 6 日経 BP クリーンテック研究所（2012）『世界スマートシティ総覧 2012』
* 7 呉道彪、野城智也、周允耀（2013）「現在の中国におけるエコシティ等の開発に関する規制と政策」『日本建築学会学術講演梗概集』pp.987 〜 988

**参考文献**
・野城智也（2016）『イノベーション・マネジメント：プロセス・組織の構造化から考える』東京大学出版会

# 5章 社会基盤とインフラ輸出
## ——支援からパートナーシップへ

加藤浩徳

## 5-1 アジアにおけるインフラニーズと日本の貢献

　インフラは、社会の基盤であり、人々の生活や経済活動等を支える重要な施設である。当然、都市部には人々が多数居住することから、都市における諸活動を支える交通、水道、エネルギー、情報通信等のインフラの整備は重要である。特に、東南アジアをはじめとする開発途上国では、都市部への人口流入が進んでおり[*1]、経済活動の中心ともなっているため、インフラのニーズが極めて高い。一方で、都市部以外の場所や文脈においても、インフラは必要な要素である。そもそも都市はそれだけで独立して存在することができない。都市部で消費される食料、エネルギー、鉱物・木材等は農村のような非都市部で生産され、都市部に運送されている。非都市部においてこれらの生産に関わるインフラが必要であるだけでなく、それらの物品を都市部に輸送するためには非都市部と都市部とをつなぐ交通インフラも不可欠である。一国内における都市と都市、あるいは都市と非都市部とをつなぐ道路・鉄道等の交通ネットワークや情報・通信インフラは、人々や情報の流動性を高め、国内の経済活動を効率化することにも貢献する。さらに、国と国とを結ぶ国際交通インフラは、貿易を促進させて国内産業の発展に貢献するとともに、複数の国々を含めた域内の経済活性化に寄与する。

これまで我が国は、アジアを中心とした多くの開発途上地域において、主に政府開発援助（ODA）を通してインフラ整備を行ってきた。かつて東アジア、東南アジア、南アジアは多数の貧困者の苦しむ地域であったが、近年は経済発展が目覚ましく、貧困国を脱した国も多い。こうした経済発展は、我が国の支援なしではなしえなかったと言われている。

　本章では、主にアジアを念頭に置きながら、インフラのニーズや日本の貢献の実態、これからインフラ輸出を進める上での中長期的な課題について述べることとする。

## 5-2 　世界のインフラ需要とインフラ整備に期待される効果

　日本国内では、インフラストックが一定水準に達したことや、少子高齢化による人口減少等により、新規インフラ整備に対する需要は減少することが予想される。これに対し、世界全体でみると、インフラ市場の活況ぶりは目を見張るばかりである。インフラの定義を広く取れば、2013年時点で世界全体のGDPの14％にあたる9.6兆米ドル（2015年価格）もの投資がインフラに対して行われている[2]。これをネットワーク系のインフラである交通（道路、鉄道、空港、港湾）、上下水道、電力、情報通信システムに限った場合であっても、2013年時点で2.5兆米ドルもの投資が行われているという。過去20年間の平均値で見ても世界全体のGDPの約3.5％もの投資がネットワーク系のインフラに行われている。

　今後も世界全体のインフラ需要は増加し続けることが予想される。世界の年当たりインフラ需要は、2030年には、2013年より73％増加することが予測されており、2013〜2030年に年平均3.3兆米ドル（2015年価格）、世界全体のGDPの3.8％にあたる金額の投資が必要だとされる。また、それをインフラの種類別に見てみると、世界全体のGDPに対して、道路で0.9％、鉄道で0.4％、港湾で0.1％、空港で0.1％、電力で1.1％、水関連で0.6％、情報通信で0.6％の投資が必要だと予測されている。これらの需要は、特に、経済成長の著しい新興国

において、生産要素や消費者行動を支える基盤としてインフラのニーズが高まっていることを反映している。図5・1に示されるように、2016〜2030年の15年間において、中国、インド、その他のアジアの新興国を含む世界の新興国のインフラ需要が、世界全体のインフラ需要の6割を占めると予測されている。特に、アジアは世界全体のインフラ需要の4割以上を占める有力な市場となりうることが読み取れる。

なぜ世界中の多くの国々において、インフラの整備が重要視されているのであろうか。一般的に、インフラ整備は、直接的にさまざまな社会的便益を生み出すことが知られている。例えば、高規格の都市間道路が整備されれば、地域間の移動時間が短縮されるだけでなく、それにより出発地からより遠い目的地へ物資を運搬できるようになる。港湾施設の整備によって、船舶の寄港が容易になれば、より安価に各国との貿易が可能となる。あるいは、送電ネットワークが整備されれば、安定的に電力が得られるので、製造業等における生産活動の不確実性が低下する。低所得地域において上下水道が整備されれば、衛生状態が改善され、人々の健康状態が大幅に向上する可能性がある。

以上のような直接的な効果はそれだけでも十分人々に多くの便益を生じさせるが、それらに加え、インフラ整備による各種公共サービスの改善は、地域の魅力を向上させ、その結果、人や企業が集まって集積の経済を生み出す可能性も指摘されている。例えば、企業が同じ地域に多数立地することによって、複数の企業間で物資の調達等の協力や調整が可能となってコストダウンできたり、

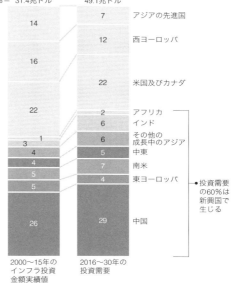

図5・1 世界の地域別インフラ需要の2000-2015年の実績値と2016-2030年の予測値（出典：McKinsey Global Institute (2016), *Bridging Global Infrastructure Gaps*, June 2016.）

企業間の情報交換が容易になってイノベーションを生み出しやすくなったりすることが期待されている。このような間接的な効果は、我が国においてもインフラの「ストック効果」として、近年関心が高まりつつある*3。中でも、インフラ整備による経済生産性向上効果は、開発途上国だけでなく先進国においても注目されている。例えば、世界中の空港利用者数トップ100空港のある82都市を対象に、空港アクセス鉄道が都市の経済生産性に与える影響が分析されている。それによれば、空港アクセス鉄道の導入により、労働者一人当たりGMP（生産額）は平均で7.3%向上することを示している。また、図5・2*4に示されるように、空港への公共交通によるアクセス時間は労働者一人当たりGMPと負の相関関係にあり、さらに計量経済分析の結果によれば公共交通による空港アクセス時間が10%減少すると3.4%の経済生産性の向上に寄与することが明らかとなっている。

　経済生産性の向上は、都市や地域の持続的な成長に不可欠だと広く考えられている。市場のグローバル化がすすみ、地域間や都市間の国際競争が激化する中、多くの国々は、生産性の向上と持続的な経済成長を実現する重要な手段として、インフラ整備に積極的に力を入れてきているのである。

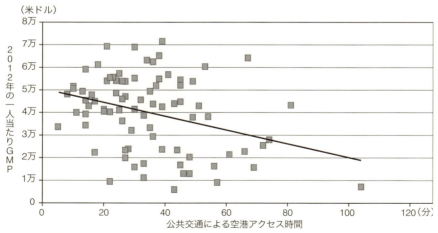

図5・2　空港利用者の多い世界各国の主要都市における公共交通による空港アクセス時間と経済生産性との関係　（出典：加藤浩徳、村上迅　（2016）「空港アクセス鉄道と都市の国際競争力―巨額投資は都市の経済生産性を上げるのか？」『ていくおふ』No. 144, pp.20〜29）

## 5-3 アジアのインフラ整備における日本の貢献の実績

### 1 アジアのインフラと日本のODA

　では、日本は他国のインフラ整備にどのような関わり合いを持ってきたのであろうか。我が国は、主にODAの二国間政府開発援助を通じて、無償資金協力、有償資金協力、技術協力等によってインフラ整備に寄与してきた[*5]。ODAは公的資金による経済協力の一種であり、日本の外交を推進し、国際貢献を果たす上で最も重要な外交手段の一つと考えられている。現在の我が国のODAの基本方針は、2015年に決定された「開発協力大綱」に示されている。日本のODAは、贈与比率の低さ（＝有償資金協力の比率の高さ）、アジア向けのODA比率の高さ、経済インフラの支援比率の高さ、「自助努力」「要請主義」、対GNI比率の低さ、被援助国の多さ等が特徴とよく言われている。日本もかつて1950～60年代に、世界銀行から多額の融資（31プロジェクト、総額約8億6300万米ドル）を受けた経験があり、それらの融資によって東海道新幹線や名神高速道路が整備されたことはよく知られている。日本は、戦後の荒廃した状態から経済復興を果たすのに、国際機関からの経済協力を受けながらも自力で経済開発・発展の努力を行い、高度成長を遂げ先進国の仲間入りを果たしてきたことが、融資を中心とした経済協力を行う動機になっていると言われている[*6]。

　日本のODAがアジアの経済成長に与えた影響は大きい。例えば、アジア6か国を対象に、1996～2000年に行われた日本のODAがこれらの国々のマクロ経済に与えた影響について分析し、すべての国において実質GDPの成長に日本のODAが寄与していることを示すレポートがある[*7]。ただし、現在では、東アジア、東南アジア地域の貧困問題はほぼ解消される方向に向かっており、貧困よりも国間や地域間の格差の方が大きな問題になってきている[*8]。今後は、台頭してくる中間層にどのように対応するのかが大きな課題と言えるであろう。

## 2　ASEANにおける連結性強化のためのインフラ整備

　日本の重視するアジアに対する経済協力の一つに、東南アジア諸国連合（ASEAN）へのインフラ支援がある。ASEANは、1967年にインドネシア、シンガポール、タイ、フィリピン、マレーシアの5か国によって結成された後、ブルネイ、ベトナム、ミャンマー、ラオス、カンボジアが加盟し、現在10か国をカバーし、6億人以上の人口を抱える巨大な経済圏である。日本は、発足当初からASEANと緊密な関係を築いてきており、多くの日本企業が海外生産拠点としてASEAN諸国に展開を進めてきている。また、現在進められているインフラシステム輸出戦略においても、ASEANは「絶対失えない、負けられない市場」であり、あらゆる分野から攻勢をかけるべき「Full進出」の対象地域であるとされている。

　近年ASEANは、地域間の連結性を重視する戦略をとっており、2011年に発表されたASEAN連結性マスタープラン[*9]においては、物理的連結性、制度的連結性、人的連結性を向上させることが目標として掲げられている。日本は、JICAを中心として、ASEAN連結性マスタープランを全面的に支援してきた。

　その一つは、大メコン河地域、すなわちインドシナ半島及びその近隣に位置するベトナム、ラオス、カンボジア、タイ、ミャンマーを道路、橋梁、港湾等によってつなぐ東西経済回廊と南部経済回廊の整備である（図5・3）。特にメコン地域において、ASEANの製造業のネットワークが深化するのに従って、これらの経済回廊がメコン諸国の経済発展に重要な役割を果たすことが期待されている。まず、東西経済回廊は、ベトナムのダナンから始まり、ラオス、タイを通過してミャンマーのモーラミャインに伸びている。我が国は、JICA事業を通じて、回廊東側のダナン港、山間部を貫通するハイヴァン・トンネル、ラオスの中部から南部を通過してベトナムとタイをつなぐ国道9号線等の重要なインフラの整備を行うとともに、第二メコン架橋の建設により回廊を完成させるのに貢献した。また、南部経済回廊は、メコンの経済の中心でもあるホーチミンからプノンペン、バンコク、ダウェイ（ミャンマー）をつなぐもので、ベトナムのカイメップ・チーバイ港の整備や、ホーチミンを通過するサイゴン東西高速道路、ベトナム・カンボジア国境とプノンペンをつなぐ国道1号線の整備等

図5・3　大メコン地域の主要な経済回廊（出典：JICA資料）

がJICA事業によって進められている。これらのインフラ整備により域内の貿易が増大することが期待されている。例えば、第二メコン架橋の完成による東西経済回廊の開通により、ハノイ・バンコク間の輸送時間は、船便で2週間だったところが陸路で3日間に大幅に短縮された。また、ミャンマー国内の回廊が開発されると、これまでのマラッカ海峡を利用したルートに比べて遙かに時間短縮と費用低減が実現し、経済回廊はさらに活性化するものと考えられる。

## 3　カンボジア・ネアックルン橋建設の事例

　ASEANの南部経済回廊におけるインフラ整備の例として、カンボジアのネアックルン橋整備を取り上げてみよう。カンボジアは、東南アジアのインドネシア半島南部に位置した国であり、北はラオス、東はベトナム、西はタイと国境を接し、南はタイランド湾に面している。カンボジアは南部経済回廊の中央に位置している。

　日本政府は長らく続いた内戦の和平交渉締結に尽力し、それ以降15年以上トップドナーとしてカンボジアの復興・経済発展に協力を行ってきた。1992年

5月に無償資金協力「食料増産援助プロジェクト」の交換公文がカンボジアとの間に締結されたことを契機に、本格的な復旧復興支援が開始され、同年9月には「チュルイ・チョンパー橋修復計画（1期）」の交換公文が締結された。プノンペン市民には「日本橋」名で知られていた同架橋は、1994年にその復旧が完了し、当時、人々にとって「平和の配当」の象徴的な存在となったとされる。現地では旧1000リエル札に日本橋の建設が描かれ、平和の象徴として受け止められていた。

日本のODAでは、先にも述べたように経済インフラが中心とされてきていたが、対カンボジア支援ではこれに加えて、PKOへの初めての参加や警察支援等これまで関与しなかった分野においても積極的に支援を行ってきたことが特徴として挙げられる。対カンボジア援助の合計は21億米ドル以上（2012年度）にものぼり、カンボジアにおける国際社会からの支援総額の約20%が日本のODAによって占められている。

ネアックルン橋建設事業は、GMS経済協力プログラムの南部経済回廊をつなぐ橋梁の整備を目的としている。タイからカンボジアを経て、ベトナム南部へとのびるこの経済回廊はカンボジア国道1号線の途中でメコン河に分断されており、物流のボトルネックとなっていた。日本の無償資金協力で建設されたきずな橋の2000年の開通式において、フン・セン首相が、ネアックルンにおける協力建設を次の悲願である、とスピーチし、日本の援助で建設をしたいと明言した。また、日本も2003年の日ASEAN特別首脳会議東京宣言等を通し、協力建設に協力施設を協調してきた。こうした両国間の対応を受け、国際協力機構（JICA）は協力建設を検討してきた（図5・4、5・5）。

ネアックルン橋は、主橋梁部分がPC斜張橋による640mの道路橋であり、日本の主塔間の間隔が330mというアジアでも最大級規模を誇る。橋長2215mで、取り付け道路を合わせた全長は5400mにも及ぶ。日本政府の無償資金協力事業として行わ

**図5・4　きずな橋**（写真提供：JICA）

れ、発注者はカンボジア王国公共事業運輸省で、設計及び工事請負業者はともに日本企業であった。

本事業は、事業契約の締結までに5回にもわたって協力準備調査が実施されているのも特徴の一つである（図5・6）。JICAは、過去にカンボジア国内の開発援助で顕在化した問題点を踏まえるとともに本事業の規模の大きさも考慮して、フィージビリティスタディの段階から、周辺住民や環境に与える影響を丁寧に調査するという方針をとった。また、JICAは2004年より新たな環境社会配慮ガイドラインを導入したことを受けて、このガイドラインを適用するパイロット事業として、この事業を位置付けた。そのため、当該事業に当たっては環境社会配慮審査会における諮問と答申が行われる等、極めて慎重かつ丁寧な事業準備が進められた。また、2012年7月には不発弾が爆発する事件もあった。工事開始までに4000発以上の不発弾処理を行ったにもかかわらず、完全には除去できなかった。爆発による負傷者は幸いに出なかったが、工事が4か月近く中断した。こうした経緯もあり、2003年に事前調査が開始されてから12年もの歳月を要した2015年4月にようやく開業にこぎ着けることとなった。

架橋前は、メコン河を渡るのにネアックルンフェリーを利用する必要があった。JICA事前調査によれば、もし橋が建設されなければ、2011年に交通量は4000台/日を超え、2021年には6000台/日を超えると予測されていた。それに対し、フェリー輸送の輸送容量は3200台/日程度であり、明らかに容量不足が想定されていた。また、繁忙期には7〜8時間程の待ち時間が発生しているという報告もあった。しかも夜間は、フェリーが運航を休止してしまうため、

図5・5　ネアックルン橋（写真提供：JICA／久野真一）

ネアックルン
（国道1号線のメコン河渡河地点）

図5・6　カンボジア・ネアックルン橋の位置
（出典：JICA資料）

5章　社会基盤とインフラ輸出——支援からパートナーシップへ

国道 1 号線の利用者にとってこの地点は最大のボトルネックとなっていた。架橋によりこれらの問題は一気に解決し、南部経済回廊の物理的連結性は飛躍的に高まった。ネアックルン橋の開業を記念して発行される新 500 リエル札には、きずな橋に加えてネアックルン橋も描かれることとなった。

## 5-4 インフラ輸出の可能性と課題

### 1 我が国の ODA 改革とインフラ輸出

　ネアックルン橋の事例のように、これまで我が国によるインフラ整備は、開発途上国の経済発展に大きな貢献をしてきた。ところが、2000 年以降は我が国の ODA は縮小傾向が続いている。これに対し、2010 年頃から我が国においては ODA に対する方針の転換が図られるようになってきた。これは、少子高齢化による国内市場の縮小が確実視される状況下で、今後我が国の経済を維持・拡大していくためには、企業が国内だけでなく海外へも活動範囲を広げ、特に新興国の著しい経済成長を取り込む必要があるという認識が共有化されたことによる。我が国の経済規模の拡大や雇用・イノベーションの創出を実現するためには、多様な産業の海外展開と新興国における外需の獲得が必要であること、海外で稼いだ資金が環流する仕組みを整備すること、産業の国際化を担うグローバル人材の育成が必要であること等が指摘されてきており、ODA についても日本企業の海外ビジネス展開を支援するという文脈の中で位置付けが再整理されつつある。例えば、ODA の対象地域を中進国及び中進国を超える所得水準の開発途上国に対しても拡張すること、日本の産業の強みを生かせる分野を重点分野と指定し、該当する分野の経済協力については有償資金協力において金利を引き下げること、日本企業が ODA プロジェクトにおいてより有利な条件で受注ができるようタイド借款（調達適格国を日本に限定する借款）を推進すること等が進められつつある。

　また、日本政府は、インフラ海外展開を推進するために、「インフラシステム

輸出戦略」を日本再興戦略の一部として作成し、2020年までに30兆円の市場を獲得することを目指している。また、「質の高いインフラ」をキーワードに、日本のインフラを海外に展開しようとする動きも活発になりつつある。「質の高いインフラ」とは、「質の高いインフラパートナーシップ」(2015年5月総理発表)において我が国が提案したものとされ、「一見、値段が高く見えるものの、使いやすく、長持ちし、そして環境に優しく災害の備えにもなるため、長期的に見れば安上がりなインフラ」のことだとされる。これらの戦略と理念の下、さまざまな対策が実施されてきている。

## 2 インフラ輸出の中長期的な課題

近年の政府主導による積極的な活動のおかげもあり、日本企業の海外での受注は堅調に推移している。しかし、受注実績においては、依然として欧米や中国・韓国等の競合企業に大きく水をあけられている状況にある。また、新興国等におけるインフラ開発は、一般に初期投資の規模が膨大である一方、投資回収には長期間を要し、事業リスクが高く、また現地政府の影響力が強いことから、日本側も政府が民間企業と連携して官民一体となった取り組みを推進しなければ国際競争を勝ち抜くことはできないと考えられている。これらは短期的に取り組むべき重要な課題として広く認識され、すでに日本政府による対応策が進められつつある[*10]。そこで以下では、短期的よりも中長期的な視点からインフラ輸出に係わる課題を挙げてみたい。

まずは、短期的には、インフラに関連する日本企業が海外進出の経験を積み、対象国での人的ネットワークを構築したり、リスク対応能力を高めていくことがインフラ輸出を進める上で重要なのは間違いない。これは、新興国では、制度が十分に整っていないせいでビジネス環境が日本と大きく異なるケースや、政治・為替リスク等の海外に固有の各種リスクがあるにもかかわらず、日本企業はこれらに対する経験が不足しているため、海外進出をする上で大きな足かせになっているためである。その意味で、日本政府が進めつつある公的金融制度の充実やさらなるスキームの創設は日本のインフラ輸出に有効と考えられる。2008年の経済金融危機以降、民間金融の縮小によるインフラ市場の資金不足を

公的金融が補う重要な役割を持っており、かつ公的金融支援を呼び水に民間金融の参入を促進し、日本企業がこれまで躊躇してきたインフラ海外展開を踏み出すきっかけになることは明らかだろう。しかし、もし日本企業が、日本政府の進めるインフラ輸出戦略を企業への単なる経済支援であると考え、海外ビジネスの経験を有効活用しなければ、インフラ輸出政策の終わりとともに単に企業の海外進出も終わってしまうという悲しい結末を迎えることになってしまう。我が国には、過去の海外進出の失敗を引きずって、さらなる海外展開に躊躇する企業が少なくない。また短期的なリターンに関心のあるこれらの企業の株主・投資家も高いリスクを伴う海外進出に前向きでないと考えられる。インフラ輸出戦略の検討においては、こうした短期的な視野を持つ（あるいは持たざるを得ない）企業のモラルハザードを起こさせず、中長期的な観点から日本企業の健全な海外展開マインドの育成と活動とを支える慎重な議論が必要だと考えられる。

　また、インフラ輸出戦略の議論が日本国内の論理だけで偏った形で進められていないかを常に意識することも重要な視点である。無論、日本国内の問題解決がインフラ輸出戦略の動機であってもかまわないわけだが、そもそも商売は、お客様があってこそ成立するものであり、買う側の考えを無視した押し売りは長続きしないし、信頼を失うことにもなりかねない。近江商人の売り手よし・買い手よし・世間よしという「三方よし」の精神は、国際インフラ市場においても通用する考え方である。インフラ整備は、支援対象国の経済発展に寄与し、日本にとってもビジネスチャンスが増えるのに加えて、二国間を超えた広域にも便益を及ぼすことが期待できるものである。当然、ライバル国との熾烈な競争に勝ち抜くことは重要であるが、中長期的に世界のインフラ市場でメインプレーヤーとなっていくためには、国際益にも配慮したインフラ整備を進めることが必要であり、それに貢献できるようOECD諸国や新興国等のライバル国とのスマートなつきあい方が求められる。これには、世界全体のインフラ市場の向かうべき方向性に関する議論をリードできる視野の広さとビジョンの明確さ、金融市場、国際的な人材育成、国際規格競争等における高度な戦略性、既得権を有する国や新興国勢力との駆け引きや地政学的な戦略にも配慮した懐の深い外交政策が含まれるであろう。

さらに長期的な視点から見たとき、世界のインフラ市場における公的金融の役割は徐々に低下することが予想される。先進国で共有されつつある民間をクラウドアウト（阻害）しないという政策意識や、新興国のさらなる海外直接投資（FDI）額の増加傾向がこの方向性を助長している。また、支援対象国の経済成長による国内産業優遇政策等により、インフラ支援の必要性が低下することも予想される。実際、2030年を目標年次とする持続可能な開発目標（SDGs）といった国際的な枠組みにおいては、貧困をゼロにすることが目指されており、その先を見据えるのならば、従来の低所得国の貧困削減を目標とするODAは新たな方向性を模索せざるを得なくなるであろう。したがって、世界のインフラ市場が長期的にマーケットベースのグローバル市場へ移行していくことを念頭に置いて、段階的なインフラ輸出戦略を構築することが我が国でも求められていると言えるであろう。

注
* 1　村松伸・加藤浩徳・森宏一郎編（2016）『メガシティとサステイナビリティ』東京大学出版会
* 2　McKinsey Global Institute (2016) *Bridging Global Infrastructure Gaps*, June 2016
* 3　加藤浩徳・柴崎隆一・寺村隆男・楓千里・横田耕治（2016）「インフラ投資の新たな潮流（座談会）」『道路建設』No. 757、pp.14〜23
* 4　Murakami, J., Matsui, Y., Kato, H. (2016) "Airport rail links and economic productivity: Evidence from 82 cities with the world's 100 busiest airports", *Transport Policy*, Vol. 52, pp.89〜99
* 5　藤野陽三・赤塚雄三・金子彰・堀田昌英・山村直史（2011）『海外インフラ整備プロジェクトの形成』鹿島出版会
* 6　Fujikura, R. and Nakayama, M. (2014) "Origins of Japanese aid policy: Pre-war colonial administration, post-war reconstruction, reparation and World Bank projects", Paper for the JICA-RI project on *Japan and the Developing World: Sixty Years of Japan's Foreign Aid and the Post 2015 Agenda*, Tokyo: JICA Research Institute.
* 7　Kawasaki, K. (2004) "The impact of Japanese economic cooperation on Asian economic development", *Review of Urban & Regional Development Studies*, Vol. 16, No. 1, pp.14〜31
* 8　Sawada, Y. (2015) "The impacts of infrastructure in development: A selective survey", *ADBI Working Paper Series*, No. 511, January 2015
* 9　Association of Southeast Asian Nations (ASEAN) (2011) *Master Plan on ASEAN Connectivity*, Jakarta
* 10　首相官邸・経協インフラ戦略会議（2016）『インフラシステム輸出戦略』（平成28年度改訂版）

謝辞：本章の執筆に当たっては、ネアックルン橋の事例において、JICAの小泉幸弘氏からの提供資料及び東京大学公共政策大学院の授業において本事例を検討した白木三沙さん、西嶋裕史さん、福伊永花さん、吉澤佑太さんの成果を一部活用させていただいた。また、JICAの西宮宜昭氏にはさまざまなご支援をいただいた。ここに厚く感謝申し上げる次第である。

# 6章 都市環境と廃棄物管理
## ——経験と技術の国際展開へ

森口祐一

## 6-1 経済発展と都市環境問題・廃棄物問題

### 1 経済発展、工業化、都市化がもたらす環境問題・廃棄物問題

1—都市への活動の集中と物質代謝

　経済発展、工業化、都市化は、しばしば同時に進行する。我が国では、高度成長期にそれらが急速に進行することで、健康被害を伴う深刻な環境汚染、いわゆる公害問題がもたらされた。近年、発展途上国、とくに新興工業国において、同様の課題が生じている。

　工業化においては、物資の大量生産の原材料として、都市化においては、多数の住民の消費生活を支えるために、都市の外部から大量の物質やエネルギーが供給される。巨視的にみれば、限られた空間に人口が集中し、住宅、工場、交通基盤施設等が高密度に集積し、そこにおける人間活動による物質の代謝の結果として生み出される不要な産物が、都市という限られた空間に、その受容量を超えて排出されることで、そこで暮らす人々に悪影響を及ぼすのが、都市環境汚染の構造である。

2 ─ 公害問題と廃棄物問題

　我が国で1967年に制定された公害対策基本法では、典型7公害として、大気汚染、水質汚濁、土壌汚染、騒音、振動、地盤沈下、悪臭が挙げられた。これら一連の公害に対しては、1970年のいわゆる公害国会で多くの法律が整備された。廃棄物処理法が制定されたのもこの公害国会においてである。廃棄物問題自身は典型7公害には含まれておらず、廃棄物の処理が大気汚染や悪臭等の公害の発生要因となりうる、という関係にある。すなわち、廃棄物の発生は潜在的には環境に悪影響を及ぼすもので、害として顕在化するのは、野焼き等の不適正な処理や、不法投棄等によって、大気、河川、地下水や土壌等の汚染が生じた段階である。

　大気汚染、水質汚濁、土壌汚染等の環境汚染問題では、人の健康や生活環境に悪影響を及ぼす有害な物質の制御が課題となるのに対し、廃棄物問題では、含まれる物質の質とともに、総量の増大自身も課題となる。処理すべき廃棄物量の増加に対して、処理施設の整備が急務となる一方で、住民の環境意識の高まりとあいまって、施設整備が円滑に進み難い状況が生じるためである。

## 2　産業型の問題と都市・生活型の問題

### 1 ─ 産業公害と都市・生活型公害

　大量のエネルギーと資源を費やす重厚長大型の産業活動は、セメント、鉄、非鉄金属、ガラス、プラスチック、紙等、都市自身をかたちづくり、あるいは都市での人々の暮らしを支えるさまざまな基礎素材を生産する。その過程で産出される不要な物質が、十分に処理されずに環境中に排出され、引き起こされた汚染問題が、高度成長期の典型的な公害であり、おもに産業活動に起因することから、産業公害と呼ばれる。

　産業公害は、特定の大規模な事業所や事業者に起因するものが多く、環境への排出前に有害な物質を除去、低減するための装置を設備に付加する、いわゆるエンド・オブ・パイプ型の対策技術が大きな効果を上げた。オイルショックへの対処としてのエネルギー効率向上のための設備投資や、燃料転換、重油脱硫等、原燃料の利用効率の向上や品質の向上のための生産活動の上流側での取

り組みとあわせ、産業公害の改善が進められた。

これに代わって我が国で1980年前後から重要な問題として認識されるようになったのが、都市・生活型公害である。これには、自家用車の利用増大による自動車交通公害、生活雑排水による公共用水域の汚染、近隣騒音問題等が含まれる。比較的少数の特定の産業活動が原因者で、都市住民が被害者という構図をとる産業公害と対比すれば、発生源が小規模、多数であり、都市で生活する住民自身の活動が問題の原因者となる点が大きく異なる。

2 ─ 廃棄物の区分

本章で主にとりあげる廃棄物問題においても、産業公害に類するものと、都市・生活型公害に類するものがある。日本の法制度では、産業廃棄物、一般廃棄物という区分がほぼそれらに対応する。この区分は1970年の廃棄物処理法の制定時に定められたもので、産業廃棄物は排出事業者に、一般廃棄物は市町村に処理責任が課されている。

一方、国際的には、MSW（Municipal Solid Waste）という語がよく用いられる。家庭や商業施設から排出され、地方自治体が処理を担う廃棄物を指すのが一般的である。MSWは、ほぼ日本の一般廃棄物に相当するが、どの主体から排出された廃棄物の処理責任をどの主体が担うかを定めた国や地域の法制度により、範囲が異なるため、数値を比較する際には注意が必要である。環境保全上の観点から、産業廃棄物の処理も重要な課題であるが、本書の主題が都市問題であることから、本稿ではMSWの適正な管理による環境汚染の防止を主にとりあげる。以降、MSWについて、「都市廃棄物」という呼称を用いる。

## 6-2 都市の廃棄物処理

### 1 日本の都市における廃棄物処理の変遷

廃棄物問題に限らず、今日、発展途上国の都市が直面する問題を考えるうえ

では、日本における同種の問題の歴史的変遷と、そこで得られた経験に学ぶことが有用であろう。ここではまず、主に東京を事例として、日本の大都市における廃棄物処理の歴史を振り返る。

## 1 ― 廃棄物問題への対応の初期段階

現在の日本における都市廃棄物の処理方法は焼却が主であるが、世界的にみれば埋立が主であり、さらに初歩的な形態は、空き地や水面への投棄、いわゆるオープンダンピング（open dumping）である。こうした状況では、病害虫の発生等の不衛生な状況を引き起こす。貝塚は大昔のごみ捨て場と考えられているが、決められた場所に廃棄物を捨てることが、廃棄物処理の第一歩となる。

今日の日本の都市は諸外国の大都市に比べて清潔であるとされる。ごみをその場に捨てることなく、決められた場所に捨てることが公衆道徳として根付いていることによる。都市における廃棄物問題に対処する際には、制度や技術だけでなく、公衆衛生上の知識の普及や環境教育による都市住民の環境意識の向上も重要であろう。

## 2 ― 東京における廃棄物埋立地の変遷

歴史に話を戻すと、江戸時代初期には、会所地と呼ばれる共有地や堀や川、防火帯の空き地等がごみの投棄先となっていた。これらの空間は本来は他の機能を担うものである。このため、3代将軍徳川家光の在任末期にあたる1649年には、町触により会所地へのごみの投棄を禁止し、その後、4代将軍家綱の時代、1655年に、深川永代浦がごみの投棄場に指定された。当時の海岸部で、新田開発が行われていた地区である。その後、隅田川と荒川に挟まれた海浜の埋め立てが進んだ。明治維新以降も、その名がよく知られた夢の島等、現在の江東区南部の東京湾岸部の埋め立てが進み、現在の埋め立て先は中央防波堤の外側、新海面処分場と呼ばれる地区に移っている。

現在、日本で行われている埋め立てでは、廃棄物の種類に応じて、施設の基準が定められ、周辺の環境の汚染を防止する措置が取られているが、処理の基準に関する法制度が整う前は、日本においてもオープンダンピングが行われ、また、露天焼却[*1]も行われていた。こうしたかつての処理形態は、今日の発展

途上国での処理形態と共通している。

3 ― 焼却処理の導入

　幕末から外国との交易が盛んになると、コレラの大流行がみられ、伝染病を媒介する病害虫の発生防止等、公衆衛生上の課題から、廃棄物の衛生的な処理の必要性が増した。こうした背景のもと、1897年に我が国初の廃棄物焼却炉が、現在の福井県敦賀市に導入された。関西の大都市では、明治30年代には廃棄物焼却炉が導入され始めていた。当時の東京市への導入はこれより20年程度遅く、町営大崎塵芥焼却場が東京初の焼却施設として建設されたのは1924年、その後、1929年には市営として初めての深川塵芥処理工場が深川区枝川（現在の江東区）に竣工した。江戸時代以来の埋め立て先も含め、江東地区が主に東京の廃棄物処理を担ってきたことを象徴している。

　焼却処理の目的は、高温によって病原菌や腐敗菌を死滅させ、有機物を燃やして灰化、無機化することによって、腐敗による悪臭の発生、ハエ・蚊・ねずみの繁殖、コレラ等の病原菌の増殖等を防止抑制する衛生的処理である。

4 ― 廃棄物処理に関する法制度の変遷

　やや前後するが、日本の廃棄物処理に関する法制度の変遷についても概観しておく。江戸時代にはすでに廃棄物の運搬・処理業者に対する幕府の許可制度があり、埋め立て処理の管理や不法投棄の監視にあたる官職が置かれていたとされている。近代的な法制度の始まりは、1900年に公布された汚物掃除法で、ごみ処理は市、特定の町村の責任と規定された。具体的な処理方法は本則ではなく規則に委ねられ、なるべく焼却することが定められた。法制度の変遷を経た今でも、一般廃棄物の処理が自治体の自治事務として引き継がれ、自治体によって、分別方法や処理方法が異なることの源流にある。

　汚物掃除法に代わって1954年に公布された清掃法では、廃棄物の処理主体が全国の市町村に拡大した。戦後の人口の増加と高度成長に伴って廃棄物の量も増大し、1963年には生活環境施設整備緊急措置法が制定され、廃棄物を原則として焼却し、残渣を埋め立てる方針がより明確に示された。

　清掃法をさらに改正した廃棄物処理法が制定されたのは、先にも述べたとお

り、公害国会と呼ばれる 1970 年 11 月の第 64 回国会においてである。以降、半世紀近く、廃棄物を取り巻く状況の変化に対応するため、廃棄物処理法は度々改正されてきている。1991 年には、廃棄物の発生抑制や再生利用への協力が国民の責務として加わる等、今日の 3R の基礎となる法改正が行われた。さらに、2000 年には、循環型社会形成推進基本法（循環基本法）が制定され、資源の有効利用と廃棄物の適正処理法とが、一つの枠組みの中に統合された。

5 ―施設立地の課題

　廃棄物処理法が制定された頃、東京では、「ごみ戦争」と呼ばれる状況が生じていた。生活環境施設整備緊急措置法で焼却処理の原則が定められたが、新たな清掃工場の建設が住民の反対によって進展せず、廃棄物の量的増加に焼却施設の能力が追い付かない状況にあり、埋め立て地を逼迫させていた。緊急措置法制定前の 1961 年時点では、東京都のごみ処理も直接埋め立てが主で、85％が埋め立てられており、ハエの大量発生等の問題をみられた。

　こうした状況の中、主要な埋め立て地である夢の島（14 号地）や清掃工場が立地し、東京 23 区の廃棄物処理に大きな役割を担ってきた江東区が、住民が清掃工場の自区内への建設に反対していた杉並区からのごみの搬入を拒み、他の区や東京都に対して負担の公平性を求めた。その後の交渉により、1973 年には杉並区の清掃工場の建設に着工され、自治体で発生した廃棄物は、できる限り自らの地域内で処理する「自区内処理の原則」が広まる重要な転換点となった。ただし、これは基本的な考え方であって、法的に明確に定められたものではない。また、「自区内」とはどの範囲を指すのか、「処理」に埋立処分までを含めるのか否か等、その解釈は必ずしも明確ではない。とくに、埋立処分に関しては、県内の他自治体だけでなく他県に依存している自治体も少なくない。

　廃棄物処理施設等のいわゆる迷惑施設に関し、住民は、施設の必要性は認めるが、自分の住環境の周辺への立地は拒むという、総論賛成・各論反対の立場をとりがちである。この状況は NIMBY（Not-In-My-BackYard）と呼ばれる。

## 2 世界の都市廃棄物の処理

1——他の先進国との比較からみた日本の特徴

　図6・1にOECD諸国の都市廃棄物の処理の内訳を示した。日本は他の先進国と比較して、焼却の割合が高い。近年、自治体間の連携による広域処理、施設の大規模化が進められてはいるが、自治体ごとの処理を原則としてきたために、比較的小規模の炉が多数あることも特徴である。高温多湿な気候下で、廃棄物が伝染病の蔓延等の公衆衛生上の障害とならないようにすることが重要課題であり、先述のとおり焼却を原則とすることが法的にも位置付けられてきた。

　廃棄物の再生利用、いわゆるリサイクルが世界的な課題となっており、我が国でも製品分野ごとの法律の制定等の政策がとられてきたが、図6・1の数値でみる限り、リサイクル率が高いとは言えない。欧州では、厨芥等の有機性廃棄物を分別収集して肥料化や発酵・ガス化等によって再生利用したり、混合廃棄物をMBT（Mechanical Biological Treatment）と呼ばれるプロセス群で選別して肥料化・燃料化する取り組みも比較的大きな割合を占め、可燃物を分別収集して、焼却によってエネルギーを回収することが主たる方向性とされてきた我が国との大きな違いである。このことは、廃棄物処理技術を発展途上国に対して

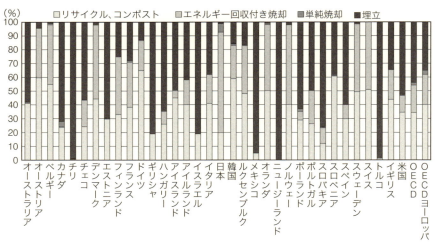

図6・1　OECD諸国における都市廃棄物の処理手法の内訳（出典：OECD (2015), *Environment at a Glance 2015, OECD Indicators*）

輸出する場合に、欧州の事業者との間の競争力において、留意すべき点である。

### 2 ― 発展途上国における廃棄物処理

廃棄物の処理制度が整備されるまでは、廃棄物は、公共空間への投棄等も含め、無秩序な状況におかれがちである。このため、まずは廃棄物の投棄先となる適切な場所を定めることが出発点となる。

発展途上国では、分別なしに廃棄物が収集、投棄される場合も多いが、それでもリサイクルにあたる活動が成立している。オープンダンピングされた場所や埋立地においては、スカベンジャー、ウエイストピッカー等と呼ばれる人びとが、再生利用可能なプラスチック等を選別する状況が知られており、貧困者の収入源となっている。再生利用が可能な廃棄物を市街地で有価で回収する業態もみられる。経済発展とともに、こうした労働のコストは、回収される物品の価値に比べて相対的に高くなるため、先進国では、公共が関与してコストを排出者である市民や生産者が負担する仕組みの整備が必要となる。

各国の都市における状況は、多様で変化が大きく、全貌をとらえることは容易ではないが、情報源の例としては、後述するJICAによる調査結果がある。また近年、アジア太平洋諸国間では、政府、研究者の両者が参加する専門的ネットワークにより、廃棄物処理、3R（Reduce, Reuse, Recycle）に関する白書の作成が進行中で、各国、主要都市の取り組みが国際会議に報告されている。

## 6-3 廃棄物の処理処分技術とシステム・制度

### 1 都市廃棄物の処理処分技術とその国際展開

#### 1 ― 可燃物の熱処理技術

我が国での廃棄物処理の特徴として、焼却の比率が高いことは度々述べたとおりであり、技術的な蓄積をもとに、海外市場への展開も進められている。階段上の火格子の上で廃棄物を揺動させながら焼却するストーカ炉が主流である

が、円筒状の炉を回転させるロータリーキルン、炉内で砂を流動させながら燃焼させる流動床炉も用いられてきた。また、焼却残渣の埋立量を減らすため、焼却灰を高温で溶融し、建設資材等として再生利用するための灰溶融炉も用いられている。さらに、熱処理による有機物の減容と、残渣の高温による溶融・減容化を一体化したガス化溶融炉も開発された。埋立処分量を大幅に低減できる利点があるが、高温での熱分解のために追加の燃料投入が必要であり、運転費や$CO_2$排出が増すことが課題である。また、日本では、自治体ごとに焼却炉が多数設置され、住居に近い場所に施設が立地する場合もあることから、排ガス処理設備に対する要求水準が高い。このため、設備容量あたりの建設単価が嵩みがちであることが、国際的な価格競争力において留意すべき点であろう。

　昨今、温室効果ガスであるメタンの排出抑制という観点から、埋立量の削減が欧州での重要課題となり、焼却、エネルギーを回収への関心が高まっている。欧州では日本に比べて大規模に集約された焼却炉が多いが、近年、日本の焼却施設メーカーが、そうした大規模な炉の建設も受注しつつある。発展途上国への輸出においては、価格面での国際競争力がさらに厳しく問われがちであるが、東南アジアでの受注も報告されており、今後、高機能の日本の焼却技術が、世界市場にどこまで進出するか注視すべき時期にある。

　また、気候変動対策として、再生可能エネルギーに注目が集まっていることも注視すべき動向である。廃棄物のうち、紙や厨芥は、いわゆるカーボンニュートラルとして扱われるため、これらの廃棄物の燃焼によって得られる電力や熱は、再生可能エネルギーとみなすことができる。熱利用のインフラが整備された欧州では総合効率の高い利用が行われているが、我が国やさらに温暖な地域では熱需要とのマッチングが不利であり、発電が主流となっている。廃棄物からエネルギーへの転換技術は、W to E（Waste-to-Energy）とも呼ばれる。

## 2──埋立処分技術

　オープンダンピングの次の段階では、悪臭や害虫大量発生への対策として、廃棄物に土をかぶせる覆土が行われるが、このような状況では嫌気的な状態になる。悪臭や温室効果ガスであるメタンが発生し、浸出水には、重金属等の汚染性のある物質が溶け出しやすい。これらの問題への対応として、浸出水を排

除するための管を埋立層内に設置し、その開口部から大気を流入させる構造とすることで、有機物の分解を促進する「準好気性埋立」が提案され、実践されてきた。福岡大学のグループが考案して、東南アジア諸国にも技術移転されたことから、「福岡方式」という名で知られている。比較的低コストで衛生的な処理が可能であることが、現地のニーズに適合していたと言えよう。

## 2　個別分野ごとの廃棄物処理・資源化の課題

### 1—製品分野ごとの適正処理とリサイクルのシステム化

　日本では、循環基本法の制定と前後して、製品分野ごとのリサイクル法制度の整備が進められてきた。容器包装、家電製品、自動車、食品廃棄物、建設廃棄物の5分野について順次法制化がなされ、2013年に小型家電が加わった。これらのうち、自治体による都市廃棄物の処理との関連が特に深いものとして、容器包装が挙げられる。とくに、プラスチック製の容器包装については、都市廃棄物全体に占める容積比が大きく、埋め立てると分解しないため、リサイクルや焼却でのエネルギー回収による有効利用が課題である。

　一方、調理屑等の食品残渣は、都市廃棄物の主要な成分の一つである。昨今、貧困、飢餓の解消が依然として課題である一方で、食べ残し等により食品が廃棄される、フードロスへの問題意識が高まり、その低減が世界的な課題である。これまでの知見では、先進国と発展途上国の都市を比較した場合、後者のほうが生ごみの比率が高い。これをどのような技術で処理するかは、家庭や飲食産業等に由来する都市廃棄物全体の処理の方向性の決定要因となる。一方、家電製品等の耐久消費財は、所得水準の向上につれて保有水準が高まり、廃棄物処理における問題が顕在化する分野である。その処理責任について次に述べる。

### 2—都市廃棄物の処理と拡大生産者責任

　都市の日常生活から排出される廃棄物は、我が国では一般廃棄物として自治体に処理責任があり、他国でも同様の制度がとられている場合が多い。しかし、現代社会の日常生活では、さまざまな工業製品が使われ、都市廃棄物には、自治体による適正な処理やリサイクルが困難な製品も含まれる。このため、製品

の生産者が廃棄物の処理やリサイクルを分担することで、社会全体として費用対効果を向上させることが期待される。このような考え方が、拡大生産者責任 (EPR：Extended Producer Responsibility) と呼ばれる。我が国でも、容器包装、家電、自動車のリサイクル制度にこの考え方が導入されている。

## 3 ― 国際的な製品の流通と廃棄物処理

EPRの制度上の課題として、生産国でこの制度が整備されていても、制度が未整備な国に製品や中古製品が輸出された場合に機能しにくいという問題がある。廃電気電子機器は、E-waste (Electrical & Electronic Waste) と呼ばれ、その国際的な流通と、未成熟な技術によるリサイクルに伴う環境汚染が懸念されてきた。日本国内で使用済みとなった自動車 (ELV：End-of-Life Vehicles) は、自動車リサイクル法により適正に解体され、大部分がリサイクルされるが、中古車として輸出された場合、その先の処理は輸出先に委ねられる。これは、自動車に限らず、また日本からの輸出に限らない問題である。

中古品に限らず、新製品であっても、使用される国で、廃棄物としての処理やリサイクルのインフラが整備されていない国へも、自由貿易のもとでさまざまな製品が流入している。そうした構造が、先進国から途上国への環境汚染の輸出につながらないよう、有害な物質を含んだ使用済み物品の途上国への輸出はバーゼル条約で規制されているが、中古品として輸出先で使用される場合は、条約の規制対象から外れる。とくに、相対的に所得水準が高い都市部でこの種の問題が顕在化するが、都市レベルでは対処が困難な問題であり、多国間での「国際資源循環」の適正化について、制度的な枠組みの構築が課題となろう。

## 4 ― 建築解体廃棄物と災害廃棄物

土木構造物や建築物の構築、解体で生じる廃棄物は、建築解体廃棄物 (Construction and Demolition (C & D) Waste) と呼ばれ、都市との結びつきの強い課題である。日本では、建設リサイクル法の制定も含め、建築解体廃棄物の再生利用が推進され、最終処分量は大幅に減少した。経済の急成長期の建造物が寿命を迎え、更新される際の建築解体廃棄物問題は、今後、日本が他国に経験を伝承すべき重要課題となるだろう。また、アジア太平洋諸国は、津波災害の

被災リスクという共通性を有している。我が国では、東日本大震災によって、災害廃棄物処理の経験を蓄積しており、その国際的な共有も重要課題である。

## 6-4 廃棄物分野における国際協力と国際的活動

### 1 JICAを通じた国際協力活動

#### 1 ― 廃棄物分野でのJICAの国際協力の概要

廃棄物分野においても、国際協力機構（JICA：Japan International Cooperation Agency）は、国際協力、とりわけ二国間協力に大きな役割を果たしてきた。廃棄物問題は、経済の発展段階だけでなく、歴史的、文化的、社会的要因とも密接な関わりを持つため、相手国ごとの事情に応じた支援が求められる。JICAの事業では、廃棄物の排出・貯留、収集、中間処理、最終処分という一連のプロセスを管理する取り組みを廃棄物管理ととらえ、その全体を包含する「3Rを目指した総合的廃棄物管理」と、各国の国情に応じた「発展段階に応じた支援」を基本的方針に掲げている。総合的廃棄物管理という考え方は、エンド・オブ・パイプでの廃棄物の処理だけでなく資源としての循環利用の促進も含まれ、我が国の循環型社会や、後述の3Rイニシアティブ等とも方向性は共通している。

#### 2 ― 国の発展段階に応じた支援

廃棄物処理において対処すべき主な課題は、国の経済発展段階に応じて変化する。JICAによる国の発展段階に応じた支援では、第一段階として公衆衛生の改善、第二段階として環境負荷の低減・汚染防止、第三段階として3Rを通じた循環型社会の構築を掲げている。先に示した日本の廃棄物問題の歴史的変遷に照らしても、こうした段階的な支援の必要性が理解されよう。

既に述べたとおり、廃棄物問題への対処は、排出された廃棄物を放置せずに適切に収集し、生活空間の衛生を保持することから始まる。第一段階では、廃棄物収集の事業化が支援の柱の一つとなる。この段階では収集された廃棄物は、

決まった場所に投棄するだけのオープンダンピングであることが多いため、覆土等による衛生状態の改善にも着手される。

　第二段階では、処分方法の改善をさらに進める。技術の概説で述べたとおり、嫌気状態での埋め立てに伴う環境への影響への対策として、準好気性埋立構造が採用されている。また、感染性の医療廃棄物、有害物質を含む電気電子廃棄物（E-waste）等、とくに環境への影響の面からみて重点をおくべき廃棄物の質的側面に着目した支援も行われている。

　第三段階の3Rを通じた循環型社会の構築は、多国間での取り組みとして次節でも述べるが、JICAの事業では、そうした国際社会での方向性にそった体制を各国で構築するための、法制度や計画作成の支援が行われている。

## 3 ─ 協力スキーム

　JICAによる協力の柱は技術協力と資金協力であり、このほか、青年海外協力隊による活動がある。技術協力には、技術協力プロジェクト、開発計画調査型技術協力、研修、専門家派遣、草の根技術協力、フォローアップ協力、有償勘定技術支援が含まれ、資金協力には、収集機材や処分場の重機等の無償資金協力と、処理、処分施設の整備、運営等のための有償資金協力がある。実際には、支援相手国の状況に応じて、複数のスキームを組み合わせた包括的な支援が行われる。例えば、バングラデシュのダッカ市では、まず専門家派遣によって協力方針を検討し、次に廃棄物管理計画調査によってマスタープランを策定した後、収集・運搬車両の無償資金協力、最終処分場の新設、拡張のための有償資金協力、管理能力強化のための技術協力プロジェクト等が実施された。また、廃棄物管理サービスを提供する自治体の能力形成や、住民のごみ問題への意識向上にも課題が多いため、これらにおいて豊富な経験を有する日本の地方自治体が海外の自治体との間で協力活動を行っている例もみられる。

　技術協力、資金協力に加え、官民連携（PPP）事業や、日本の中小企業の発展途上国での事業展開支援等の新たなスキームも今後の方向性として検討されている。

4 ― 循環型経済分野における中国との協力の事例

　環境分野において、中国と日本との間では、日中平和友好条約締結10周年を記念した無償資金協力による日中友好環境保全センターの設置等、幅広い課題について協力がなされてきた。中国では、都市廃棄物問題の実務は、環境保護部ではなく建設部が担っており、廃棄物問題は環境分野の協力からはやや外れるが、2002年からのフェーズⅢ以降、我が国の循環型社会に関連する分野での協力が進められてきた。

　昨今、循環経済（Circular Economy）という語が、欧州で資源の効率的利用の観点からキーワードになっているが、これより早く、中国では2000年頃から「循環型経済」というキーワードが使われていた。これは急速な経済発展に伴うエネルギー問題や環境問題への対処を幅広く包含していたが、廃棄物の資源としての循環利用という欧州流の循環経済の課題については、発展改革委員会（NDRC：National Development and Reform Commission）が主導し循環型社会や3Rを推進してきた日本との間で、専門家を交えた協力が行われている。

## 2　多国間での国際活動

1 ― 3Rイニシアティブ

　廃棄物分野において、日本が発揮してきた国際的なリーダーシップの中核は、2004年のG8（先進8か国）シーアイランドサミットで当時の小泉総理が提唱した3Rイニシアティブである。翌2005年には3R関係閣僚会議が東京で開催された。日本が議長国となった2008年には、神戸で開催された環境大臣会合で3R神戸行動計画が採択され、洞爺湖サミットで支持された。これは、G8の会議で採択されたが、発展途上国との協力にも重点をおいた内容であった。

　こうした一連の動きは、3R（Reduce, Reuse, Recycle）という語を国際的に浸透させた。G8（現在はロシアを除くG7）の活動は、議長国の主導で行われる。2009年のイタリアでの環境大臣会合開催の後、環境大臣会合は途絶え、日本が東日本大震災後の国内対応に注力せざるを得ない状況の中で、G7・G8での活動はやや低下していたが、2015年以降、再び活発化することとなった。その契機は2015年の議長国であるドイツのエルマウで開催されたサミットの首脳宣言

において、資源効率性に関する記述が盛り込まれたことである。

## 2 ―資源効率性 G7 アライアンスと富山物質循環フレームワーク

　欧州では、2010 年前後から、資源効率性（RE：Resource Efficiency）が環境政策の新たなキーワードとして注目を集めてきた。資源生産性という語も類似の概念であり、資源の効率的な利用によって、より少ない資源消費と環境への負荷で、より多くの価値を生み出そうとするものである。また、欧州委員会は、これと関連して、循環経済（CE：Circular Economy）の政策パッケージを 2015 年に公表している。G7 エルマウサミットでの資源効率性への言及はそうした流れの中にあり、G7 各国間での経験の交換のための G7 資源効率アライアンスが設立された。翌 2016 年の G7 議長国は日本で、2 月に国際協力をテーマとしたワークショップを開催し、資源効率性への取り組みを、G7 以外の諸国、とくに発展途上国にも広げることの必要性が議論された。

　5 月には、富山で環境大臣会合が開催され、富山物質循環フレームワークが採択された。このフレームワークでは、資源効率性向上・3R 推進に関する G7 共通ビジョンを掲げ、G7 各国による野心的な行動を三つの目標にまとめている。目標の一つはグローバルな資源効率性・3R の促進で、途上国における資源効率性・資源循環政策の能力構築支援をその柱の一つとしている。

## 3 ―アジア太平洋 3R 推進フォーラム

　3R イニシアティブや、2005 年の 3R 閣僚会議は、G8 が中心となったものではあったが、提唱国である日本は、当初から、この活動のアジアへの展開を積極的に進めてきた。G8 議長国であった 2008 年には、上記の神戸 G8 環境大臣会合に続き、東アジア環境大臣会合が 10 月にハノイで開催され、アジア 3R 推進フォーラムの設立に関する日本の提案が賛同を得た。翌 2009 年に、初めてのアジア 3R 推進フォーラムが東京で開催され、マレーシア、シンガポール、ハノイで第 2～4 回の会合が開催された。第 2 回以降は、アジア諸国に加え、太平洋地域の島嶼国が増え、インドネシアでの第 5 回以降は、アジア太平洋 3R 推進フォーラムと改称し、第 6 回が島嶼国のモルジブ、最新の 2016 年の第 7 回がオーストラリアで開催されたことは、アジアからアジア太平洋と改称した

ことを象徴している。これは主に政府間の会合であるが、サイドイベント等の形でNGO・NPO間の国際協力や、事業者による展示等も行われ、部門横断的な国際協力の場としても機能している。

## 3 学術面での国際活動

　政策面での国際展開と歩調を合わせ、日本の研究者のリーダーシップのもとで、アジア太平洋地域の廃棄物研究者、実務専門家の国際的なネットワークづくりも進んできた。アジア太平洋廃棄物専門家会議（SWAPI：Expert Meeting on Solid Waste Management in Asia and Pacific Islands）は2005年に第1回を開催して以来、毎年度1回、国内で開催されてきたほか、仁川、台北、大邱、北京でも開催され、2016年末までに延べ16回開催された。また、2014年からは、廃棄物資源循環に関する3R国際会議（3RINCs：The 3R International Scientific Conference on Material Cycles and Waste Management）が毎年開催され、初回の京都開催の後は、韓国の大田、ベトナムのハノイ、インドのニューデリーが開催地となったことは、アジアでの研究者ネットワークの拡がりを象徴している。3RINCsは、日本の廃棄物資源循環学会が開催を支援してきているが、同学会は英文論文誌 *Journal of Material Cycles and Waste Management* を1999年から刊行しており、アジア地域からも多くの論文が投稿、掲載されてきている。

## 4 廃棄物処理分野の経験の国際移転の考え方

　章末にあたり、我が国の廃棄物処理分野における経験の「輸出」にあたっての基本的な方向性を述べる。高度成長期に日本が経験した廃棄物問題への対処方法をそのまま移転するならば、物資の大量生産・大量消費によってもたらされる廃棄物の量的増大を予見し、それに見合った十分な施設整備を進めることとなるだろう。しかし、昨今の考え方はそうではない。1970年に廃棄物処理法が制定された段階では、廃棄物の発生を所与のものとして、その適正な処理を行うことが命題であったが、その後、廃棄物の発生抑制や再生利用の推進が法律に明記され、循環基本法では発生抑制を最上位とする考え方が示された。先

進国、途上国の双方を視野に入れて 3R 概念の国際展開を図ってきたことは先に述べたとおりであり、アジア諸国にも浸透しつつある。廃棄物の発生抑制や再生利用に早期から取り組むことで、廃棄物の増大に処理施設の整備が追い付かないことへの懸念からくる過大投資や、実際に施設整備が追い付かずに環境に悪影響を及ぼすような事態を避けることが賢明であろう。

　我が国では、都市中心部にも立地する廃棄物処理施設からの環境影響への懸念への対処を通じて、高度な処理技術が培われてきた。発展途上国の生活水準が向上し、良好な生活環境に対するニーズが高まることを見通せば、こうした処理技術の海外の市場への展開は一定程度は見込めるであろう。他方、我が国は 3R の国際展開を図っており、そのことが、こうしたエンド・オブ・パイプ型の処理技術の市場を縮小させる方向に働くことも正視せざるを得ない。

　この分野での我が国からの国際貢献の姿としては、3R の階層構造に沿って廃棄物の発生抑制や循環的利用を進めるための方策を展開すること、3R を推進したとしてもゼロにはならない廃棄物に対して、環境に悪影響を及ぼさない適正処理体制の確立を支援することである。その際、ともすれば相反しかねない、これら二つの側面を、車の両輪、両面作戦として、バランスよく進めることの重要性に十分留意すべきことが、我が国の経験として伝えたい点である。

　今後、経済が発展する地域の廃棄物処理システムは、日本がこれまで経てきたものとは異なる展開を遂げることが想定される。時代を先取りしたシステムを海外向けに設計するだけでなく、それを国内の廃棄物処理システムの再構築に反映させることも、蓄積してきた経験を将来に活かす方策であろう。

注
＊1　野焼き、オープンバーニング（open burning）とも呼ばれる。

**参考文献**
・環境省『循環型社会の形成に関する年次報告書（循環型社会白書）』平成 13 年版
・環境省：アジア太平洋 3R 推進フォーラムウェブサイト　https://www.env.go.jp/recycle/3r/
・東京二十三区清掃一部事務組合（2016）『清掃事業の歴史　東京ごみ処理の変遷』
・（独）国際協力機構：JICA ナレッジサイト　分野別課題　環境管理
・（独）国際協力機構地球環境部：JICA の廃棄物管理分野の国際協力への取り組み
・Agamathu, P. & Tanaka, M. Eds. (2010) *Municipal Solid Waste Management in Asia and the Pacific Islands*, Penerbit ITB
・OECD (2015) *Environment at a Glance 2015*, OECD Indicators

# 7章 水インフラ輸出
## ——制度・組織・事業運営モデルの展開へ

滝沢智

## 7-1 国際協力から水ビジネスへ

　日本の都市の多くは、戦災により水インフラ（上下水道）も被害を受けた。しかし、戦後の復興期から、高度成長期にかけて、国、地方自治体、民間企業が協力して、水インフラに多くの投資や技術開発を行った結果、今では、世界で最も優れた上下水道システムを備え、国民の大半がそれらのサービスを利用できるようになった。しかし、今後は人口減少や都市の縮小により、水インフラの利用者が減少し、料金（使用料）収入が減少することや、高度成長期に布設された施設の老朽化が進むため、水インフラの維持管理が大きな問題となっている。

　一方、戦後賠償から始まった日本の国際協力は、日本の高度世経済成長期に東南アジアを中心に拡大し、これまでに大きな成果を上げてきた。これは、JICAの技術協力に水道事業体が参加し、水道施設の供与や職員の育成を行った成果である。これらの活動を通じて、上下水道等の水インフラは日本の国際協力、国際貢献で最も重要な分野の一つとなり、国際的にも日本の貢献が認識されるようになった。

　しかし、1997年のアジア通貨危機をきっかけに債務不履行となる国が現れる中で、世界銀行等が水インフラ（特に都市水道）分野に投資した資金を料金に

より回収することや、水道事業のガバナンスを改善し、経営効率を改善することを目的として、民営化やコンセッション事業が推進された。その結果、1990年代には、南米やアジアにコンセッション形式の水道事業会社が設立されたが、2000年以降に、再び公営に戻る事業が現れる等、民間による水道事業が常に安定した経営を行えるわけではないということも明らかになった。

このように民営化あるいはコンセッション形式の水道事業が増加する中で、水インフラ分野における日本の国際協力は、時代の変化に即した対応を迫られるようになった。2000年代にはいると、日本の政府開発援助も「援助」から、「協力、連携」へと重点を移し、相手国の上下水道事業が持続的に運営されることを重視して、水関連の法制度や組織のガバナンス改善等にも積極的に支援を行うようになった。また、民間企業とも連携し、持続的な事業運営に日本企業が貢献できるような仕組みづくりを始めた。

このような流れの中で、経済産業省の水ビジネス国際展開研究会の報告書（2010年）きっかけとして、国際協力に取り組む自治体と水ビジネスを推進する企業との連携が強化された。その後、2016年までに、「公」としての自治体の国際協力と、「民」である企業の水ビジネスが連携し、それを「官」である国が後押しする仕組みができ上がりつつある。

都市の人口増加が続く開発途上国では、深刻な水不足と水質汚濁の問題が発生しており、日本の高度成長期の経験に基づく法制度づくりや組織力の強化、技術の活用等の協力が求められている。

本章では、日本の水インフラ（上下水道）分野の国際協力の歴史を振り返り、JICA及び自治体による国際協力や、民間企業と連携した水ビジネスと水インフラ輸出の現状と課題を示し、今後の方策について論考する。

## 7-2 日本の都市人口増加と上下水道普及の歴史

日本の水道は、1887（明治20）年に現在の横浜市で水道が供用開始したことを嚆矢として、函館、長崎、大阪、東京等の港湾都市で順次供用を開始した。こ

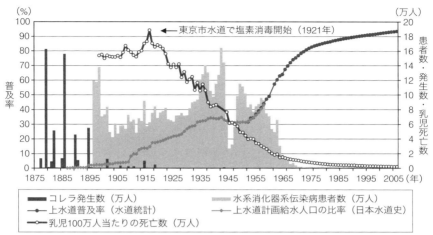

図7・1 水道普及率の上昇と水系伝染病発生数及び乳幼児死亡率の変化 (出典：国土交通省水資源部「日本の水」http://www.mlit.go.jp/common/001035083.pdf)

れは、当時の水道布設の目的が、開港により流入したコレラ等の伝染病の予防であったことと関係している。明治の開国と前後して外国人との交流が始まると、外国人居留地を起点としてコレラが広まった。1877（明治10）年、1879（同12）年、1882（同15）年、1886（同19）年に流行したコレラは猖獗を極め、特に1879年と1886年には10万人を超える死者が発生した。コレラの流行は、市民を不安に陥れるとともに、コレラ予防のための水道布設の必要性を強く認識させた。明治初期は、浅井戸や湧水を飲料水源としており、下水道等の衛生施設が無かったことから、これらの飲料水用井戸はしばしばコレラ菌等による汚染を受けた。これに比べて、清澄な水源から管路等で導水し、浄水処理（緩速ろ過）をしたのちに、鉄管に圧力をかけて（有圧で）消費者に水を送る近代水道は、豊富で安全な水を提供することができた。そのため、莫大な費用にもかかわらず、全国の都市で水道の布設が進められたが、水道に関する法制度が未整備であったため、さまざまな運営形態の水道が普及し始めていた。そこで明治政府は、1890（明治23）年に「水道条例」を制定し、水道事業は市町村による経営を原則と定め、市町村等の基礎自治体により水道が布設されていった。しかし、水道布設に要する費用は、当時の日本政府及び地方自治体にとって、大きな負担であった。そのため、全国の水道普及率は、昭和初期においても

20％台に留まっていた。その後は、戦争による物資の不足や、空襲により水道施設も被災し、戦中・戦後は水道普及率が一時的に低下するとともに、衛生環境が悪化し、水系伝染病の患者数も増加した（図7・1）。

水道の普及が大幅に進むのは、1957（昭和32）年に「水道法」が制定され、戦後の新しい体制下で水道の布設が始まってからである。水道法では、水道の塩素消毒を義務付けるとともに、水質基準や施設の基準を定め、水道事業を国（一部は都道府県）による認可制とした。また、水道事業体には水道の供給規定を定めて、水道使用者との間に公平で透明性の高い契約を結ぶことを求めている。さらに、独立会計を原則とする公営企業会計の下で水道事業を行うことや、水道布設のための国による補助金制度、企業債の発行による資金調達の仕組みが確立するにつれて、水道は急速に普及した。これにより、水道普及率が90％を超えた1975（昭和50）年頃には、コレラやチフス等の水系感染症をほぼ根絶することができた（図7・1）。その一方で、都市人口の急増により、水源の不足が深刻化し、限られた土地に効率の高い浄水場を建設する必要性が高まった。これらのことから、ダム等の水源開発を促進し、浄水技術も緩速ろ過から効率が高い急速ろ過が採用されるようになった。また、ダム湖等における藻類の発生により異臭味や消毒副生生物等の問題が生じたため、急速ろ過にオゾンや活性炭処理を追加した高度浄水処理施設が普及した。一方、水道管路（配水管）に用いられる管材を、普通鋳鉄管からダクタイル鋳鉄管に更新し、各家屋に接続する給水管も鉛管等から強度の強い管に更新することで、漏水事故の発生率が大幅に減少した。これらの管路更新により、東京都や福岡市等では、漏水率が3％以下となり、世界の主要都市の中でも最も低い漏水率を達成した。また、全国の水道普及率は2014年度末で97.7％に達し、国民のほぼ全てが水道を利用できる状態になっている。

暗渠（管路）により雨水と汚水を排除する近代下水道は、日本では1884～85（明治17～18）年に、初めて神田に布設された。1900（明治33）年には下水道法が制定され、1922（大正11）年には、東京の三河島下水処理場で、散水ろ床法による下水処理が、1930（昭和5）年には、名古屋で活性汚泥法による下水処理が始まった。戦後は、1958（昭和33）年に新下水道法が制定され、1963（昭和38）年には第1次下水道整備5か年計画が始まり、それ以降は、5か年

計画を逐次更新して実施することで、2015（平成27）年度末の下水道普及率は、77.8％に達している。

この間に、下水道の目的は、汚水と雨水の排除から、良好な水環境の保全へと拡大し、近年は下水中の有価物の回収や熱・エネルギー資源の回収へ展開している。中でも、国土交通省が推進する下水道革新的技術実証研究（B-DASHプロジェクト）は、2011（平成23）年度から2016（平成28）年度までに、39

図7·2　北九州市、日明汚泥燃料化センター（2016年）

件の実証研究事業を採択している。それらの事業には、ガス回収・ガス発電、汚泥の固形燃料化（図7·2）、下水熱利用、窒素・リン回収、バイオマス発電、管渠マネジメント、水素創出・製造、省エネ型水処理技術、ICTを活用した運転制御、$CO_2$分離回収技術、再生水利用、設備劣化診断、都市浸水対策、道路陥没予兆技術、下水処理施設のダウンサイジング技術、等多様な技術が含まれている。これらの実証研究は、日本の下水道関連技術の新しい進展を促すものであり、今後は実施設に応用されることが期待されている。

## 7-3　水と衛生の問題に対する国際社会の取り組み

第2次世界大戦後の国際社会は、東西の冷戦と同時に、富める国と貧しい国との格差が広がり、南北問題も深刻化していった。特に開発途上国における貧困の撲滅は、人権問題の解決や紛争の未然防止等の観点から、最も重要な目標であるとの共通認識を得るようになった。中でも、水と衛生の問題は、乳幼児

の死亡率の低減や、子どもや女性の水汲み労働からの解放、就学率の向上等と関連があり、貧困撲滅のために優先的に解決すべき問題であることが明らかとなった。また、貧困の定義も、単に所得が少ないというだけでなく、1976年に国際労働機関（ILO）が衣食住、教育、保健、雇用等の Basic Human Needs（BHN、基礎生活（外務省）、人間の基本的欲求等と訳されている）が満たされない状態と定義したことが広まり、特に、水と衛生へのアクセスは、BHN の最重要項目の一つだと考えられるようになった。さらに、水と衛生分野の改善には、国際的な協力と協調が不可欠であることも認識されるようになった。このような背景のもとに、これまでに国際的な合意に基づいて設定された水と衛生に関する目標には以下のようなものがある。

1 ―国際飲料水の供給と衛生の10年（1981 ～ 1990 年）

すべての人に安全な飲料水と衛生施設を提供することを目標として、国連開発計画（UNDP）と世界保健機関（WHO）が中心となって推進した。これにより水道施設の整備が進んだが、当初の目標が高く、進捗状況のモニタリングが十分でなかったという問題もあった。また、布設された水道施設の維持管理が十分でない場合は、故障したまま放置されることも明らかとなった。

2 ―ミレニアム開発目標（MDGs）

ミレニアム開発目標（MDGs）では、「国際飲料水の供給と衛生の10年」の反省を踏まえて、現実的に達成可能な目標として、「2015年までに安全な飲料水と衛生施設へのアクセスのない人口を半減する」ことを目標とした。MDGsの進捗状況を WHO と UNICEF が共同でモニタリングし、結果を公表することで、対象国政府はもとより、国際援助機関等も目標達成に向けた取り組みを強化することができた。結果として、安全な飲料水については、2015年以前に目標を達成したが、衛生施設へのアクセスについては、目標を達成することができなかった。これは、衛生施設の重要性に対する認識が広まらず、ニーズが高い飲料水の供給を優先したことも一因である。地域別では、人口増加が進むアフリカ、太平洋島嶼国、南アジアでの達成率が低く、今後も課題が残されている。

3─持続可能な開発目標（SDGs）

　持続可能な開発目標（SDGs）は、全体として「誰も取り残さない」ことを掲げ、水と衛生については「2030年までに、すべての人に、水と衛生のアクセスと持続可能な管理を確保すること」（目標6）を示している。SDGsでは、MDGsとは異なり、各国や利害関係者の議論を通じて目標を設定し、より広い視点からの開発目標を設定しており、目標6には、統合的な水資源管理や水質汚染の防止等も含まれている。

　上記の目標のほかに、過去30年以上にわたる開発途上国での水と衛生に関する国際協力を通じて、取り組むべきアプローチには以下のものがある。

(1) マルチ・セクトラル・アプローチ（Multi-sectoral Approach）

　都市における公共サービスには、上下水道の整備だけでなく、ごみの収集や、保健施設の建設等、さまざまなサービスがある。これらを個別に整備し運用することは無駄が多く、非効率になりやすい。そこで、都市のインフラ整備や公共サービス全体を相互に協調して整備を進めることで、無駄をなくし、バランスの取れた社会インフラ整備と、公共サービスの提供を目指す手法を採用することが好ましいと提案されている。

(2) 参加型開発（Participatory Development）

　従来のトップダウン型の開発アプローチでは、開発途上国の政府機関が、政策決定と実施を受け持ち、住民は関与できなかった。このため、開発行為が完了した後に、住民から反対意見が出されることがあった。さらに、住民が必要とするサービスが提供されず、サービスを受けられる人と受けられない人の格差が生じる等問題が指摘されていた。このようなトップダウン型の開発の問題点を克服するため、開発により影響を受ける住民を、開発のさまざまな段階で関与させる「参加型開発」を進めることで、開発の担い手であり、受益者であるとの意識を高め、より効果的な開発を行うことが重要であるという認識が広まっている。

(3) ガバナンスと組織形成（Governance and Institutional Development）

　上下水道事業をはじめ、都市の公共サービスを提供する組織が法制度上、ならびに事業運営上適切な組織形態であり、しっかりとした管理運営（ガバナンス）ができることが、それらの公共サービスが効率的かつ持続的に行われるた

めには不可欠である。そのためには、公共サービスに関連した技術的な支援だけでなく、法制度づくりや行政組織の構成、上下水道事業体等公共サービスを行う組織の形態や機構についても、必要な支援を行うことが求められている。

近年の開発途上国を支援する国際協力は、MSGs や SDGs 等の目標のもとで、上記の3項目について配慮しながら実施されている。これらの3項目は、日本の都市行政においても配慮が必要な項目と通底しており、日本国内での都市行政の経験が、海外での協力にも役立つと考えられる。

## 7-4 水環境分野における日本の国際協力の歴史

日本の国際協力は、1954（昭和 29）年にコロンボプラン（アジア・太平洋諸国の開発援助のために 1950 年に設立された国際機関）に加盟したことから始まった。当初は、戦後賠償としての無償資金協力が行われ、水道では、1959 年にカンボジアのプノンペン市に水道建設用資材を供給したのが最初の無償資金協力である。1967 年には、水道専門家の海外派遣を開始し、翌年の 1968 年からは、海外からの研修生向けの水道研修コースを開始した。また、1969 年には、パキスタンのイスラマバード市で水道の拡張と漏水検査の開発調査が行われた。このように、日本の国際協力は、1960 年代の後半に始まり、1970 年代になると本格化していった。1973～75 年にかけては、インドネシア水道研修所において研修を実施し、1976 年にはタイのアジア工科大学への教員派遣を開始して、その後、長年にわたり、アジア工科大学を中心とした日本人教員によるアジア開発途上国からの留学生教育が続けられた。また、1986 年には、タイに水道技術訓練センターが設置され、日本全国の水道事業体の職員が専門家として派遣された。同様に、1991 年には、インドネシア水道環境衛生訓練センターが設置され、同センターにおける訓練プロジェクトが開始した。

政府開発援助（ODA）の規模が拡大する中で、1992 年には政府開発援助（ODA）大綱が定められ、ODA の量から質への転換がはかられた。その後、戦略的で透明性の高い ODA の実施が求められるようになり、2003 年には新たな

表7·1 自治体による草の根技術協力の事例

| 実施年度 | 相手国 | 案件名 | 提案自治体 | 実施団体名 |
|---|---|---|---|---|
| 2013〜2015 | マレーシア | マレーシアにおける無収水削減技術研修・能力向上プロジェクト | 東京都水道局 | 東京水道サービス |
| 2013〜2015 | タイ | タイ地方水道公社における浄水場維持管理能力向上支援事業 | 埼玉県企業局 | 埼玉県企業局 |
| 2013〜2015 | ベトナム | 横浜の民間技術によるベトナム国「安全な水」供給プロジェクト | 横浜市水道局 | 横浜市水道局、横浜市水ビジネス協議会 |
| 2013〜2016 | スリランカ | 配水管施工管理能力強化プロジェクト | 名古屋市上下水道局 | 名古屋市上下水道局 |
| 2013〜2015 | カンボジア | カンボジア・シェムリアップ市における浄水場運転管理能力の向上事業 | 北九州市上下水道局 | 北九州市上下水道局 |
| 2013〜2015 | ミャンマー | ミャンマー・マンダレー市における浄水場運転管理能力の向上事業 | 北九州市上下水道局 | 北九州市上下水道局 |
| 2013〜2015 | フィジー | フィジー共和国ナンディ・ラウトカ地区水道事業に関する無収水の低減化支援事業 | 福岡市水道局 | 福岡市水道局 |
| 2015〜2018 | モンゴル | ウランバートル市送配水機能改善協力事業 | 札幌市水道局 | (公社)北海道国際交流・協力総合センター |
| 2016〜2019 | ラオス | 水道公社における浄水場運転・維持管理能力向上支援事業 | 埼玉県企業局 | 埼玉県企業局 |
| 2015〜2018 | インドネシア | 浄水技術改善事業 | 豊橋市上下水道局 | 豊橋市上下水道局 |
| 2015〜2018 | インドネシア | 典型的な熱帯泥炭地ブンカエリス地区における水道水質改善—宇部方式の支援による環境基本計画に基づいて— | 宇部市 | 宇部環境国際協力協会 |

(出典：JICA資料)

ODA大綱が制定された。また、このころから技術開発プロジェクトを契約により民間企業にまかせる民間技術協力プロジェクトや、NGOとの連携も始まった。2003年のODA大綱から10年が経過し、日本の国内外の情勢が変化する中で、2015年には再び新しいODA大綱を制定した。そこでは、国家安全保障戦略や日本再興戦略においてODAの積極的・戦略的活用が明記されていることを踏まえて、国際貢献と国益を両立させる観点から、ODAの多様性・重要性が増

している、と記されている。さらに、日本と開発途上国との関係を見直し、従来の開発援助（Development Assistance）から、開発協力（Development Cooperation）へと転換をした。これにより、日本と開発途上国がパートナーとして、相互を尊重し、互いの利益になるような国際協力が求められるようになった。

　このような流れを受けて、国際協力における自治体の役割も変化しつつある。これまで日本の自治体は、主に日本政府（JICA）の要請により国際協力事業に参加していたが、最近では、相手国の都市とのつながりをもとに、自ら案件を提案して国際協力を実施する事例が増加している。表7・1は、自治体により行われた草の根技術協力の事例を示しており、2013年以降は、多くの技術協力事業が行われている。

## 7-5 開発途上国の水道事業の変容：国際協力から民間資金の活用へ

　第2次世界大戦後の開発途上国では、民間資本に乏しい開発途上国が、効率よく資本を投下するため、交通、電気、通信、水道等の公共サービスの多くが、国や地方自治体等の公共セクターにより行われていた。しかし、これらのサービスの担い手である自治体や公営企業のガバナンスや経営に問題が多く、赤字経営が続いて、提供するサービスの質が低下するという悪循環に陥っていた。その結果、1980年代の初めに中南米で債務の不履行が発生する等の問題が発生したことをきっかけにして、1980年代後半から、国営や公営企業の売却と民営化が進んでいった。さらに、1990年代になると、民営化による公共サービスの質的改善進に対する期待が高まり、民営化がさらに加速した。これらの期間をつうじて、特に電力や情報通信等への民間資金の投資額が大きかった。また、民間活用の手法も、民営化以外に、コンセッション等多様な手法が用いられるようになった。しかし、1997年のアジア通貨危機以降は、公共サービスへの民間企業の参入のリスクが顕在化したことから、民間資金の投入額は急速に減少した。その後は、水インフラ事業に対する開発途上国政府や自治体による投資額も少なく、ODAは必要額の10%程度しか賄えないことから、開発途上国の水

インフラ整備においては、都市人口の増加に水インフラへの投資が追いつかない「資金ギャップ（不足）」が拡大している（図7・3）。

このような資金ギャップが存在する中で、既述のとおり、国際社会は、SDGsにおいて「2030年までに、すべての人々が安全な飲み水と衛生施設へのアクセスを得られる」状態

図7・3　建設が進む高層住宅と浄水場で待機する給水車（ハノイ市）(2014年)

を達成するという目標を掲げている。2015年を目標年としたMDGsにおいては、世界26億人の人々が改善された飲料水源へのアクセスを得られたが、そのうち19億人は、水道の普及によるものであった。そのため、SDGsにおいても、水道の普及とサービスの改善は重要な取り組みとなる。しかし、開発途上国の水道事業の多くが、経営効率が悪く、料金の水準や回収率が低いために、必要な投資資金が確保されていないことから、施設の更新や拡張ができていない。さらに、多くの水道事業で職員数が過剰で、漏水が多く水圧も低い等、水道事業のサービス水準も低い状況にある。開発途上国において、日本の水道事業のように公営企業ではなく、行政の一部として水道事業を実施している場合、そもそも経営という考えが存在していない。そのため、多くの水道事業が慢性的な赤字状態であり、それが水道事業への資金投入を妨げるという悪循環に陥っている。これに対する対策として、世界銀行が水道料金による水道事業経費のフルコストリカバリーという方針を掲げ、それを実現するための方策の一つとして、1990年ごろから民間企業の経営手法を導入することが提唱された。そのような方針に基づいて、水道事業の民営化やコンセッションを推し進めた結果、アジアにおいても、マニラ市やジャカルタ市等の大都市が、前後してコンセッション形式による水道事業を開始した。その後、マニラのコンセッション事業が順調に推移しているのに比べて、ジャカルタのコンセッション事業は、事業経営の課題に直面し、コンセッション事業の再検討を進めている。世界的に見

ても、1990年代に進められた開発途上国における水道のコンセッション事業は、2000年代以降に見直しが迫られている事例が多い。その原因として、コンセッション事業に関する法制度の整備が不十分で、民間企業との契約による事業の実施経験が無かったことや、水道事業の規制に係る担当者の能力も不足していたことが挙げられる。さらに、為替変動等のリスクに対する備えが十分ではなかったこと等がある。このように、1990年代には、公営による水道事業の諸課題の解決策として期待された民営化やコンセッション事業は、現在も順調に経営されている事例があるものの、全体的には大きな見直しを迫られている。

1990年代の水道コンセッション事業を担った欧米の企業に対して、2000年代以降は、各国の地元企業や近隣諸国の企業が水道に投資し、水道事業の経営を行う事例が増加しつつある。それらの現地企業は、海外企業に比べて現地事情に詳しく、人件費が水道給水地域と同じ水準であるほかに、為替リスクがないという利点がある。公営の水道事業が陥りやすい問題である政治的な影響や、企業としての経営理念の欠如等を克服し、公的な資金の不足を補う方策として民間の資本や企業による水道事業への参画は重要性を増しているが、どのような法制度や規制制度のもとで、どのような形態で民間企業の参画を促すかは、引き続き検討が必要な課題となっている。

## 7-6 国際協力から水ビジネスへ：日本の動向

### 1 水ビジネスの国際展開に向けた動き

2000年代の後半になると、海外における上下水道のコンセッション事例の増加につれて、国内においてもこれまでの国際協力の枠を超えて、民間ベースでの水に関するビジネスについての議論が盛んとなった。このころ、海外のコンセッション事業を主に受注していたのが、いわゆる水メジャーと言われたフランス、イギリス、スペイン等の企業であったことから、当時は、和製水メジャーをいかに作るかということに視点が置かれていた。2008年になると、産業競

争力懇談会（COCN）が、「水処理と水資源の有効活用技術」に関する提言を取りまとめ、今後水資源の不足が予想される地域において、我が国の水関連技術の活用を提案した。また、自由民主党の中に「水の安全保障に関する特命委員会」が設置され、水ビジネスを含む日本の水資源や技術の活用方策について報告書を取りまとめた。これらの動きが契機となり、経済産業省に水ビジネス・国際インフラ推進室（現、国際プラント・インフラシステム・水ビジネス推進室）が設置され、2009年10月には水ビジネスの国際展開研究会での審議が行われ、2010年4月に「水ビジネスの国際展開に向けた課題と具体的方策」と題する報告書をとりまとめた。同報告書では、水メジャーや新興国の動きを注視しつつ、日本の民間企業と自治体が連携して海外の水事業を受注するというモデルが描かれた。これを契機として、横浜市、北九州市、大阪市、東京都等、水ビジネスに関する官民連携協議会が相次いで設立された。

## 2　JICA、厚生労働省、国土交通省の動向

このような流れの中で、水道事業を所管する厚生労働省は、2008年から水道産業国際展開推進事業を開始し、毎年アジア各国の水道事業の状況を調査して報告書を発刊している。また、2001年からは「水道分野海外水ビジネス官民連携型案件発掘形成事業」を開始し、これまでに、インドネシア、ベトナム、ラオス、ミャンマー、スリランカ等における民間企業の案件発掘を支援している。

下水道事業を所管する国土交通省は、2009年に下水道グローバルセンター（GCUS）を設置し、下水道分野での自治体の国際貢献を後押しする体制を構築した。さらに、国際展開に積極的に取り組む国内の都市を認定して水環境ソリューションハブ（WES Hub）を形成し、水環境インフラの技術と政策を海外に積極的に提供してゆく活動の支援を行っている。2016年現在、WUS Hubには、仙台市、埼玉県、東京都、川崎市、横浜市、滋賀県、大阪市、神戸市、北九州市、福岡市、及び日本下水道事業団の10自治体及び1団体が所属している。

国際協力機構（JICA）は、従来から行ってきた技術協力、無償資金協力、ボランティア派遣、草の根協力事業の他に、2012年に中小企業海外展開支援事業を開始し、中小企業の海外での水関連のビジネスを後押しするようになったほ

か、PPP インフラ事業や BOP ビジネスの支援等を行っている。これらの事業は、民間企業のみならず、地方自治体が協力している事例もある。また、従来の技術協力プロジェクトへの参画のみならず、地域提案型の草の根技術協力や無償資金協力の新規案件発掘に協力する事例が増加している。

## 3 自治体の取り組みと今後の国際協力

このように、かつては国の事業である国際協力に対して、自治体が協力していたという状況が、2000 年以降は変わりつつある。既述のとおり自治体が草の根技術協力を提案し、採択される事例が増えているほか、自治体が設立した水ビジネス協議会（表 7・2）を核として、国際協力の案件形成への関与や、民間企業と連携した事業の受注、民間企業の海外展開支援等、多様な国際活動を行う自治体や水道事業体が現れてきた（表 7・3）。これらの都市は、海外への技術協力と、地元の民間企業の海外展開を組み合わせた活動を行っている。例えば、東京都水道局は、2014 年からヤンゴン市において無収水（浄水場から供給しても水道料金が徴収できない水で、そのほとんどは漏水による）の削減対策に取り組んできたが、2016 年には、監理団体である東京水道サービスと民間企業と設立した特別目的会社（SPC）が無収水対策を広域展開する事業（事業費約 18 億円）を受注している。

今後は、水環境・上下水道分野のみではなく、より広く都市計画や都市の行

表 7・2　自治体による水ビジネス協議会の設立

| 設立年 | 名称 | 自治体 |
|---|---|---|
| 2009 年 | みずといのちとものづくり中部フォーラム | 名古屋市 |
| 2010 年 | 北九州市海外水ビジネス推進協議会 | 北九州市 |
| 2011 年 | ウォータービジネスメンバーズ埼玉 | 埼玉県 |
| 2011 年 | 東京都水道国際貢献ビジネス民間企業支援プログラム | 東京都 |
| 2011 年 | 沖縄水ビジネス検討会 | 沖縄県、他 |
| 2011 年 | 横浜水ビジネス協議会 | 横浜市 |
| 2011 年 | 大阪　水・環境ソリューション機構（WESA） | 大阪市・府 |
| 2012 年 | かわさき水ビジネスネットワーク（かわビズネット） | 川崎市 |
| 2014 年 | 福岡市国際ビジネス展開プラットホーム | 福岡市 |

（出典：JICA 資料）

表 7・3　自治体による民間企業の支援事例

| 相手国 | 案件名 | 提案企業<br>（下線：自治体関連企業） | 関与自治体 |
|---|---|---|---|
| マレーシア | 大都市圏上下水道 PPP 事業準備調査 | 住友商事、NJS コンサルタンツ、<u>東京水道サービス</u>、<u>東京都下水道サービス</u> | 東京都 |
| ベトナム | 環境配慮型工業団地ユーティリティ運営事業準備調査 | ワールドリンク・ジャパン、野村総合研究所 | 神戸市 |
| ベトナム | キエンザン省フーコック島水インフラ総合開発事業準備調査 | 神鋼環境ソリューション、日水コン | 神戸市 |
| ベトナム | ビンズオン省北部新都市・工業地域上水道整備事業準備調査 | 日立製作所、日立プラントテクノロジー、日水コン | 静岡市 |
| ベトナム | ダナン市ホアリエン上水道整備事業準備調査 | 鹿島建設、日立プラントテクノロジー、<u>横浜ウォーター</u>、（一社）海外水循環システム協議会、オリジナル設計 | 横浜市 |
| インドネシア | ジャカルタ特別州下水処理場整備事業準備調査 | オリックス㈱、オリエンタルコンサルタンツ、日水コン、日本工営、ウォーターエージェンシー、パデコ、<u>横浜ウォーター</u>、マーシュブローカージャパン | 横浜市 |
| ベトナム | 日本の配水マネジメントを技をしたホーチミン市水道改善事業準備調査 | 東洋エンジニアリング、<u>大阪市水道局</u>、パナソニック環境エンジニアリング、プライス・ウォーターハウス・クーパーズ | 大阪市 |

（出典：JICA 資料）

政サービス全体を含めた海外展開を自治体と企業が共同で企画し、国が後押しをする体制が整えば、さらに大きな協力関係の構築が可能となるであろう。その一例として、横浜市は、世界 131 都市が加盟する都市間ネットワークである CITYNET を活用して、アジア諸国の主要都市と交流を深め、上下水道等水環境に関する課題を含めて、都市の環境と持続性に関する議論を行っている。

　他にも、大阪市とベトナム・ホーチミン市にように姉妹都市の関係を利用して水道の技術協力を行う事例や、北九州市とプノンペン市、横浜市とフィリピンのセブ市、福岡市とヤンゴン市のように水道の技術協力がきっかけとなって姉妹都市となった事例もある。そのうち北九州市は、1999 年以来、カンボジアのプノンペン市への水道の技術協力を推進しており、水道分野の技術協力のきっかけとして、2016 年 3 月に同市と姉妹都市協定を締結し、水道事業に加えて、プノンペン市の下水道や廃棄物等、都市のインフラサービス全般を支援し、さ

らには、カンボジア全体で日本企業のビジネスを支援している。また、横浜市は、フィリピンのセブ市との間で、「持続可能な都市発展に向けた技術協力に関する覚書」を締結し、上下水道分野を含む、持続可能な環境都市の建設に向けた支援をしている。福岡市は、2012年からヤンゴン市にJICA専門家を派遣し、2014年5月には、ヤンゴン市と「まちづくり協力・支援に関する覚書」を締結して、上下水道分野をはじめ、廃棄物処理等、複数の分野における交流し推進して、まちづくりに関する協力を行っている。これをきっかけとして、両市は2016年12月に姉妹都市を締結し、協力関係をさらに深めている。

　日本政府は経済活性化策としてインフラ輸出を後押しし、水インフラもその中に含まれている。しかし、水インフラは一般の商品とは異なり、長期にわたって、都市に住む全ての人が利用することを前提とした施設である。そのため、水インフラの「輸出」は、相手の都市の状況を理解し、都市の行政担当者や市民の信頼と理解を得ることが重要である。また、器材や施設の建設等のハードの「輸出」のみならず、施設の運転管理や、上下水道事業の運営等、さまざまなノウハウを「輸出」することも合わせて行う必要がある。そのためには、相手国の水環境に関する法制度や組織の確立、人材育成等も必要である。日本の自治体にはこれらのソフトなノウハウが蓄えられていることから、今後は、それらのノウハウを含めて付加価値を高めた水インフラを「輸出」する方策を確立する必要がある。

## 7-7 質の高い水インフラの輸出に向けて

　1970年代から本格化した日本のODAによる開発途上国の支援は、その後、支援額と内容が拡大したが、2000年以降は、ODA予算が減少傾向とともに国際協力の、質を高める方向に進みつつある。また、国内では、2010年ごろから水インフラの輸出を後押しする声が大きくなり、JICAもPPPインフラ事業や、BOPビジネス連携促進、中小企業海外展開支援事業等を通じて、民間企業との連携を深めている。これに対して、地方自治体も水道事業に関連した株式会社を設

立したり、水ビジネス協議会を母体として、民間企業と連携してアジア開発途上国の水道事業のコンサルティングや人材育成等の業務を受注している。

　海外の水道事業で1990年代から2000年代にかけて全盛を極めたコンセッションは、水メジャーと言われた欧米の大手水道関連企業が主体となって事業を受注していたが、その後、見直しが迫られている。水メジャーに代わって、開発途上国の国内あるいは近隣諸国の企業や投資家が水道事業に投資し、事業を運営する事例が増加しつつある。これらの企業や投資家は、水道事業を行った経験がない場合も多く、水道の安全性や技術的な水準が低下する恐れがある。開発途上国においては、水道法等の水道事業を規制する法律がない国もあり、また、民間企業による水道事業への参入が法律上明確に位置付けられていない場合もある。日本は、これらの国に対して、長期的な視点で、水道事業が安定したサービスを行えるように、法制度や組織づくりを支援するべきである。

　そのうえで、日本の企業や自治体が質の高い水インフラの輸出を成功させるためには、相手国の実情やニーズを理解し、それにあった支援とビジネスができる能力を早急に蓄える必要がある。勢いを増しつつあるローカル企業の水道事業への参入に対しては、競争相手としてだけでなく、協力相手として、相手企業の強みである現地の知識や経験、為替リスクを持たない強み等にも着目する必要がある。さらに、日本の強みを生かすためには、官・公・民の連携の仕組みができ上がり、そのような仕組みを活用した、新しい国際貢献・国際協力ならびに水ビジネスの国際展開がひろがることが期待されている。また、上下水道等の水インフラだけでなく、都市全体に必要な他の社会インフラと一緒に輸出する戦略も必要である。今後、日本の都市のモデルを「輸出」することができれば、水インフラも都市の重要な構成要素として、これまでの国内外で蓄えた技術と、事業運営の経験が活用できるものと期待されている。

**参考文献**
- 水システム国際化研究会編（2016）『世界の水事情』日本水道新聞社
- 国土交通省下水道部「下水道の歴史」　http://www.mlit.go.jp/crd/city/sewerage/data/basic/rekisi.html
- 国土交通省国土技術総合研究所、下水道革新的技術実証研究（B-DASHプロジェクト）
  http://www.nilim.go.jp/lab/ecg/bdash/bdash.htm
- 外務省「わかる！国際情勢」　http://www.mofa.go.jp/mofaj/press/pr/wakaru/topics/vol116/

- 国際厚生事業団編、真柄泰基監修（1999）「開発途上国の水道整備 Q&A」
  https://jicwels.or.jp/suido_QandA/index/index.html
- 国土交通省（2014）「水資源に関する国際的な取り組み」『日本の水資源』（平成 26 年版）
  http://www.mlit.go.jp/common/001049566.pdf
- 菅原繁（2000）「水と衛生分野の国際協力：今後の可能性」『公衆衛生研究（Journal of National Institute of Public Health）』49（3）
- 厚生労働省、水道産業国際展開推進事業（報告書、成果物）
  http://www.mhlw.go.jp/stf/seisakunitsuite/bunya/0000103728.html
- JICA 研究所（2005）「途上国の開発事業における官民パートナーシップ導入支援に関する基礎研究」
  https://www.jica.go.jp/jica-ri/IFIC_and_JBICI-Studies/jica-ri/publication/archives/jica/field/200503_01.html
- PSI 加盟組合日本協議会（PSI-JC）（2016）「世界的趨勢になった水道事業の再公営化」
  https://www.tni.org/files/download/heretostay-jp.pdf
- United Nations, The Millennium Development Goals Report (2015)
  http://www.un.org/millenniumgoals/2015_MDG_Report/pdf/MDG%202015%20rev%20(July%201).pdf

# II部

# 都市輸出の実際と日本の役割

# 8章 都市輸出における官民連携とファイナンス

野田由美子・石井亮・田中準也

　本章では、都市輸出における官民連携とファイナンスについて論じる。前半では、「都市輸出」の名の通り、海外における都市開発事業への官民連携による参画について、後半では都市インフラ輸出ファイナンスにおける現状と今後の展望について解説する。

## 8-1 海外の都市開発への参画という「都市輸出」

### 1 海外都市開発への参画

#### 1 ― 海外都市開発プロジェクトの勃興

　近年、アジア新興国を中心に、海外において新規都市開発プロジェクトが盛んに行われている。本書の別章で、具体的な都市開発プロジェクトの事例については多く記載があるので、ここでは具体的な事例を掘り下げては扱わないが、そのような都市開発プロジェクトが勃興する背景には、世界的な人口増加、都市化（2章参照）のメガトレンドがある。世界の競合国は、この都市開発を主戦場として熾烈な争いを繰り広げており、日本も例外ではない。では日本はなぜこのような世界の都市開発プロジェクトの市場に参画する必要があるのか。

2──日本の参画意義

　日本は現在、政府戦略として質の高いインフラ輸出を掲げているが、この都市開発プロジェクトとインフラ輸出は密接な関係がある。特に都市を丸ごと新たに構築するような案件では、その中に、道路、電気、水道、公共交通、通信等、さまざまなインフラが新規に必要になることは言うまでもない。また、その先には、建物の建設から、都市におけるサービス事業まで、さまざまなビジネスチャンスが発生する。即ち、都市開発案件に上流から参画することで、裾野の広い事業機会が生まれるのである。また、新たな都市ができると、既存の大都市等から、その新規の都市へ人やモノが移動するための輸送手段が必要になる。そのため、都市間を結ぶ高速鉄道等の交通インフラの需要が発生する。これは日本が得意とするTODソリューションを提供できる絶好の機会となる。今後も世界の人口増加に伴い都市化は続き、アジア、南米、アフリカ等で大規模都市開発のマーケットは拡大すると考えられるが、翻って日本は急激に人口が減少し、市場は確実に縮小する。このような状況を俯瞰的に見たときに、日本がこの海外の都市開発市場に参画する必要があることは言うまでもなかろう。

## 2　日本の競争力の維持

1──新型の都市モデル

　こうした新規都市開発は、既存の街のベースがないところに構築することが多いため、開発主体は、従来型の先進国のような街のモデルではなく、一足飛びに新しいコンセプトの街を目指す可能性がある。まさに現在世界的に議論をされているスマートシティ等が、こうした新規都市開発では始めからベースのコンセプトに取り入れられていくことになる。例えば、自動運転やIoT、ドローン等を使ったサービスを本格的に都市に導入する場合、街の骨格と仕組みがすでにできあがっている既存の都市よりも、新規開発の街で構築する方がスムーズに新しい取り組みを始められる可能性が高い。その新しい街で新型の都市モデルが実現すれば、開発を進めた国や都市は、同スマートシティ構築と運営のノウハウを蓄積していくことができる。また、その開発を推進した企業等も、モデルケースとなる新しい都市開発に実際に関わることで、最先端な都市像の

実現手法を世界に対して横展開可能になり、自社のビジネスチャンスを広げることにつながる。

2 ― 日本の状況

　今後、日本では、そうした新しい街づくりが多く起きることは考えにくい。もし日本がこうした世界の新都市開発のプロジェクトに積極的に関与しない場合、日本の都市づくりのノウハウは陳腐化してしまう恐れすらある。すでに今、日本には高度経済成長期の大規模な都市開発を経験した人材は現役から退いており、そのノウハウを持っている人材の不足を危惧する声も多く聞かれる。成長著しい新興国の競合達は、自国の開発で着実に力をつけ、虎視眈々と他国の開発市場も狙っている。では、世界のライバルたちは、この市場をどのように取り込もうとしているのか。海外の都市開発市場で戦略的にビジネスを展開している国の一つとしてシンガポールの例がある。第１部の２章でシンガポールの戦略には触れたが、ここでは、特に都市開発プロジェクトの進め方について掘り下げてみたい。

## 8-2 都市開発ビジネスの雄、シンガポール

### 1 シンガポールの都市開発ビジネス

1 ― 都市開発のバリューチェーン

　シンガポールは、資源に乏しい小さな島を今や世界で最もビジネスのしやすい街と言われるビジネスハブに成長させてきた。さらに、自国を発展させてきたそのノウハウを世界に横展開し、中国やインド、アフリカ等の都市開発の支援を実施し、都市開発ビジネスで存在感を示している。では、シンガポールはそうした都市開発で具体的には何をしているのであろうか。

　まずは頭の整理のために都市開発の基本的なバリューチェーンを見てみる。あくまでも一つの例ではあるが、海外の都市開発では、まず政府等が保有する

| マーケティング・案件開拓 | | | | | マスタープラン作成 | 一次開発 | | 二次開発 | | | 運営・管理 | | | |
|---|---|---|---|---|---|---|---|---|---|---|---|---|---|---|
| 情報発信～具体的な都市開発案件の組成～開発準備 | | | | | 都市開発の将来像・日本のソリューションをスペックイン | 開発用地の造成・インフラ整備事業としての各種EPC受注 | | 不動産開発事業 | | | 街の活動が開始され各種サービスが運用段階に | | | |
| 情報収集・発信 | | MICE | | 案件化 | 開発準備 | 戦略マスタープラン | 土地利用計画マスタープラン | インフラマスタープラン | 地権者交渉・土地取得 | 道路・公園等の基盤整備 | 基礎インフラ整備 | 立地企業誘致 | 土地(使用権)譲渡 | 個別建物の設計 | 個別建物の建設 | 個別建物の売却(賃貸) | 各種サービス事業実施 | エリア運営・管理 | 施設運営・管理 | インフラ運営・管理 |
| 世界の都市課題の捕捉(目利き) | WEB(SNS) | 広報誌 | 展示施設 | 国際会議・展示会 | 都市関連の表彰 | 見学ツアー開催 | 初期相談受付 | 相手都市との対話 | 調査 | 共通取り組み課題の特定 | MOU締結 | 制度設計・政策立案 | 開発公社設立 | | | | | | | |

図8・1　都市開発ビジネスのバリューチェーン　(出典：PwC分析)

　開発用の土地があり、その土地のマスタープランを描くところからスタートする。次にそのマスタープランに基づいて、マスターデベロッパー（都市開発公社等）によって土地が一次開発され、道路等の基盤が整備される。一次開発された土地は、さらに個別のデベロッパー等に分譲され、二次開発が進む。二次開発で建設されたビルやマンション等の建物は、さらにテナントや一般客に賃貸、分譲され徐々に街が完成していく。

## 2 ― 都市開発のファイナンシャルリスク

　都市開発の基本は、不動産ビジネスであるため、そこには常に、土地を取得して開発しても売れないかもしれないというファイナンシャルリスクがある。特に一次開発の部分で、広大な土地を取得して開発するプロジェクトには、大きなリスクが存在する。しかし、シンガポールは例えば中国の天津や広州等で、中国政府との合作プロジェクトを数々実現してきた。シンガポールはさまざまな手法でこの不動産開発のリスクをヘッジしながら官民連携によりビジネスを展開していると考えられる。

　まず、シンガポールはこうした都市開発の上流から入り、マスタープランの作成を支援する。シンガポールのマスタープラン作成を提供するのは、スバナ・ジュロン等の政府系の設計エンジニアリング会社である。また、シンガポールはこうした開発用の土地を、相手政府と交渉し、安価に取得していると考えられる。シンガポールの豊富な開発ノウハウを提供し、マスタープラン作成や企業誘致等、全面的に開発を支援することで相手国と信頼関係を築き、自分

達もマスターデベロッパーとして開発に加わるのである。土地を安価に仕入れることで、まず最初の大きなリスクを減らすことができる。

　また、シンガポールは、自らこの都市のマスタープランを描いているところにも秘訣がある。開発土地のマスタープランを描くことで、その開発エリア内の有利な場所、例えばマンション開発をした場合に売りやすい場所等を、シンガポール自ら手に入れることが容易になる。不動産事業を手掛けるうえで付加価値が高く、マーケットニーズのある空間を描き、自らが二次開発のデベロッパーとしてビルやマンションの建設後に賃貸、売却することで、不動産事業のリスクをさらに減らすことに成功している。

## 2　ビジネスの推進体制

### 1 ― シンガポールのマーケティング力

　シンガポールが不動産事業に長けているのは企業誘致力があるからである。とりわけシンガポールはマーケティングが上手い。ワールドシティーズサミットの開催等、都市開発関連のナレッジハブとして徹底してプラットフォーマーのポジションを巧みに構築し、シンガポールには都市開発のナレッジが集積しているというイメージをブランディングしている。都市開発事業、つまり不動産事業では最終的にはマーケティング力が命であり、不動産を買う人、借りる人が多く集まれば事業としては成立する。その出口戦略に自信があるからこそ、果敢にリスクの高い都市開発事業にチャレンジできるのではないかと推察する。

### 2 ― 重層的なアプローチ

　上記で論じた通り、土地の安価な取得、マスタープランを自ら描くこと、付加価値の高い有利な場所を確保すること、巧みなマーケティングにより企業を集めてくること等の重層的なアプローチで不動産事業のリスクを最大限ヘッジしていることがシンガポールの成功要因の一つであると考察できる。これに加えて、やはり最大のポイントは、他国に出ていくこと、世界でビジネスすることへ国全体がコミットしていることだろう。つまり都市開発ビジネスをすることにおいて、肝が据わっているのである。世界に出なければ明日はないという

宿命を持った国だからこその考え方だ。推進体制面の有利さにも触れる必要がある。シンガポールは国と都市が一体の都市国家であり、政府系の民間企業も多い。例えば、シンガポールではマスタープランをスバナ・ジュロンが描き、不動産開発をアセンダス・シンブリッジが担当するという勝ちパターンの一つもある。けっして企業数が多くないため官民連携が進めやすい。こうしたシンガポールの状況に対して日本はまた異なる状況がある。次に日本の状況を見てみたい。

## 8-3 海外の都市開発ビジネス参画における日本のジレンマ

### 1 上流からのアプローチ

#### 1 ―日本の取り組みの今

　色々な見方はあると思うが、日本は、この海外での大規模都市開発ビジネスへの参画は、必ずしもうまくいっていないと見るのが妥当な見方だと思う。この市場に脚光が当たり始めて久しいが、当初、日本では、こうした都市開発ビジネスに参画することに積極的なのは大手不動産デベロッパーかと思いきや、そうではなく、二次開発以降のインフラやシステム、つまり「モノ」を売りたい大手メーカー系企業が中心であった。不動産事業者や設計事務所等、上流のプレイヤーはさほど積極的ではなかった。メーカー系企業が海外で有利にビジネスを進めるには、都市開発の上流から入り、自分達の製品が導入されやすくするために、都市のコンセプト策定の段階からスペックインすることが重要だと言われてきた。しかし上流に出ていける、もしくは積極的に出ていく日本のプレイヤーはあまりないのが現状である。日本が新規都市開発のマスタープランを描くという例はゼロではないが、まだまだ数は少ない。日本が消極的な理由としては、リスクを背負って一次開発の不動産事業に参画するプレーヤーが欠如しており、その前のマスタープラン作成事業や、その後の二次開発、インフラ導入、都市運営サービス等につながっていかないのである。

## 2 ― 都市開発の一次開発への日本の参画

では、この一次開発は誰が担うべきなのだろうか。大手不動産デベロッパーや総合商社が担うべきという声はある。しかしながら、海外の大規模開発事業は日本の一民間企業だけでできるようなことではない。日本もかつての高度経済成長期には、人口増加に伴って多くの場所でこうした大規模都市開発を実践してきた。日本では、マスターデベロップメントを現在のUR都市機構の前身の公団が担ってきた歴史があるが、現状の法律ではUR都市機構は、海外ではマスターデベロッパーとして一次開発をすることはできない。また、日本の民間企業は長期的なリスクの伴う海外の大規模都市開発事業のような案件へは、あまり積極的に参画したがらなくなっているようにも見える。近年、企業の経営者は、短期の業績目標の達成に追われており、先の読めない海外での、ましてや長期的な話である都市開発に手を出すのは経営者として気が進まないのは仕方がないとも言える。官民の連携なくして都市開発は成し得ない。

## 3 ― 人材の問題

過去、日本の中で大規模な都市開発事業に携わってきた人材は、ほとんど現役を引退しており、今の現役世代では、そうした都市開発の実行ノウハウが不足しているのも事実である。これらの状況に対して、例えば、日本の政府系金融機関等は、積極的に支援をしようにも、同開発案件に民間企業自身が参画に乗り気でないと支援はしにくい。一方、民間企業は、政府が参画にコミットしていないと前向きな姿勢を表明することは難しいという。国も民間企業も相互に見合っている状態に陥っているというジレンマがある。そのような現状では、国から声が掛かって、お付き合いで相手国政府に対し、自社のプレゼンテーションを淡々と行っているというのが実情だろう。海外の都市開発の現地視察に日本企業の集団が訪れ、ホテルの大きな会場で個々の企業が数分ずつ自社の製品のプレゼンをパワーポイントで実施してなんとなく帰ってくるイメージだ。

## 4 ― スピード感の重要性

日本政府が関与する規模の都市開発案件は、従来、政府が先手で仕掛けたというよりも、相手政府から開発支援を持ちかけられ、後手に回って動き始めた

という印象がある。相手が日本に声を掛けたということは、同案件は、他国にも同時に支援依頼をしていることも考えられ、もはや筋の良い案件とはいえ言えない。都市開発の上流ではスピード感が重要であるが、日本が上流に参画する企業の座組みに手間取っている間に、シンガポールや欧米の競合企業は迅速に話を進め、日本はいつのまにか蚊帳の外にいるという状態も見受けられる。では、このような状況に対して日本はどうしたら良いのだろうか。

## 8-4 日本の都市輸出戦略の今後

### 1 日本の岐路

#### 1 ―海外進出の必要性

日本はそもそもこうした都市開発の上流分野は得意ではないという見方から、これ以上この市場を深追いしても無駄だとの意見もある。しかし今後、日本が海外の都市開発に参入し、都市開発のノウハウを蓄積していかなければ、自国に新たな都市開発の機会が限られていることから、あっという間に日本の都市ソリューションは陳腐化してしまう恐れがある。そうした事態を避けるためにも、日本はこの巨大市場を無視するわけにはいかない。

#### 2 ―最新型都市事例の必要性

今後、世界の注目は海外で新しくできあがる未来型の街へ一気に流れ、その開発主体となる国・都市自体や、その開発を支援した国が、世界の都市開発市場の主導権を握る可能性もある。もし日本が、自国に最新型の都市の成功事例もなく、海外でも主だった開発支援の実績もないということになれば、日本がこの市場で完全に存在感を失うリスクがある。では、日本がこの市場に参入し成功するには何をしたら良いのか、以下に考察する。

## 2　日本の参入戦略

### 1 ― 目利きの機能

　前述した通り、この都市開発ビジネスで成功するには、日本として不動産事業に参画することが重要である。通常、不動産事業の成否を分ける決め手になるのは開発案件の「筋」、具体的には立地の良さである。一般的な不動産開発事業で言う「土地の仕込み」を、このような官民が連携して取り組む海外の大規模都市開発案件ではどうすべきか考えたい。大規模都市開発への参入アプローチとして、相手国政府から頼まれて、それに応えるべく日本が支援するというケースがあるが、その場合、依頼された立地に対するリスク分析等が十分にできないまま支援せざるを得ない状況に陥る可能性もある。そこで、さらなる攻めのアプローチとしては、日本自らが、どこの国や都市で開発に参入すべきかを緻密に計算しながら、日本の戦略を作ることが考えられる。民間の不動産デベロッパーにおける土地取得を担当する部門にあたる機能を、日本全体で持つべく、官民が連携し、この戦略立案と目利きの役割を果たすチームを備えていくことが、日本をさらなる成功へ導く鍵になると言える。

### 2 ― リスク分析

　仮にこのような機能ができた場合、どのように筋の良い案件を選定していくのか。それには、まずは徹底した情報収集をしなければならない。例えば、開発案件の選定には、日本からのアクセスの良さ、主要都市からの当該土地へのアクセス、日本との友好関係、当該国との政治的状況、市場の成長性、土地取得の容易性、災害発生の頻度等、多岐にわたるリスク分析が必要になる。

　日本がもっと情報を集めるには、都市開発の知見が豊富にあることを積極的に情報発信して、世界へ存在感を示す必要がある。情報発信と情報収集は一対というのが基本的な考え方であり、日本はこの情報発信についてもさらに強化しなければならない。

# 3 マスタープラン

## 1 ─ マスタープラン作成のスタンス

　こうした情報発信や徹底した分析を通じて、攻めるべき場所が定まった場合、次に取り組むべきはマスタープラン作成業務である。しかし、現状では日本はこのマスタープラン作成業務の受注に課題を抱えている。まず、マスタープラン作成業務の担い手となる企業が、すぐには現れないことが挙げられる。相手から相談があった際、迅速に日本から手を挙げる企業が出てこなければ、競合国等に機会を奪われてしまう。日本の中で素早く担い手が決まらない理由は、経験やノウハウ面のみならず、物事に慎重であるが故に大規模な都市開発のマスタープランを描くという作業に大きなリスクを感じ、担い手が参画に躊躇していることも一因と考えられる。一方、シンガポールや欧米等の上流プレイヤーは、プランはプランと割り切り、「絵に描いた餅」かもしれないが、投資家等から注目を集めるような華々しい印象の3次元CGを含め、マスタープラン作成業務を大胆に請け負っている。その裏には、リスクヘッジをするための工夫があることも想像できる。誠実で責任感が強いということは日本の良い点であるが、世界との熾烈な競争の中では、少し考え方を柔軟にする必要がある。シンガポールや欧米のようなスタンスが良いか悪いかということではなく、そのような世界の感覚に日本も慣れていかなければならない。相手のニーズに合う形で軽やかに仕事を進めながらも、日本の誠実さや信頼ある丁寧な仕事の質を備えることを両立させたいところだ。

## 2 ─ マスタープラン作成の意味

　日本がマスタープラン段階から参入する意味も考えたい。マスタープランにはさまざまな種類のマスタープランがある。コンセプトやKPI等を定める都市の戦略的なマスタープラン、都市開発の骨格を決めるマスタープラン、インフラの計画を決めるマスタープラン、最近では、スマートシティ向けに、都市のIT戦略を描く、ITマスタープランというものもある。これらのマスタープランを担当するということは、その過程でさまざまな情報を入手したり、下流のビジネスを手掛ける日本企業が受注しやすい要件を入れ込むこと（スペックイン）

ができるということであり、日本の都市輸出の戦略上はとても重要な役割である。例えば、その街に必要な域内交通の計画を作ったり、地域エネルギーサービスの計画を描いたり、地域内のセキュリティや決済システム等の絵姿を描いたりする。開発主体と協議しながら、その都市に必要になる要件を決めていく業務といっても過言ではない。その要件次第で、日本が後々提供したいソリューションの展開において、有利になる市場を自ら作ることが可能になる。このようなマスタープラン参入の実績を日本はもっと増やす必要がある。

## 3 ― パートナリング

　ここまで述べてきた不動産事業やマスタープラン作成事業において、どのようにすれば日本が成功できる可能性があるのか。その一つの方法は、日本が始めから海外のデベロッパーや海外の設計会社と組むことである。現地ノウハウの吸収やリスクの分担等さまざまなメリットがあり、すでにそのような例は起き始めている。

## 4 ― 官民連携の重要性

　先述したように上流からのアプローチを促進するためには、政府・自治体・企業による官民連携の体制が重要である。例えば、㈱海外交通・都市開発事業支援機構（JOIN）や、㈱海外通信・放送・郵便事業支援機構（JICT）などの官民連携ファンドができたことは、政府による官民連携体制の強化の表れであると言える。民間企業に対し、その出資割合を越えない範囲での出資ではあるが、民間企業にとっては都市開発案件に進出するうえで大きな支えになるだろう。JOINのハード面のサポートに加え、JICTがソフト面でサポートできれば、今後世界中で活発化するスマートシティへの対応も可能になる。また、日本の自治体やUR都市機構等がこれまで培ってきた面的な都市開発のノウハウを海外に提供するための仕組みの構築もさらなる検討の余地がある。いずれにせよ、政府・自治体・民間企業が共に協力しながら、相互にメリットのある形を模索し、海外の都市開発案件にも対応できるような体制をいち早く構築することが望まれる。これには組織の縦割りの解消という課題もあり、決して一筋縄ではいかないかもしれないが、さまざまな組織の壁を越えて横につながり、オープンイ

ノベーションを起こすことが成功への近道である。

　本章では、ここまで海外における都市開発事業への官民連携による参画について論じてきた。ここから後半では、都市インフラ輸出ファイナンスにおける現状と今後の展望について論じたい。

## 8-5 都市インフラ輸出ファイナンス

### 1 PPP 導入の必要性

1 ─ インフラ整備に対する需給ギャップ

　近年、新興国を中心とした世界の急速な経済成長にともない、都市化が進展し、今後のさらなるインフラ需要の拡大が見込まれている。しかし、新興国側においては恒常的な財源不足となっており、インフラ整備・改善への需要を満たす政府直接施行による公共事業量の増加には限界があることから、現状、インフラ整備に対する需要と供給の間に大きなギャップが存在している。

2 ─ PPP による民間資金調達

　この需要と供給のギャップを解消するためには、財政資金を拡充させる取り組みとともに、PPP による民間資金調達が求められている。よって、各国にお

表8・1　各国の公共調達にかかる法的枠組みの整備状況

| | 法制度 | インド | インドネシア | ベトナム | フィリピン | ミャンマー | イラク | イギリス | アメリカ | 日本 |
|---|---|---|---|---|---|---|---|---|---|---|
| PPP関連制度 | PPPに関する規定 | ○ | ○ | ○ | ○ | × | × | ○ | △ | ○ |
| | PPPに関するガイドライン | ○ | ○ | ○ | ○ | × | × | ○ | △ | ○ |
| | PPPに関する標準書類 | ○ | △ | × | × | × | × | ○ | △ | △ |

(出典：平成25年度新興国市場獲得に向けた法制度等の基礎調査報告書（経済産業省）)

いてはPPPによる資金調達を通じたインフラ整備を推進する方針が明らかにされており、PPPの導入に向けた法整備が進められている。

日本の強みのある技術・ノウハウを最大限に活かして、世界の膨大なインフラ需要を積極的に取り込むためには、日本企業としても、機器の輸出のみならず、PPP拡大の潮流を踏まえたインフラの設計、建設、運営、管理を含むシステムとしての受注や、現地での「事業投資」の拡大等が求められている。

## 2 PPP事業のポイント

では、PPPによる資金調達に当たり必要なことは何だろうか。基本となるファイナンスの仕組みと、PPP成立に不可欠なポイントについて説明する。

1 ― 安定的なファイナンス環境の整備

PPPでは、プロジェクトの設計から建設・運営・維持管理までの幅広い業務が民間に委ねられることから、複数の民間企業が新たな会社（特別目的会社：SPC）を設立して事業実施に当たるケースが一般的である。この際、SPCによる資金調達はプロジェクトファイナンスがベースとなる。

プロジェクトファイナンスとは、企業や政府の信用力をベースとした一般的な資金調達手法とは異なり、対象となるプロジェクトのキャッシュフローを返済財源とする調達手法である。PPP事業では、例えば高速道路のように利用者が支払う料金を財源とするスキームや、学校・病院など利用料金収入が不足す

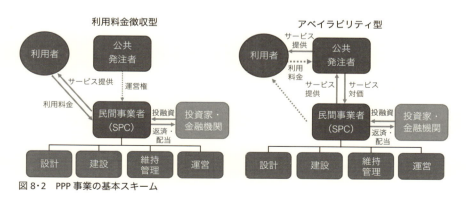

図8・2　PPP事業の基本スキーム

る事業においては、公共セクターが支払うサービス対価（アベイラビリティペイメント）を財源とするスキームなどがある（図 8・2）。いずれにしても、プロジェクトが将来にわたって充分なキャッシュフローを生み出す見通しが立たない場合には、事業主体となる SPC は投資家や金融機関から資金を調達することができず、PPP 事業は成り立たない。よって、PPP の導入に当たっては、民間事業者が確実に収入を見込むことができ、キャッシュフローをベースとした外部資金調達が可能な（"Bankable"）案件を組成していくことが発注者サイドに求められる。

## 2 ― 官民のリスク分担

"Bankable" な案件を組成するに当たり重要となるのが、官民のリスク分担で

表 8・2　PPP 事業に対する政府のリスク補完の形態

| 直接の債務に係ること | |
|---|---|
| VGF（Viability Gap Funding） | 政府側からの整備目標の達成に基づいて段階的に支払われる資本的な補助金または出資金 |
| アベイラビリティペイメント | プロジェクトの全期間にわたる政府からの定期的な支払いまたは補助金。通常は、支払いに当たって、契約上指定された品質でのサービス提供、または資産の利用可能状態を条件とする。政府からの支払いは、パフォーマンスに関連したボーナスまたはペナルティでの調整も可能 |
| シャドートール（影の通行料）もしくはアウトプットベースでの支払い | サービス提供単位またはサービスを受けるユーザー数等の定量的な値に基づき、政府側から支払いを行う、または補助金を交付するもの。(例)有料道路事業で利用者が運転する 1km 当たりでの政府からの支払いまたは補助金 |
| 偶発債務に係ること | |
| 特定のリスク係る要因に対する政府保証 | 特定のリスクが契約上指定されたレベルから逸脱した場合に、政府が民間当事者に対して収益損失を補償するための合意。よって、関連するリスクは、政府と民間の間で共有されることになる。<br>(例) 指定されたレベルを超えた需要に対する保証、または一定の範囲内での為替レート保証等 |
| 補償条項 | 特定された不可抗力事象による民間事業者の損害または損失を補償するようなコミットメント |
| 事業終了時の支払コミットメント | 政府または民間企業による債務不履行のため契約が終了した場合、合意された金額を支払うというコミットメント |
| 債務保証、その他信用補完 | プロジェクトの資金調達に使用された債務の一部または全額を返済する保証。この保証範囲は、特定のリスクまたはイベントをカバーできることが必要。保証は、債権者に対して、ローン拠出分は返済されるということをより確実にされるために使用される |

（出典：The World Bank, Asian Development Bank, and Inter-American De-velopment Bank (2014) *Public-Private Partnerships Reference Guide Version 2.0*)

ある。PPP の事業期間は 20 〜 30 年といった長期に及ぶことから、期間中に発生しうるリスクも多岐にわたる。建設コストの上昇リスク、利用料金収入が変動する需要リスク、法制度の変更リスク、災害等のリスク、為替リスクなど、さまざまなリスクが想定される。民間事業者によって適切に管理することが可能なリスクもあれば、大規模な自然災害やテロのように、民間事業者では管理不能なリスクもある。民間事業者が、適切に予見・管理できないリスクをすべて負担させようとすれば、キャッシュフローの確実性に支障が生じ、投資家・金融機関からの資金調達が不可能となるか、もしくは膨大なコストがかかることになる。

したがって、民間が適切に管理できないリスクについては現地政府が補完し、官民双方のリスク負担能力に応じた最適な配分とすることが不可欠である。政府がリスクを補完する仕組みとしては、例えば需要リスクについては、アベイラビリティペイメント方式、VGF（Viability Gap Funding）方式、シャドートール方式などがある。このほか、政府が、通貨の兌換を保証したり、不可抗力発生時の損害・損失を補償するなど、さまざまな形がある（表 8・2）。

### 3 ― 現地政府の関与

PPP 事業の成立には、民間事業者が安定した収益を確保し資金調達が可能となるよう、政府が一定の関与とリスク負担を行うことが前提であることは既述の通りである。PPP 事業の発注者はあくまでも公共セクターであり、民間のノウハウと資金を引き出す鍵は政府が握っている。現地政府の明確なコミットメントと関与なしに PPP 事業の成功はない。

しかしながら、インフラ需要旺盛な途上国では、PPP を推進する現地政府の理解や実施能力が不足していたり、財政状況が脆弱でリスク補完能力が欠如しているケースも多く、PPP 事業実施に大きな壁が立ちはだかっている。

特に、都市交通や上下水道、廃棄物といった事業においては、事業の発注者が地方政府や公営企業となるため、一層課題は深刻である。

今後、PPP 事業を拡大していくに当たっては、現地政府の能力強化と財政健全化を同時に進めてゆくことが肝要となる。

## 3 PPP遂行能力の強化

**1―政府の体制強化**

　新興国のPPPに関する法制度については前段にある通り整いつつある中で、今後は制度を適用する現地政府の体制強化が求められる。PPP制度に基づきPPP事業のプロセスを進めてゆくには、一連のガイドランを整備しておくことが有用となる。さらに、事業の発注者となる各部局の行政職員が、PPPに関する知識やノウハウを習得することも大切だ。事業の経済性分析やリスクの評価、PPP事業の効果の分析（バリューフォーマネーの評価）、キャッシュフローモデルの作成、契約書類の作成、民間との対話や交渉、民間事業者のパフォーマンスの管理など、従来の公共事業とは異なる新たなスキルが求められる（表8・3）。

**2―キャパシティビルディング**

　PPP事業発注者が、制度を円滑に運用するための職員の能力強化（キャパシティビルディング）の方法としては、各種トレーニングプログラムの実施や財務や法務等の専門アドバイザーの活用、専門的知識を有する外部人材の雇用・派遣等が考えられる。最近では、世界銀行やアジア開発銀行といった国際機関も、途上国政府向けのキャパシティビルディングのプログラムを頻繁に提供している。

　我が国では、1999年のPFI制度導入以来、内閣府PFI推進室やふるさと財団

表8・3　PPP制度の運用に当たっての主な課題

| 課題 | 詳細 |
| --- | --- |
| 事業の経済性評価 | 多くの提案が、さまざまな技術やVGF等の提案を含んでおり、行政職員は、評価基準の設定、最適な提案の選定に当たって困難に直面する |
| プロジェクトのリスク評価とリスク分担モデル | 公共側の職員は、すべてのリスクを民間側が担ってくれることに期待する傾向にあるが、事業の継続性・安定性確保の観点から、一定のリスクは公共側が引き受ける必要性を認識することが重要である。そのうえで、最適なリスク分担を官民による対話を通じて設定していくスキルが求められる |
| 契約管理についての技術と能力の不足 | 行政職員は、投資家に対して動機付けを持ちつつ、サービスの質を持続させていく方法を身に着けることが必要である。また、PPP事業の実施中に発生した事案に対しては、契約書に基づき適切に処理する方法を身に着け、習慣とすることが必要 |
| プロジェクト実施のモニタリング | |

などが中心となって、アドバイザー派遣制度を含むキャパシティビルディングを積極的に実施してきた。地方自治体職員のノウハウを補完し、地方でのPPP事業の成立に寄与していると考えられ、他国の参考にもなるだろう。

## 4 地方政府の財政基盤の強化

### 1——新たな財政制度の構築

現地の地方政府の財政運営の課題として、まずは権限面が挙げられる。予算は中央政府の管理のもとにあり、地方政府は予算執行が中心で、予算配分を決定する権限は大きくない場面が多い。具体的には、地方政府の歳出予算は中央政府の決定や各省の指針等のさまざまな分配基準が基礎となっており、地方政府の予算編成の柔軟性が欠如している。この場合、地方政府は中央政府の枠組みの中で限られた変更権限しか有しておらず、PPP事業に対する地方政府独自での公的支援は権限面で困難となる場合が考えられる。このような制度的な制約を解消できない場合には、PPP事業を地方政府が主体的に実施し、ファイナンスを可能とするための公的支援を実施していくことは難しい。新興国における新たな地方財政制度の構築が必要であり、新制度のもとで地方政府の自助努力による財源・資金調達を拡大させていく取り組みが不可欠であろう。

### 2——財政マネジメント

また、財政制度に加え、VGF、アベイラビリティペイメントというPPP支援のための地方政府側の財源確保にも課題がある。特に新興国においては、人口増加による行政需要の拡大や施設の維持管理費用の増大等から経常経費に係る予算が急増しており、事業のスクラップアンドビルドを含む適切な財政マネジメントなしに、PPPのための財源確保は極めてハードルが高い。当面の間、これらの財源は先進国からの支援でまかなうことも考えられるが、支援とセットで地方政府側の財政マネジメントの取り組みを促すことは有効な策と考えられる。

財政マネジメントの一歩として、財政情報の開示がまずは必要である。特に地方レベルにおいては、予算や決算の数値や内容を正確に把握することは難しい状況である。正確な情報なしには、地方政府として中長期の財政マネジメン

ト方針・手法を戦略的に検討することはできない。加えて、投資家が債務負担能力を判断することができないことから、結果的に地方政府の資金調達の幅を狭めてしまうことになる。そのような状況においては、PPP事業の投資家が地方政府のリスクを判断することは困難であり、中央政府の債務負担能力に依存せざるを得なくなる。この結果、中央政府の支援なしでは地方政府によるPPP事業は成立しない。よって、現状データの整理やデータベースの整備等による運用改善を行い、資金のフローや資産のストック及び債務の状況など、投資家が求める財政データを適切に開示していくことがスタートとなるであろう。

そのうえで、世界の先進自治体ですでに導入されている格付機関から格付けを得るといった方策も有効である。このような取り組みを通じて、新興国の地方政府自らが自律的な財政マネジメントを図ってゆくことが望まれる。

我が国は、1999年のPFI導入以来、20年近いPPP推進の歴史を有するが、これまでに成立したPPP事業の多くが地方政府の発注によるものである。これらを支えている地方財政制度の仕組みや財政マネジメントのあり方は、新興国の地方政府に対して大変貴重な示唆となりうる。

先のキャパシティビルディングと併せて、こうした地方財政のノウハウも併せて展開することが、新興国のPPP事業の創出と、さらには我が国にとっての都市輸出の機会の増大をもたらすに違いない。

**参考文献**
- 都市ソリューション研究会編、原田昇・野田由美子監修（2015）『都市輸出　都市ソリューションが拓く未来』東洋経済新報社
- 野田由美子（2003）『PFIの知識』日経文庫
- 経済産業省（2014）『平成25年度新興国市場獲得に向けた法制度等の基礎調査報告書』（概要版）p.3、表1
- The World Bank, Asian Development Bank, and Inter-American Development Bank (2014) *Public-Private Partnerships Reference Guide Version 2.0*, p.97, Box 2.7: Types of Fiscal Commitments to PPPs

# 9章 都市開発における国際協力
## ——JICAの経験から

森川真樹

## 9-1 サステイナブル都市に向けたJICAの取り組み

　これまでの各章で既に述べられているように、開発途上国における都市人口の増加は、極めて顕著である。国連の推計では1970年の6.8億人（対世界人口シェア18％）から2015年には29.7億人（同41％）となり、2050年には世界人口97.3億人の過半となる52.3億人（54％）が途上国の都市に居住するとされている。わずか80年間で7倍を超える増加の勢いは、先進国がこれまでに経験してきた都市化のスピードを大幅に上回っている。

　都市化には、経済活動の活発化や社会・文化の変革をもたらし、当該都市のみならず、その都市を含む地域全体の活性化に寄与するというポジティブな側面がある。そして都市は、国土・地域の中心核としての機能を担っているため、経済・社会成長の牽引力としての役割が期待される。ただし、そのような都市化の恩恵は、中央・地方政府による適切な政策（例えば土地利用規制による開発のコントロール、インフラの改善を通じた低所得者層の住環境の改善、公共交通サービスの整備等）が実施されなければ、都市に居住し生計を営む全ての人々に公平に裨益せず、都市の成長の持続性にも課題を投げかける。また、気候変動等地球環境や防災の観点からみた持続性についても、人口と経済活動が集中する都市が与える影響は大きく、大都市・首位都市に一極集中するケース

も多い途上国では、地域バランスが取れた持続的な開発という見方にたてば、同様に課題となろう[*1]。都市の持続的な開発については国際的にも重要なイシューであり、「我々の世界を変革する：持続可能な開発のための2030アジェンダ」でも、17の持続可能な開発のための目標（SDGs）と169のターゲットが示され、都市開発分野が「目標11：包摂的で安全かつ強靭（レジリエント）で持続可能な都市及び人間居住を実現する」として単独で取り上げられている。

　(独)国際協力機構（JICA：Japan International Cooperation Agency）は、こうした都市の課題解決をはじめ、開発途上国の社会・経済開発の促進に向けた支援を、日本の政府開発援助（ODA）の主たる実施機関として行っている。地域別・国別アプローチに加えて、運輸交通、電力、上下水道等のセクター別アプローチを組み合わせ、技術協力、有償資金協力（円借款、海外投融資）、無償資金協力の3スキームからなる事業を展開している。加えて自治体や民間企業との連携も重視し、多様化かつ複雑化する開発課題に積極的に取り組んでいる。これは、融資案件が中心の国際金融機関（例えば世界銀行［WB］、アジア開発銀行［ADB］、等）や、技術協力や無償資金協力案件が中心の援助機関（例えば米国国際開発庁［USAID］、韓国国際協力団［KOICA］、等）と比べても、包括的に事業展開可能となり大きな優位点でもある。よって、途上国のニーズにあわせて各種スキームを組み合わせ、必要かつ実践的な支援を検討・実施できる体制となっている。

　都市の課題を解決するには、計画的な開発及びインフラ整備の実施、それに携わる人材の育成が重要な鍵の一つであり、本章では、これらの点に対してJICAがこれまで実施してきた支援を簡単にまとめ、その意義を考察したい。

## 9-2 JICAによる都市開発分野での支援

　急速な都市化にインフラや公共施設、関連法制度の整備が追い付いていない途上国都市において、開発圧力に伴う都心部への集中・密集や無秩序な開発（スプロール）、スラムの形成等が進みがちである。日本は、同様の事態に対峙し克

服してきた経験を持つことから、その経験を活かした協力が可能である。

　JICA はこれまで途上国政府と協力してマスタープラン(以下、「M/P」と記す)の作成を支援しており、国家・地域の上位計画や関連計画、財政・予算との整合性を保ちながら実施している。単なる個別都市インフラの整備計画策定だけでなく、中長期的な視野に立ち、都市全体を包括的に捉えつつ策定された開発計画である M/P が、多くの場合に有効だと考えられるからである。

　予算体系との親和性に考慮して M/P は従来よりセクターごと、行政単位ごと(国、州・県・市町村等の地方自治体)に策定することが多い。M/P 策定支援に当たり、途上国での M/P の重要性を次の通り考えている。

①開発政策・計画、公共投資計画との整合性、予測性、説明責任及び透明性を向上させるもの。それにより効率的なインフラ投資を実現
②科学的、合理的な方法論に基づき、恣意的な事業形成・実施を回避
③計画策定における透明性の確保
④上記①～③を通じたインフラ・ガバナンス向上への寄与

　近年の動向では、都市圏や流域圏、国境をまたぐ回廊等、空間的な広がりの重要性に鑑み、行政単位を超えた地域での策定や、マルチセクターで策定するケースも増えつつある。開発政策や公共投資計画との整合性を確保し、中長期的な予測性を改善するうえでファイナンスの観点も不可欠であり、これは説明責任及び透明性の担保にもつながるものである。

　M/P は都市・地域開発の総合的な基本計画・政策でもあり、その策定支援は「川上」にあたる。M/P 実現に向けての各インフラ整備事業に対する資金協力による実現、都市経営能力向上やインフラ維持管理のための人材育成をはじめとする技術協力の実施は「川下」と言え、各スキームを組み合わせて一貫した支援を行ってきている。JICA の特徴として、川上の計画・政策をたてる時点で川下の資金協力や人材育成・技術協力の実施に力点を強く置いている点が挙げられる。また、専門家や調査団員を先方政府実施機関(カウンターパート)に長期間かつ複数派遣し、一緒に机を並べて意見交換を随時できるような体制を取りカウンターパートと協働しながら M/P を策定する方法は、相手国から高く評価されており、これも JICA の強みでもある。さらには、政策目標の設定もあり投資効率性の確保にもつながること、基礎情報から収集・分析し科学的な手法

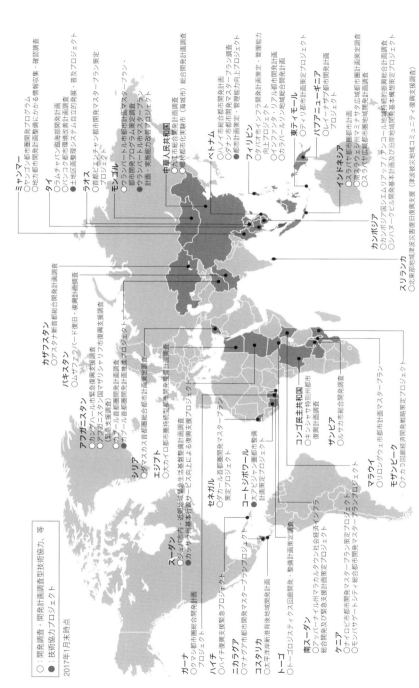

図 9-1 マスタープラン (M/P) を中心とした JICA の都市開発支援案件 (抜粋)

9章 都市開発における国際協力——JICA の経験から

により計画を策定すること（evidence-based）、そうしたデータやGIS・地形図等が他の計画でも広く活用されていること、関係政府機関の巻き込みだけでなく住民参加/パブリックインボルブメントをしっかり行い関係者の合意形成を行いながら進め連携・体制強化にもつながっていること、等も特徴である。

これまで80都市以上で都市交通や上下水道といったセクター単位でのM/Pの他、都市・地域開発のM/P策定支援を行ってきたが（図9・1）、都市における包括的な取り組みの重要性・必要性がますます高まったことから、ハノイ市総合都市開発計画策定調査のような、適切な都市の成長を誘導する包括的な都市開発M/Pの協力、その具現化、実現化に向けた環境整備の支援等「都市開発」に力点をおく協力が進められた。都市開発の根幹となるM/Pをもとに一貫した協力を実施してきた開発援助機関はJICAだけとも言える。他にも、M/Pの効果的な策定やその提案を実施していくためには、民間だけでなく行政機関の経験、知識、技術を活かすことが極めて有効であり、自治体連携を効果的に活用している[*2]。協力を通じて醸成された日本への信頼感は、日本の民間企業・団体が進出する際の環境整備にもつながっている。

以下では、都市開発M/P策定支援からインフラ整備への資金協力や人材育成等の技術協力まで一貫した支援の例として、ヤンゴン（ミャンマー）とウランバートル（モンゴル）を取り上げ、それぞれの経緯や特徴を簡単に説明する。

## 1　ヤンゴンでの支援

### 1─協力の背景

ミャンマーの旧首都であるヤンゴンは、都市圏人口約620万人（2014年）を抱えるミャンマー国最大の商業都市である。長期にわたる経済制裁による投資や技術支援の制約によって、都市生活を支える社会基盤インフラは老朽化が進んでいたが、2011年3月に就任したテイン・セイン大統領（当時）は経済改革の推進に向けて大きく舵を切り、開発機運が一気に高まった。インフラ整備の追い付かないままに人口流入も増加しており、交通渋滞も激化する等、健全な都市開発を進める上でのボトルネックが種々生まれている（図9・2）。

ヤンゴンの都市開発は、ヤンゴン市長（兼ヤンゴン地域政府開発担当大臣）

を議長とするヤンゴン市開発委員会（Yangon City Development Committee：YCDC）が担っている。ただし予算も人材も十分とは言えず、都市の基盤である道路はじめ各種インフラの整備状況は劣悪で老朽化も進んでいた。中長期開発計画やマルチセクターでの総合開発計画が存在しなかっ

図9・2　日増しに激化するヤンゴンの交通渋滞

たことも、ヤンゴン都市圏の開発・整備遅延や中心市街地・業務地区（CBD）への過度な集中を招く主たる要因の一つであり、乱開発にもつながる懸念点でもあった。こうした状況を受けてJICAは、2012年にYCDCをカウンターパートとして、都市圏の開発を戦略的かつ効率的に進める上で、中心的計画となる都市開発計画の策定を支援するため、「ヤンゴン都市圏開発プログラム形成準備調査」を実施した。当該調査は二つのフェーズから成り、フェーズ1では2040年を目標年次とする「ヤンゴン都市圏開発マスタープラン」（以下「SUDP」と記す）を、フェーズ2ではYCDCを対象に、SUDPに基づく地区詳細計画策定のケーススタディを通じた能力向上・技術支援が行われた。さらに、2012年末には都市交通をターゲットにした調査も開始し、こちらはヤンゴン地域政府をカウンターパートとして「ヤンゴン総合都市交通マスタープラン」（以下「YUTRA」と記す）の策定支援と優先プロジェクトの提案を行った。

## 2 ── M/P策定支援とその後の展開

　SUDPは2013年5月にヤンゴン地域政府において閣議承認された。計画のタイムラインは短期（2018年）、中期（2025年）、長期（2035年）とし、ヤンゴン都市圏の都市構造・空間計画として、現在のダウンタウンでもあるCBDから10〜20km圏にサブセンター候補地を5か所配置して新たな都市機能を有する拠点形成を提示した。膨大な人口増加に対応するため、商業・工業系用途とあわせた職住近接型ニュータウンも提案しつつ、日本における都市開発の特徴

の一つとも言える既存市街地を活かした再開発も重視し、CBDの開発余地も考慮し土地区画整理の発想も参考にした再開発案を提示した。他にも関連する都市開発管理や上下水・廃棄物も含めた基礎インフラ整備と社会サービスの改善、CBDにおける歴史的建築物の保存エリアの設定、能力向上・強化を含む77の優先事業を提案した。うち10案件が日本政府の資金協力により実施中である。

YUTRAにおいては、客観的・科学的根拠に基づく将来の都市圏全体の交通計画を策定するため、さまざまな角度から交通実態を捉えるための交通調査（例えばパーソントリップ調査、鉄道・バスOD調査、等）をヤンゴン地域政府やヤンゴン工科大学の協力により実施した。その結果に基づき、短期計画（2018年）、中期計画（2025年）、長期計画（2035年）による総合都市交通M/Pとして提案した。あわせて、優先的に実施すべき案件も提案し、無償資金協力案件「新タケタ橋建設計画」や円借款案件「ヤンゴン環状鉄道改修事業」につながっている。

一方で、SUDP及びYUTRA策定以降2016年までの3年間で、ヤンゴン都市圏を中心に国内都市部への外国投資が年率約3〜5倍のペースで急増している（全国の都市部への投資増加例：12年〜13年：約14億ドル、13年〜14年：41億ドル、14年〜15年：約70億ドル）。そのうち、製造業に次いで、運輸・通信（12年〜13年：約1億ドル未満→13年〜14年：約11億ドル）、不動産（約1億ドル未満→4億ドル）の投資が目立っており、都市開発セクターにおける外国投資が急速に進んでいる[*3]。このようなヤンゴン都市圏での活発な都市開発事業の進展により不均衡な都市開発が助長される懸念がある。都市交通においても同様で、車両増加は著しく2012年から2016年までに市内の自動車保有数は2.9倍に激増する等、交通渋滞は依然として大きなイシューとなっている。さらに、SUDP・YUTRAにおいて中・長期計画として提案された開発計画（郊外での宅地開発等）やインフラ整備（交差点での立体高架化等）がM/Pにもとづく調整がないままに早々に実施される、といった事象も出てきた。

2016年4月に樹立されたミャンマー新政権は、上記M/P提案後の急激なヤンゴン都市環境変化に危機意識を持ち、SUDPとYUTRAをベースに現状調査によるM/Pの更新により、きめ細かな都市開発管理と迅速な都市交通整備が必要だと判断した。日本政府/JICAもこれを了解し、それぞれの更新に向けた補足

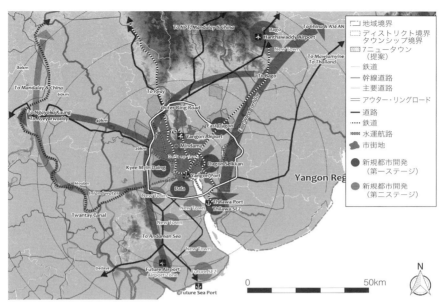

図9・3 ヤンゴン地域の構造図

調査を実施した。ヤンゴン地域政府、YCDC、ミャンマー中央政府との意見交換も重ね、次のような提案を新たに行い、都市構造図をヤンゴン地域の構造図（将来構想）として更新・提案している（図9・3）[4]。

①開発ビジョン：「魅力的な国際拠点都市、物流ハブ―水と緑と輝くまち―国際物流都市、整備されたインフラ、知的創造都市、快適な都市環境、善き統治」

②都市開発の4本柱：「アジアの国際物流都市」「整備されたインフラ都市（経済のハブ）」「知的創造・快適都市（雇用創出、新産業）」「快適な街並みづくり」

③都市交通のポイント：「都市交通調査の実施、需要予測の更新」「持続可能な都市交通に向けた五つの基本原則　1）結節性、2）競争性、3）包摂性、4）環境性、5）調和性」

④持続可能な都市交通に向けた九つの基本戦略　1）8本の主要幹線道路及び中心市街地のボトルネック解消、2）バスサービスの近代化、3）交通管理・交通安全の改善、4）ミッシングリンク解消、5）都市鉄道網の整備、

6) BRT 整備、7) 水上交通整備、8) TOD の推進、9) ヤンゴン地域交通庁（YRTA）の強化」（図 9・4、9・5）

現在、それぞれの案件に対するアクションプランを提示しているが、具体的な実現方法や可能な公的資金の活用、民間投資の拡大に関する検討が重要課題である。都市交通においては都市鉄道網の整備は ODA による支援が期待され、上述のヤンゴン環状鉄道改修事業を円借款で実施中である。バスサービスでは、フル規格ではないものの専用車両・停留所を整備した BRT-Lite が、ヤンゴン地域政府と民間企業出資のバス公社 Yangon Bus Public Co., Ltd. により 2016 年 2 月に運行開始された（ただし 2017 年 1 月のバス改革により BRT-Lite は一般バス路線として運行されている）。都市開発分野での TOD 推進もそうであるが、PPP はじめ民間投資と連携した事業計画・実施が肝でもある。乗換利便性も考慮しつつ空間開発・不動産開発を組み合わせた駅前開発の経験を日本（企業）は豊富に持ち、官民連携でいかに具現化できるのかにつき検討を深めることになろう。

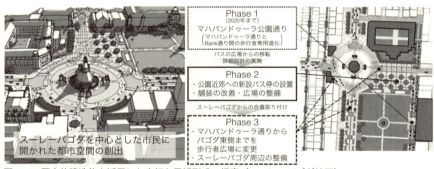

図 9・4　歴史的建造物を活用した良好な景観形成の提案（スーレーパゴダ地区）

図 9・5　スーレーパゴダ地区

## 2 ウランバートルでの支援

1 ─協力の背景

　1992年に社会主義体制が崩壊して以降、モンゴルでは市場経済化が進展し、ウランバートル首都圏の形成に大きな変化がもたらされた。首都ウランバートル市の人口は1944年に約3万人であったものが、1998年に65万人、2007年には100万人を超え、2015年には139万人（全国の人口306万人）となる等、近年の増加がとみに激しい。これは1992年に人口移動が自由化され、地方からの流入が増えたことも一因である。道路や都市インフラの整備が追いつかず、人口急増に対し住宅供給は需要を満たせなかった。雪害によって家畜を失った遊牧民が首都圏にゲル（移動式住居）を運び込み、ゲル地域と呼ばれる都市インフラのないエリアが都市周辺部に形成された。その結果、2007年には市の人口の6割がこのゲル地域に居住するまでになった。ゲル地域はスプロール的に拡大を続け、トイレ等未処理排水による地下水汚染や冬季の低質石炭ストーブによる大気汚染等、さまざまな都市問題が発生している（図9・6）。

　ウランバートル市は2001年に一度M/Pを独自に策定したが、人口増に伴う自動車の増大、ゲル地域の拡大等は十分に考慮されていなかった。また、2002年に土地の私有化（所有化）に関する法律（Land Privatization Law）が制定され、2003年5月から施行となり、居住地についてモンゴル国の歴史で初めて土

図9・6　再開発前のゲル地域

地の私有化が開始された。M/P 実現のためには用地取得や土地利用に係る規制・誘導等の新しい手法が必要となったことから、モンゴル政府は日本政府に対して協力を要請、JICA は 2007 年から 2009 年にかけて「ウランバートル市都市計画マスタープラン・都市開発プログラム策定調査」を実施した。

2 ── M/P 策定支援とその後の展開

　M/P では同市への一極集中が今後も進むことを予測し、2030 年までの社会・経済フレームワークや都市開発ビジョンの設定、良好な都市環境の実現に必要となる開発プロジェクトやゾーニング等の制度提案を行った。あわせて、不備であった都市計画関連制度の整備についても課題として提起した。社会主義時代の名残りで省庁間の縦割りが色濃く残る中、初めての包括的で組織横断的な都市開発計画でもあり、M/P 承認手続きに時間を要したが、2013 年 2 月に国会で承認され法定化されている。

　M/P での提案事業の実施・推進には、上述のような公的な承認が予算確保の観点からも重要事項の一つとなるが、同時に都市マネジメントを担う自治体職

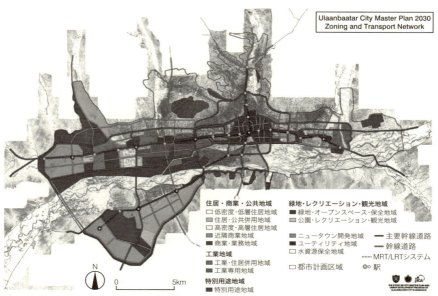

図 9・7　ウランバートル市ゾーニング・交通ネットワーク図（2030 年）

員の能力強化も不可欠である。地区レベルでの都市整備・都市開発事業の実施能力はとりわけ重要で、国会承認へのプロセスと並行して、「都市開発実施能力向上プロジェクト」を 2010 年から 2013 年まで実施した。そこでは都市再開発制度を整備し、日本の土地区画整理や再開発の取り組みを活かしたゲル地域再開発手法を提示し、その定着を支援した。この都市再開発制度は、2015 年 6 月に「都市再開発法」として制度化された（図 9・7）。

これら一連の支援では、自治体連携として旭川市が 6 年間にわたって 3 人の長期専門家を派遣するとともに研修の受入を行い、民間事業者の交流にも発展し、効果を発揮している。日本の自治体における都市行政経験の共有はウランバートル市にとってもより実践的な能力強化につながる。加えて、寒冷地で必要な高密度、高断熱といった建築技術の研修や人的相互交流等を通じた共有が大いに役立った。他にも行政経験に基づく助言（例えば都市開発が進展する前の道路・公園等の敷地確保・配置の重要性、計画的な雨水対策や防災上の観点からの建築物敷地における接道義務の必要性、等）に加え、旭川建設業協会や技術士会も協力して冬季施工技術導入の提案もあった。さらに、2011 年から 2014 年にかけて、JICA 草の根技術協力スキームを使った「寒冷地における都市開発技術改善事業」も実施する等、自治体間での協力体制が構築されている。寒冷地住宅のモンゴル進出も視野に入った調査も開始されているようである。

現在は、これまでのウランバートル市 M/P や都市再開発制度の実現のための技術協力を実施中である（ウランバートル市 M/P 計画・実施能力改善プロジェクト）。マスタープラン実現化へ向けた 5 か年実施計画をつくり (2016 年に閣議承認済)、実施状況のモニタリングを行っている。ここには札幌市が短期専門家を複数回派遣して協力している。本プロジェクトでは、都市再開発法に則った都市再開発事業の実施促進として次の 3 点を活動の柱にしている。

A) 都市再開発・住宅政策策定支援：①UB 市都市再開発方針、②低所得者向け住宅供給方針
B) ゲル地域再開発事業実施の支援（技術的アドバイス）：①ゲルのアパート化、②土地区画整理事業、③老朽化アパートの建て替え
C) 再開発事業の理解促進ツール作成と普及支援：①実務者向けハンドブック作成、②住民向け理解促進ツール作成（図 9・8、9・9）

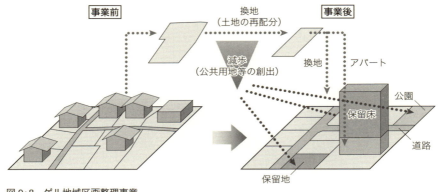

図9・8 ゲル地域区画整理事業

図9・9 再開発が進むゲル地域

こうして、M/P提案事業の実現に向けて、都市再開発や土地区画整理の手法を活用したゲル地区の再開発をはじめとする支援を継続し、自治体連携を梃子とした日本の都市開発経験や技術を有効活用している。

## 9-3 M/P策定を軸とした支援での教訓

　紙数に限りがあるためM/Pを軸とした支援の展開について論じきれないが、M/P調査や技術協力案件の事後評価報告等をひもとくと、実施済調査・プロジェクトでの経験を踏まえ、M/Pの効果的活用やその先のインフラ整備や人材育成に向けた提言と、その提言の新規案件形成時の活用が確認できる。ここでは、計画論や都市計画技術の移転に関連したものをいくつか紹介したい。

1 ── M/P や計画の政府承認と関係者の巻き込み

　JICA は過去にも地域総合計画の策定を行ってきている。しかし、提案されたM/P や計画が先方政府の承認手続きを踏まないために形骸化する例がみられた。特に M/P については、先方の公的な計画等の一部として承認されることで予算確保や実施の後押しになるが、従来は、あくまで承認手続きは相手国政府／カウンターパートの役割であり、政治的であったり事務的であったりさまざまな事情から承認手続きが進まないケースがあった。そうした反省から、例えばマラウイ国リロングウェ市都市計画マスタープランでは、相手国の遂行事項として本調査の結果を政府の手続きに従って承認を行うことを相手国カウンターパートと合意したミニッツ（正式な会議記録）に明記した。

　他に、現地及び本邦の自治体や民間企業との M/P 策定段階からの連携は、M/P の有効活用だけでなく、提案プロジェクトの実施に向けた将来の資金調達にもプラスに働くと言える。そのため、現地・本邦セミナー開催は有用なツールである。既述のヤンゴンのケースでは、SUDP と YUTRA ともに現地（ヤンゴンと首都ネピドー）と本邦（東京）でセミナーを開催し、自治体や民間企業の関心を集めることができた。

2 ── 対象国の経済・社会・文化に適合した都市計画・開発における技術開発や制度の移転

　都市計画・都市開発は相手国の文化・社会的な背景を大きく反映する分野でもあり、日本の技術をそのまま持ち込むことに限界がある。例えば、タイ国に対しては 1980 年代末より開発調査、専門家派遣、技術協力プロジェクト、研修等、さまざまな技術協力スキームを用いて都市開発技術向上に対する協力を行ってきた。そこでは、プロジェクトの初期の段階において調査研究や適正技術の開発にかなりの時間を費やす必要性が一つの教訓となった。それを受けて、都市開発に関する一連のプロジェクトは、パイロットプロジェクト等の事業の共同実施を特に意識し、現地での実務を踏まえた制度の見直しを行うことで適正技術の確立を図った。その結果、タイの社会・人々に受け入れられる都市開発手法（主に土地区画整理）を開発しその手法を普及する、といったタイの社会に適合する技術移転を行うことができた。

### 3 ─ マルチセクターでの包括的な取り組み

既述の通り JICA の M/P 支援はセクターごとに計画策定することが多かった。個別セクターでの将来計画やインフラ整備を計画する場合と違い、都市や地域を対象にした開発を想定した計画を策定するには、複数のセクターが密接に関わりあう中で総合的な見方で全体開発やインフラ整備を考えないといけない。とはいえ、特に都市においてはセクターごとのマスタープランによりセクター間の開発に関する整合がなかなか取れなかったことが従来の課題として挙げられた。

それを教訓とし、マルチセクターで都市を捉え、包括的な取り組みを重要視し、都市開発 M/P を展開することとなった。それにより、都市全体の開発構想（ビジョン）や政策を設定することが可能となり、都市構造や土地利用計画だけでなく、個別のインフラ整備も全体計画の中で整合性や位置付けを担保するものとなった。それがひいては投資効率性にもなり、政府予算の確保や民間投資の誘因にもつながるものとなった。

## 9-4 支援経験を効果的に活用した都市開発分野での協力可能性

都市開発分野において、日本がこれまで経験した困難な状況と類似した問題に直面する途上国に対し、日本の経験を活かしながら協力を行うことができる点で、日本政府 / JICA が支援事業を展開する意義は非常に大きい。特に戦後は他国に類を見ないペースで都市化が進み、数々の施策・事業を実施してきた経験を持つ強みがある。規制誘導やインフラ・宅地整備のための制度や体制の構築、複数の財源制度の活用、環境問題への取り組み、住宅金融はじめ所得階層別の支援制度や参加型のまちづくり推進といった社会的公平の確保、等は途上国が今まさに直面している問題を解決するために役立つものと言える。ほかにも、行政機関、研究機関、大学、開発コンサルタント、NGO 等の幅広い人材リソースを活用することで、多様な途上国のニーズにも対応できる体制を作り上げてきたメリットは小さくない。

こうした日本での経験・ノウハウに加え、途上国での都市開発や地域開発分野での支援経験からくる経験の効果的活用は、JICA や日本に対して、途上国側から大きな期待を寄せられるところでもあろう。JICA の都市・地域開発分野の戦略、基本方針として、現在は次の 5 点を提示している。
　①持続可能な都市の実現
　②環境や防災への取り組み推進
　③格差是正と発展
　④地方自治体等との連携による都市開発関連法制度整備・ノウハウの活用
　⑤災害や紛争からの復興支援
　特に本章では①、③、④の論点で主な議論を進めてきたが、個別の問題群に対しての個別的アプローチだけでは、都市・地域としての根本的な問題解決、開発促進には必ずしも結び付かない。解決のためのさまざまな「要素」を各課題に応じて組み合わせ、都市や地域の実情に適した包括的なプログラムとして戦略及びアプローチをデザインすることが求められている。そして、包括的プログラムのもとに各施策を効果的、効率的に進め、各施策を有機的に連携させることで相乗的、複合的な効果が得られるよう、プログラム/プロジェクトの実施、管理を進めていくことが重要な鍵となる。
　その点で、プロジェクトに対する投資スキームの整備にも期待が寄せられている。現在は、官民連携により公共性の高い事業等さらなる効率的・効果的実施を目指す PPP 方式を導入する動きが拡大している。PPP については投資環境、法体系含む制度整備や官民の役割・リスク分担の設定等、個々の都市・案件において種々の条件が異なってくるものの、資金需要を満たす方策の一つとして、ODA では基盤インフラへの円借款供与や民間事業者に対する海外投融資等が考え得る。1 章で論じられている通り、2015 年 5 月に安倍総理から発表された「質の高いインフラパートナーシップ」及び同年 11 月の「質の高いインフラパートナーシップのフォローアップ」において四つの柱が示され、第一の柱が JICA の支援量の拡大・迅速化である。これには円借款の政府関係手続期間の短縮や海外投融資の審査開始迅速化や対象拡大、魅力向上としての新設円借款の活用等が含まれる。新設円借款には、PPP 方式を活用したインフラ整備案件の着実な形成と実施を促進するために、事業・運営権対応型円借款として

EBF（Equity Back Finance）借款、VGF（Viability Gap Funding）借款等による支援を積極的に行うことが含まれる[*5]。簡単に説明すると、EBF借款は途上国政府・国営企業等が出資するインフラ整備事業に対し、当該出資金のバックファイナンスとして円借款を供与する（図9・10）。VGF借款は途上国政府の実施する電力・水・交通等のインフラ事業で、原則として本邦企業が出資するものについて、商業資金ではファイナンス困難な場合に、途上国政府が主に事業期間を通じたキャッシュフロー平準化のために助成を行う場合に円借款を供与する（図9・11）。こうした新しい官民連携の下、本邦企業と途上国政府・企業等との協力による都市開発のさらなる推進が期待される。

さらには、各国における都市の多様な経験を「学び合う場」として、日本国内での研修や招聘プログラム等を戦略的に活用することにも注力する。現在実施中のJICA招聘プログラム「持続推進性に向けた都市の変革　—未来の都市とはなにか？—」では、参加者が都市と地球規模課題、持続可能な都市づくり等に関する最新の知見や取り組み・経験を学び、共に学び合う「共創」のプラ

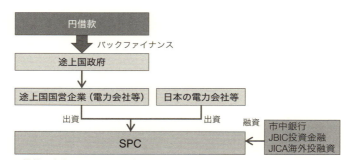

図9・10　EBF借款の事業フローイメージ

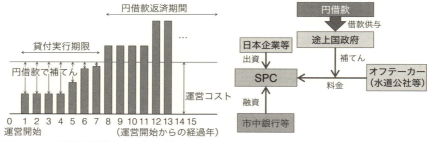

図9・11　VGF借款の事業フローイメージ

ットフォームづくりを目指している。都市同士がつながることで、都市間での新たな取り組みの発展や新しい価値観の創造等、共に変化することで安定した関係を作り上げていく「共進化」の促進にも期待されるところである。

注
＊1　環境、防災の観点では他章で議論されているため紙数制限もあり本章でフォーカスしない。
＊2　本章でとりあげている旭川市・札幌市のほか、フィリピン国セブ市では横浜市と、カンボジア国プノンペン市では北九州市と、それぞれ自治体連携として共同で支援を行っている。
＊3　ミャンマー国家計画経済開発省投資企業管理局資料（2015）より。
＊4　図9・3は提案図であり、ヤンゴン地域政府が最終化していくことになる。
＊5　質の高いインフラパートナーシップや新設円借款全般については次のサイトを参照。
　　 http://www.mofa.go.jp/mofaj/gaiko/oda/about/doukou/page23_000754.html

参考文献
・旭川国際交流委員会/旭川市（2014）『「寒冷地における都市開発技術改善事業」報告書概要版』JICA 草の根技術協力事業（地域提案型）
・国際協力機構ウェブサイト　https://www.jica.go.jp/
・国際協力機構（2009）『モンゴル国ウランバートル市都市計画マスタープラン・都市開発プログラム策定調査最終報告書：要約』
・国際協力機構（2013）『ミャンマー国ヤンゴン都市圏開発プログラム形成準備調査　ファイナルレポートⅠ』
・国際協力機構（2016）「特集：都市開発マスタープラン　街と人の未来を描く」『mundi』No. 38
・松行美帆子・志摩憲寿・城所哲生 編（2016）『グローバル時代のアジア都市論　持続可能な都市をどうつくるか』丸善出版
・森川真樹（2012）「ヤンゴン都市圏開発を構想する」『新建築』2012年11月号
・Japan International Cooperation Agency (2009) *The Study on City Master Plan and Urban Development Program of Ulaanbaatar City (UBMPS): Final Report*
・Japan International Cooperation Agency (2016) *The Strategic Urban Development Plan and the Urban Transport Development Plan of the Greater Yangon: Summary Report*

# 10章 防災まちづくりにおける国際協力

安藤尚一

## 10-1 災害経験から得た課題と対策の整理

　我が国は多くの災害を経験している。特に1923年の関東大震災や1959年の伊勢湾台風は、近代化の過程で発生した大災害であり、そこでの教訓はまちづくりの基礎となっている。また、阪神・淡路大震災や東日本大震災の教訓にも開発途上国における防災まちづくりや減災対策に適用できる点が多くある。

　以下では、防災まちづくり分野の国際協力の事例を踏まえて、途上国の課題と今後の可能性についてまず整理した。インド洋大津波等最近の大災害からの復興を含め、国際機関とJICA日本政府の事例を中心に、基本的な考え方、途上国への技術や政策の適用について述べる。災害は、ハザード特性や社会の経済情勢、さらに各地域の文化によって異なる。まちづくり全般に共通であるが、防災でも同様に、地域の課題とニーズに基づいた対策が重要である。

### 1　防災対策における要点

　まず、防災の重点事項を整理してみた。防災には短期的な対応である「応急対策」中期的な「復興対策」と長期的な「予防対策」があり、サイクルとなる。
　まず予防の防災まちづくりから見てみると、図10・1で右側がハード、左側

がソフトと大まかに整理できる。また、下側ほど公的機関の役割である。幅広い分野が、予防対策に関係しており、それらの連携は課題の一つである。具体的には、大学や行政の専門家と住民の双方の意識と知識を高めて行くことや、制度面や経済面では、都市計画と建築規制の連携や公的なインフラ投資と民間の建築投資の連携等である。

図10·1　途上国での防災対策の要点

## 2　大災害からの復興の課題

応急対策として救助や人道支援があり、次に復旧と復興がある。防災分野では、災害後の緊急・応急対応に、社会の関心も援助資金も集まりやすい。次に示す関連の国際機関も緊急支援や復興に関するものが多いのが現状である。

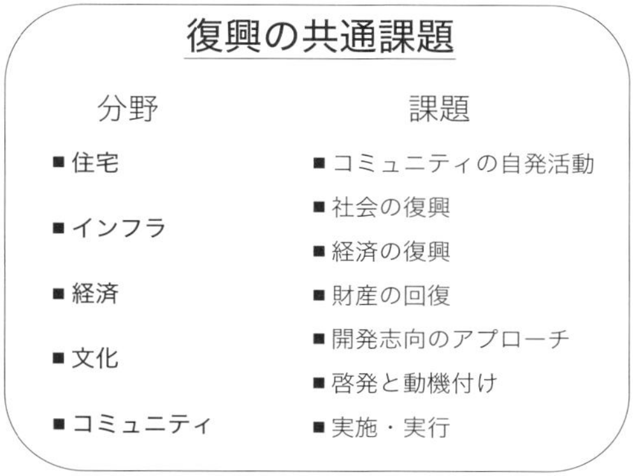

図10·1にあるような予防のための活動は、時間も資金も継続も必要であり、減災に

図10·2　災害からの復興の課題（出典：国連地域開発センターの資料より筆者作成）

向けての今後の課題と言える。図10·2は数年から10年程度の中期的な努力が必要な「復興」に関する課題を整理しており、下にある分野ほど時間を要する。

## 3　防災に関連する国際機関等

さまざまな国際機関、特に国連機関が図10·3に示すように活動している。

10章　防災まちづくりにおける国際協力　　177

図10・3　防災に関係する国際機関と対象範囲

　全体調整機関であるUNISDRを筆頭に、「応急対策」を主に扱う人道支援機関、資金援助と合わせて「復興対策」を直接行うUNDPや世界銀行等も活動を広げてきている。図10・3の右側にあるように災害の種別も対象分野も幅広いことから多くの国際機関が関係している。

## 4　国連地域開発センター（UNCRD）の防災プロジェクト

　国連機関の一つであり、日本（名古屋）に本部がある国連地域開発センターUNCRDは、1971年に設立された。UNCRDの防災計画プログラムは1985年から実施し、予防対策の中心である。阪神・淡路大震災の後、1999年から神戸市にその拠点を移し、防災計画兵庫事務所を創設した。そのプロジェクトには「コミュニティ防災CBDM」「地震にまけない学校SESI」「地震にまけない住宅HESI」があり、筆者が5年弱、所長として関わってきた。これらのプロジェクトの詳細は、次の2節4項で紹介する。

# 10-2 防災まちづくりの国際協力

## 1 防災分野の国際協力のあゆみ

　日本では1919年の都市計画法と市街地建築物法の制定により国を挙げて都市形成を行い始めた1923年に関東大震災を経験した。そのため、防火地域や耐震基準は比較的順調に都市部で受け入れられ普及してきた。戦後は1950年の建築基準法と建築士法制定により防火や地震対策が全国適用となり、建築や都市開発の技術の進展と相まって現在の社会を形成するに至った。

　一方日本の国際協力は、1954年のコロンボプラン加盟から始まった。1962年設立の海外技術協力事業団が1974年に国際協力事業団（JICA）となり、1987年に国際緊急援助隊が設立され、2003年のJICA独立行政法人化を経て、現在に至っている。この中で防災に関する国際協力が、本格的に開始したのは1990年代の「国際防災の10年（IDNDR）」以降と言えよう。

　現在約500のJICA研修コースのうち、医療、農業、環境、開発、教育と並んで防災は約1割を占める。国際的にも1994年の「横浜戦略」、2005年には「兵庫行動枠組」、最近では2015年に「仙台防災枠組」と、3回の国連防災世界会議を舞台に防災分野で日本が果たしてきた役割はとても大きい。以下では都市や建築分野における防災国際協力を、歴史の長い順に概観する。

## 2 建築研究所における地震工学研修

　防災分野では、東京大学地震研究所と京都大学防災研究所における研究活動と並んで早くから活動を始めたプログラムとして「国際地震工学研修」がある。1960年に東京大学で始め、1962年からは建築研究所でUNESCO事業として発展し、1970年代からJICAと共同で実施し、これまで計100か国の1600名を超える研修生を育てた。修了生は自国の地震観測や耐震技術を支えている（表10・1）。
　この研修は工学分野の「地震工学」と理学分野の「地震学」を同じ機関で学

表 10・1　建築都市関係の地震防災分野における技術協力（建築研究所関係、（ ）内は協力期間を示す）

| | |
|---|---|
| プロジェクト方式技術協力<br>（プロ技） | インドネシア(80～86、07～10)、ペルー(86～91、00～01)、メキシコ(90～97)、トルコ(93～00)、ルーマニア(02～07)、エルサルバドル(03～08) |
| ミ　ニ　プ　ロ | カザフスタン(00～03) |
| 研　究　協　力 | チリ(88～91、95～98)、エジプト(93～96) |
| 国 際 緊 急 援 助 隊 | トルコ、台湾(99)、アルジェリア(03) |
| Ｊ Ｉ Ｃ Ａ 集 団 研 修 | 地震工学セミナー(79～00)、地震・耐震工学(72～89、90～99、00～04、04～)、グローバル地震観測(85～)、中国地震工学(09～)、中南米地震工学(13～) |
| 第 　三 　国 　研 　修 | エジプト(92～98)、メキシコ(97～01)、インドネシア(81～90、93～97、99～03)、ペルー(89～98、00～04) |
| 開　発　調　査 | イラン(98～04)、トルコ(01～02)、ネパール(00～)、フィリピン(01～)、アルジェリア(04～)、インドネシア(04～)、スリランカ(04～)、ペルー(08～) |
| SATREPS 国際科学技術協力 | ペルー(09～13) |

注）　いずれも JICA が実施。「プロ技」は相手国機関に対して専門家派遣、機材供与と技術研修の3つをセットで3～5年行う。「研究協力」と「ミニプロ」はその小規模なもので前者は研究が中心である。近年は科学技術振興財団と合同でプロ技規模の SATREPS が相手国機関と共同研究の形で実施されている。なお、開発調査はインフラ等の開発プロジェクトのために実施される。

（出典：建築研究所データより作成）

び、UNESCO 時代には世界中の、現在も日本の最高レベルの講師による講義を通じて、毎年 20 名以上の開発途上国の防災を将来担う人材を育成している。防災まちづくりの実際も、神戸や東北視察を通じて伝えている[*1]。

# 3　プロジェクト（センター）方式の技術協力（プロ技）

　1980 年代からインドネシア、ペルーを皮切りに 4～5 年間で数億円単位の技術協力を行うプロジェクト方式技術協力（通称プロ技）が盛んになり、地震防災分野では表 10・1 のような協力が行われた。ペルーでは 1987 年当初から筆者も参加し、津波対策を含む都市防災の技術協力がなされた。これらのプロジェクトではいずれも日本側（JICA と協力機関）が全活動費を提供していた。

　2006 年から開始されている UNESCO International Platform for Reducing Earthquake Disaster（IPRED）は、国際地震工学研修を担当する建築研究所の国際地震工学センター（IISEE）が COE となって、永年の研修やプロ技を含む技術協力で培ってきた人材や資機材を活用して展開している（表 10・2）。

表10・2 地震防災分野のセンタープロジェクト一覧（現在のIPREDメンバー）

| 国名 | 名称（機関等略称） | 相手機関 | 協力期間 |
|---|---|---|---|
| インドネシア | 人間居住研究所（バンドンRIHS・旧PU公共事業省）＋〔第三国研修〕 | 科学技術省RISTEK（現） | 1980～1997＋2007～2010〔1981～2003〕 |
| ペルー | 日本・ペルー地震防災センター（CISMID）＋〔第三国研修〕 | ペルー国立工科大UNI | 1986～1993〔1989～2004〕 |
| チリ | 構造物群の地震災害軽減技術プロジェクト（研） | チリ・カトリカ大学 | 1988～1991＋1995～1998 |
| メキシコ | メキシコ地震防災プロジェクト（CENAPRED）＋〔第三国研修〕 | 国立自治大学UNAM | 1990～1997〔1997～2001〕 |
| トルコ | トルコ地震防災研究センタープロジェクト（ITU） | イスタンブール工科大 | 1993～2000 |
| エジプト | 地震学研究協力（NRIAG）＋〔第三国研修〕（研） | 天文地球物理研究所 | 1993～1996〔1992～1998〕 |
| カザフスタン | アルマティ地震防災リスク評価モニタリング | 国立地震研究所 | 2000～2003 |
| ルーマニア | ルーマニア国地震災害軽減計画（CNRRS／INCERC） | 地震災害軽減センター | 2002～2007 |
| エルサルバドル | 耐震住宅普及技術改善Taishinプロジェクト | 住宅都市開発庁 | 2003～2008＋2010～2012 |

注：（研）は研究協力プロジェクト、カザフスタンはミニプロとして実施。また、協力期間の欄中の〔～〕は第三国研修の全体実施期間を示す。
（出典：建築研究所データより作成）

## 4 国連（UNCRD、UNESCO）の防災分野のプロジェクト

### 1――国連地域開発センター（UNCRD）

UNCRDの防災計画プログラムは1985年から名古屋本部で実施し、1999年から兵庫県にその拠点を移した。兵庫事務所では「国際防災の10年」（IDNDR）の活動理念である「持続可能な開発のために災害予防を取り入れること」を継承し、さらに国連防災世界会議（WCDR：2005年神戸市にて開催）が採択した「兵庫行動枠組2005-2015（Hyogo Framework for Action）」を受けて、2011年まで災害に強いまちづくりのための活動を行った。政府機関、NGO等と協力して災害を受けやすいコミュニティに対して助言をしたり、学校、病院等、コミュニティの中心施設や災害を受けやすい文化的価値の高い建物の安全性を高めたりする等、阪神・淡路大震災復興の教訓や日本の防災の知恵を生かして、

図10・4 ジェンダーに配慮したコミュニティ防災
(出典：国連地域開発センター資料)

図10・5 スリランカでのコミュニティ防災（CBDM）活動 (写真提供：国連地域開発センター)

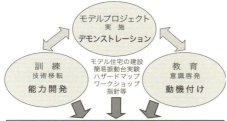

図10・6 地震にまけない学校計画の要点 (出典：国連地域開発センター資料)

以下の三つの「予防対策」のプロジェクトを中心に実施した。

① コミュニティ防災（CBDM）

兵庫県信託基金(HTF)の支援を受け、コミュニティ防災(CBDM)プロジェクトを12年に渡り実施した。第7期では、「都市化に対応するコミュニティ防災」プロジェクトとして、バングラデシュ、ネパール、スリランカの3か国でワークショップ（WS）を開催した（図10・4）。国連開発計画（UNDP）と共同で開催したバングラデシュにおけるWSでは、都市部の安全な暮らしと持続可能な生活設計、地域の危険性について、ネパールでは赤十字、地域学習センター主導のもと、地域特有の災害、対象都市における災害リスクの評価について、参加住民と活発な活動を行った。JICAとともに行ったスリランカにおけるWSでは地域代表者も参加し、地域の問題や利点、脆弱性や備えの必要性に関して政策提言もなされた[*2]（図10・5）。

② 地震にまけない学校計画（SESI）

UNCRDでは2005年より「国連の人間の安全保障基金（UNTFHS）」を用いて、アジア太平洋地域の地震多発国であるフィジー、インド、

インドネシア、ウズベキスタンで「地震にまけない学校計画」プロジェクトを実施した（図10・6）。

このプロジェクトは、地震国に住む生徒たちが地震の被害を受けない学校に通えること、地域コミュニティの地震災害への対応力を向上させることを目的とし、校舎改修や技術者に対する安全な建設の訓練、学校やコミュニティにおける防災教育等を行った[*3]。

図10・7　インドネシアでの地震にまけない学校（SESI）対象（写真提供：国連地域開発センター）

学校の耐震診断、耐震改修を4か国計約20校で行い、それぞれの国、地域に適した診断法や改修法を、国際地震工学研修の修了生を含む各国の専門家と工夫した。そして現地語のマニュアルも作成してその普及を図った。また同時に生徒父兄を対象とした防災教育教材を作り、防災訓練も行った（図10・7）。

③地震にまけない住宅計画（HESI）

多くの開発途上国では、災害による経済社会的損失を予防するため建築規制を設けているが、地方政府の実施能力不足や市民の意識の欠如等から、制度が機能していないのが現状である。地震多発地域でも、耐震補強を施していない住宅が多く、居住者は地震による住宅の崩壊の危険性にさらされている。

そこで、安全な住宅の普及に向けて、耐震建築基準の重要性に対する認識の

図10・8　ネパール市長たちの建築基準普及会合と専門家の現地指導（2007）

10章　防災まちづくりにおける国際協力　183

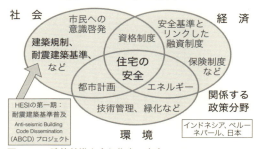

図 10・9　建築基準を含む住宅の安全（出典：国連地域開発センター資料）

向上等を目標に、ネパール、インドネシア、ペルーで「地震にまけない住宅計画」プロジェクトを実施した（図10・8、10・9）。2007年から2009年には「耐震建築基準普及（Anti- Seismic Building Code Dissemination：ABCD）プロジェクト」として、神戸での国際シンポジウムと専門家会合（2007年1月）を始め、カトマンズ（ネパール）、バンダアチェ（インドネシア）、リマ（ペルー）でWSやトレーニングを行い、ネパールでの経験を元に教材としても利用可能なハンドブックを出版した。2008年に政策研究大学院大学で「地震に強い住宅に関する国際シンポジウム」も開催した[*4]。

## 2 — UNESCO地震防災プロジェクト（IPRED）

国土交通省とUNESCO、建築研究所国際地震工学センター（IISEE）の連携により、2007年に建築・住宅分野における地震防災研究・研修の国際的なネットワーク及び大地震・大津波が発生した際の国際的バックアップ体制（建築・住宅地震防災国際プラットフォーム、International Platform for Reducing Earthquake Disaster：IPRED）を構築した。メンバーとして、JICAプロジェクトの実績のある8か国（チリ、エジプト、インドネシア、カザフスタン、メキシコ、ペルー、ルーマニア、トルコ）の研究機関等が活動を開始している。

これは、世界各地の日本で育った人材を活かし、半世紀以上に及ぶUNESCOと建築研究所の関係がベースとなっている。現在、15項目以上に及ぶ活動分野を特定し、日本の国土交通省とUNESCO本部と連携を取りながら、IISEEが研修生の受入れ、レクチャーノート公開や毎年の情報交換等、さまざまな活動を展開している[*1]。

表 10・3 建築研究所・土木研究所/JICA 連携の政研大・防災プログラム卒業生数

| 卒業年度 | 2006 | 2007 | 2008 | 2009 | 2010 | 2011 | 2012 | 2013 | 2014 | 2015 | 合計 |
|---|---|---|---|---|---|---|---|---|---|---|---|
| 地震学 | 9 | 10 | 10 | 9 | 9 | 10 | 8 | 9 | 9 | 7 | 90 |
| 耐震工学 | 10 | 10 | 10 | 9 | 8 | 5 | 10 | 8 | 7 | 10 | 87 |
| 津波防災 |  | 5 | 5 | 4 | 5 | 5 | 5 | 4 | 4 | 6 | 42 |
| 建研 計 | 19 | 25 | 25 | 22 | 22 | 20 | 23 | 21 | 20 | 23 | 220 |
| 水害 |  |  | 10 | 8 | 11 | 12 | 19 | 12 | 12 | 13 | 97 |
| 計（人） | 19 | 25 | 35 | 30 | 33 | 32 | 42 | 33 | 32 | 36 | 317 |

注：「建研」は地震防災コース、「水害」は水災害リスクマネジメントコースを示す。
(出典：政策研究大学院大学データより作成）

## 5 政策研究大学院大学（GRIPS）防災政策プログラム(DMP)

　建築研究所 IISEE と JICA 共同の「国際地震工学研修」が政策研究大学院大学（政研大 GRIPS）と連携して修士号を授与できる「防災政策プログラム」になったのは、2005年である。2004年のインド洋津波災害の直後、2006年度には津波コースが新設された。翌年、土木研究所の水災害・リスクマネジメント国際センター（ICHARM）も同様のスキームで JICA の研修事業を創設して、水災害コースが始まった。ICHARM では政研大との連携により 2010 年度から「防災学」博士課程も開設している。2016 年現在、政研大防災政策プログラムは、「(津波防災を含む) 地震防災コース」と「水災害リスクマネジメントコース」の二つがあり、それぞれの JICA 研修に対応している（表 10・3）。

## 10-3 最近の大災害の具体事例から

　以下では最近の世界の大災害事例から、「復興対策」を中心に日本の関わりを見ていく。復興に当たっては、住宅再建や復興まちづくりの役割が非常に大きい[*5]。

# 1 インド洋大津波からの復興

2004年12月26日のインド洋大津波では、震源に近いインドネシアのアチェ州が最も大きな被害を受けた(図10・10)。インドネシアは環太平洋火山帯に位置して、地震、火山噴火や地震活動による津波がもともと多い。雨季の豪雨を伴う熱帯気候は、洪水や土砂崩れをもたらす。これらの自然の脅威が、高い人口密度、貧困、低質な建築物と都市計画、津波警報システムや防災対策が不十分なために、災害を発生させていると言える。

アチェでは海岸線から数km入った内陸部の住宅地まで津波が押し寄せ、復興時にそれらの地域は膨大な量の新築住宅の建設現場となった。しかし、あまりに急速に公共施設や住宅の再建を行ったため、耐震性や品質の低い住宅が建設されたり、上下水道等インフラが整わないまま完成した団地では、復興住宅

図10・10　インド洋大津波直後 (左、2004) と3年後のバンダアチェ　(左の写真提供：国連地域開発センター)

図10・11　インドネシアのレンガ造の学校を鉄筋コンクリートで補強した耐震改修事例 (2008、SESI)
(写真提供：国連地域開発センター)

は空き家のままだったりした。

　また、インド洋大津波の2年後に生じたジャワ島中部地震でも、大きな被害を受けたインドネシアでは、学校をはじめ重要な施設の耐震改修が始まった。日本からも資金・技術面で数多くの貢献がなされている。レンガ造建物に鉄筋コンクリートで補強する工法は、日本で耐震技術を学んだ技術者が開発した（図10・11）。

## 2　バングラデシュ都市水害・衛生対策

　首都のダッカは、洪水（flood）、湛水（Water logging）のほか、脆弱な交通インフラ、建築構造等さまざまな課題を抱えている。特に旧市街地では、毎年のように雨季になると排水溝が詰まり、住宅地から水が引かず湛水状態になることがある。また、100年以上起きていない地震を心配する声も多い（図10・12）。

　バングラデシュ、ダッカ旧市街地では震災リスク以外にも、溝の清掃や適切な汚水の処理に関する意識の欠如のため水を媒介とする伝染病や洪水、飲料水の汚染等が大きな問題となっている。さらに、低所得者向けに無償で提供されている水汲み場は、簡易なパイプが設置されているだけで水道局も本格的な水道器具を設置することを考えていない（図10・13）。

　UNCRDでは2007年から、ダッカ市の旧市街地にある第59地区等をCBDMの対象地として選択した。現地アンケートでは、災害経験は22％と低く、うち14％は洪水、5％がサイクロンと水に関連した災害が多かった。今後の災害に

図10・12　ダッカ市の湿地帯に建つ住宅

図10・13　ダッカ旧市街の無料公共水道（写真提供：国連地域開発センター）

図10・14　ダッカ市での耐震セミナー（写真提供：国連地域開発センター）　　図10・15　洪水時のサイクロンシェルター（写真提供：国連地域開発センター）

ついては、70％が地震への不安を感じていると回答した。洪水は毎年起きており人命を失うことは少ないが、テレビ映像等の影響によるパキスタンやインドの地震を思い浮かべるので地震と皆答えたのではないかとのことである。対象地区は特に人口密度が高く脆弱な建物も多いため、不安に感じる人が多いという回答もあった。排水溝が整っていない地区では、洪水、湛水による伝染病発生の可能性がある。

　また、日常の中で災害時の準備に関する事項を家族内で話すといったことは少ないこともわかった。災害情報を受け取ったことがあると答えたのは、2％であり、防災訓練に参加したことがあるのは男2％、女7％と大変低い[*6]。

　UNCRDでは、2007年に地震対策デモンストレーションを実施した。これはダッカで地震がなくても日常的に建物崩壊が生じていることから、耐震補強の重要性をテレビ局も招いて全国にアピールしたものである（図10・14）。また、2008年と2009年には現地でワークショップを開いた。活発な意見交換が行政と住民の間でなされ、その後住民の手で無料給水箇所の節水管理のため木製の栓を給水口につける活動が始まった。行政を批判するだけではなく、自分たちにできることを考えることが重要である。脆弱性の高い地域の防災対策は、行政による啓発やハード整備も必要である。同時に、住民がその計画段階に関わり、自ら地域のために動くことが効果的である。

　さらに、2009年5月25日に発生したサイクロン・アイラはインドとバングラデシュ沿岸部に大きな被害をもたらした。沿岸部は毎年のようにサイクロン被害に見舞われている。近年では早期警報システムの構築やボランティア育成に

図 10・16　洪水時の避難の様子（写真提供：国連地域開発センター）

図 10・17　湛水 Logging 時の飲料水運び（写真提供：国連地域開発センター）

よって減災のための活動が盛んに行われている。これによって2007年に発生したサイクロン・シドルでは、過去の災害に比べると被害が大幅に軽減された。

2009年に調査に訪れた地区では、多くの被災者が災害によってさらなる貧困の状況に陥っており、被害発生から半年たった時期にも関わらず、未だにサイクロン・シェルターや半壊した家屋に住む人々がいた（図10・15）。また堤防が決壊したままのため、川の水が地区内に流れ込んでおり、土地が水につかったままの状態にあった。そのため女性や子どもは対岸の土地へとボートで移動し、飲み水を汲んで戻ってくるという姿が見られた（図10・16、10・17）。

## 3　四川大地震後の都市防災協力

2008年5月12日の午後に生じたブン川地震（四川地震）では、行方不明を除き6万9000名を超える死者と100万人の住宅を失った人たちが生じた（図10・18、10・19）。中国政府は、オリンピック直前でもあり早急な対応をした。阪神・淡路大震災と同じ期間に約10倍の仮設住宅が建設され、住宅の復興も当初に予定していた3年ではなく、2年間のうちにほぼ完了している。このように早く復興が進んだ要因の一つは「対口支援」という仕組みで、被害の大きい市に対して国内の特定の州がパートナーとなって支援する方法が寄与したものである。これは復旧から復興までの全プロセスで講じられ、省政府間の競争原理も働いて、効果を発揮した。

中国でもレンガ造や空洞パネル造等の建物や住宅が大きな被害の原因になっ

図10・18 四川地震による住宅の被害（2008）

図10・19 同じ地域の伝統住宅の被害（2008）

た。そこで、中国政府は四川省だけでなく全国の耐震設計が不十分な建物の耐震改修に力を入れている。なお、人的被害だけでなく阪神・淡路大震災（直接被害約10兆円）の規模を上回る約14兆円にのぼる経済被害も、その過半は住宅や学校を含む建物の倒壊や損壊によるものである。

中国では、中央政府が対口支援のほか、阪神・淡路大震災の経験等を参考にして、さまざまな復興支援措置を講じた。中には、被災者の心のケアや文化財の復興等も含まれている。この震災からわかった中国全土の脆弱な建物の耐震改修は大きな課題として残されている[*7]。

建築研究所 IISEE では、JICA と国土交通省が震災の1年後から開始した「中国建築耐震人材育成プロジェクト」の耐震建築研修（2か月間、各20名）を計4回実施した。中国各地から参加した熱心な研修生達は、日本でトップレベルの耐震建築・診断・改修技術を学び、中国の建物の耐震化に貢献している。

## 4　2015 ネパール地震からの復興

2015年4月25日に発生したネパール・ゴルカ地震では、同年5月12日の余震と合わせて、阪神・淡路大震災をも上回る数の人的被害と家屋被害が生じた。

ネパールではこの地震の約10年前から、耐震建築基準の施行を始めたところである。施行中の都市は限られているが、今回の地震被害のあった地域では、施行済みの都市、始めたばかりの都市、未施行の都市・農村部が見られた。そこで、被害の相違から次の四つの図のように建築基準の有効性を検証した。

図10・20　カトマンズ盆地の対象3都市

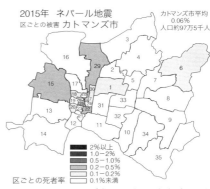

図10・21　カトマンズ市の区別の死者率（地図中の数字は区のナンバーを示す）

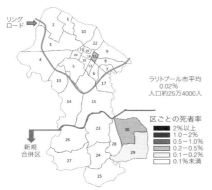

図10・22　ラリトプール市の区別の死者率（地図中の数字は区のナンバーを示す）（出典：2015年6月29日ラリトプール市役所資料より）

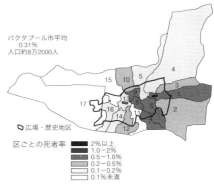

図10・23　バクタプール市の区別の死者率（地図中の数字は区のナンバーを示す）

　カトマンズ盆地に位置する3都市、カトマンズ市、ラリトプール市、バクタプール市の死者数を区ごとのデータを図に落として比較した[8]（図10・20〜10・23）。

　いずれも世界遺産に指定されているカトマンズ盆地の3都市では、ラリトプール市がネパールで最も早い2002年から、次にカトマンズ市が2004年から、建築基準を施行している。最も被害が大きかったバクタプール市では地震の直前から開始したばかりで、既存の建物は耐震基準がなく作られていた（図10・24〜10・27）。

図10・24　地震前のカトマンズ中心（2006）

図10・25　地震後の同じ地区（2015）

図10・26　地震前のバクタプールの町の様子（2007）
（写真提供：国連地域開発センター）

図10・27　地震後のバクタプール市街（2015）

## 5　被害の原因と対応

　いずれの災害現場においても、地震災害の場合は建物の倒壊が人命の損失や経済的損害の主要因である。災害に強い社会を構築するためには、技術者と諸政府が協力して対応しなければならない。世界の異なる地域の地震被害が示しているのは、地震津波対策が都市や地域の持続可能な開発のために必須事項であるということである。また、長期にわたる地震・津波対策には、訓練された技術者と建築規制を含む適切な対策が必要不可欠である。

　地震や台風等の自然の脅威は常時生じているが、アジアを中心とする開発途上国社会は次の様な災害の危険に直面している。一般論として世界における災害の原因を分析すると、以下が挙げられる。

　1）アジアをはじめとする開発途上国における人口と都市地域の急速な拡大

2）住宅やインフラが脆弱な後発開発途上国の貧困層への影響
3）政府や住民による事前の予防対策の遅れ
4）悪化する生態系と地球規模の気候変動の影響

　大多数の地震国では既に耐震基準が制定されており、多くの国々がその基準を施行している。しかし、基準の執行体制や実現手段の欠如、一般市民や建築業者、建築家、自治体等における地震災害に対する意識の欠如が、耐震建築基準の実効性の低い大きな要因である。耐震診断や耐震改修への需要は、市民の意識啓発にかかっていると言ってもよい。安全な建物やまちづくりを達成するには、意識啓発が政策手段や能力構築と並んで最も重要である。防災政策の効果的な施行は、規制にも依存しているが、それは住宅ローンや保険といった他の政策手段とあわせて効果的に実現され、向上するであろう。

　現地調査を通じて、特に災害後に現場作業に直面する関係者、コミュニティの住民に直接動機付けをするコミュニティワーカー、地域において重要政策を実施する地方政府の職員や国家レベルでの政策決定者等の能力構築を含む、防災対策、防災まちづくりの実現への強いニーズが明らかとなった。

## 10-4　防災まちづくり分野の日本の役割

### 1　同じ災害を繰り返さないために（自助・共助・公助）

　2004年は日本に台風が10個上陸し、新潟県中越地震や福岡県西方沖地震が発生するという災害多発年であった。世界的にもインド洋大津波で20万人以上が亡くなるという悲劇の年である。それまでは災害は他の地域の話と思い関心の薄かった欧米でもクリスマス休暇で多くの観光客がアジア各地のリゾートにて悲劇に巻き込まれたことから防災に関する関心が急速に高まった。このため、国連防災世界会議で、兵庫行動枠組（HFA）が、当初の予想を上回る多くの国によって合意された。その後、2005年パキスタン地震を始め、2006年にはジャワ島中部地震、2007年のペルー地震、2008年の四川地震やバングラデシュ、

図 10・28　東日本大震災前（2009、左）と津波被災後の岩手県宮古市田老地区（2011）（左の写真提供：建築研究所）

ミャンマー、東南アジアの風水害と毎年大災害が起こっている。

　HFA の優先行動の第一に掲げられているように政府としての取り組みが不十分なことが原因の一つである。特にアジアでは経済発展に伴う急速な都市化に伴い、防災対策が追いついてない場合が多い。今こそ都市開発やまちづくりの制度に防災をあらかじめ組み込んでおく必要があると言えよう。

## 2　世界の大災害から得た教訓の蓄積

　最近の世界各地で発生した大震災の復興過程を概観すると、一つの国内でも 2004 年のアチェと 2006 年のジャワ島地震の復興システムの違いや中国とパキスタンでの政府と公共団体の役割の違いの比較ができる。続けざまに大災害が生じていることもあるが、総じて、最近になればなるほど応急時の対応の混乱が減り、復旧の速さが目立つようになっている。これは、他地域の教訓を生かせる HFA や仙台防災枠組等の国際的体制ができてきたことも影響している。さらに新たな国際的な要請として、気候変動に伴う災害にあらかじめ適応しておく「気候変動適応 :CCA」も防災や開発に求められている。

　ここに挙げた世界の大災害から、教訓となりうる事項を最後にまとめておく。
1. 地方政府が壊滅的な打撃を受けるような大災害時は、国が中心となって応急対応から復興までを進める。
2. 復興の最大課題の一つは住宅の確保であり、避難所、ガレキの撤去、仮設住宅、復興まで円滑にすれば社会は安定する。

3. 地域の安定のためには就業環境整備も必要であり、住宅復興にかかる費用もできるだけ地元に還元することが重要である。
4. 建築物の倒壊による人的・経済的被害を防ぐために、建築基準、耐震診断・改修とその執行体制整備の果たす役割は大きい。
5. 予防対策には、関心の高まりとその継続が必要で、困難ではあるが、都市開発や新築時に考慮しておけば、被災後の対応より効率的である。
6. 津波災害の場合、従来の都市計画や建築基準で対応できないこともあり、津波避難ビル等の避難対策の検討が必要である。
7. 建築物の対応のほか、防災対策には都市計画的な対応や防災インフラ公共施設の整備が必要である。
8. 観測、耐震、情報、避難を含む日本の進んだ防災対策や技術を、各団体が得意分野ごとに、より現地に即した形で広めて行くことが重要である。

注
*1 建築研究所（2012.3）『国際地震工学研修のあゆみ（2001 − 2012）』
*2 UNCRD 防災計画兵庫事務所 (2007)『Gender in Urbanization and Community Based DM（CBDM）in Bangladesh, Nepal and Sri Lanka』
*3 UNCRD 防災計画兵庫事務所 (2009)『Reducing Vulnerability of School Children to Earthquakes：地震にまけない学校計画 SESI』
*4 国連地域開発センター（2009）『国連地域開発センター防災計画兵庫事務所 10 周年記念誌』
*5 日本の復興まちづくりについては、2013 年 3 月学芸出版社発行の『東日本大震災　復興まちづくり最前線』に各分野の最新情報がある。阪神・淡路大震災の復興を含め、その経験と教訓は今後も各地の復興に活かせる。
*6 東京大学 G-COE（都市空間の持続再生学の展開チーム）（2012.11）『「しぶとい都市」の作り方』
*7 UNCRD 防災計画兵庫事務所（2009）『2008 年中国四川大地震調査報告』
*8 日本建築学会（2016）『2015 年 4 月ネパール地震の災害調査報告書』

# 11章 環境都市を輸出する──北九州市

櫃本礼二

## 11-1 都市の持続可能性と環境インフラ需要

　国際連合の報告書[*1]によれば、1950年に30％であった世界の都市部の人口割合は、2014年には54％となり、2050年には、66％に増加すると予測されている。また、約8億人以上が極度の貧困にあり、途上国に住む人々の5人に一人が、1日の収入が1.25ドル未満の収入である[*2]。こうした状況にあって、都市の持続可能な開発は、ますます重要になり、「持続可能な開発目標（SDGs）」においても、都市を持続可能なものにしていくことが目標として掲げられている。

　都市の持続可能な成長には、インフラ整備等のハード面だけでなく、市民、企業、大学、行政等さまざまな主体の参画と協力が不可欠であり、そうした関係者の動員・調整は、地方自治体の重要な役割であることは、既に、1992年にブラジルのリオデジャネイロで開催された「環境と開発に関する国連会議（UNCED）」で採択された「アジェンダ21[*3]」の第28章において示されている。

　北九州市は、持続可能な開発に関する課題は、図11・1に示す[*4]ようにさまざまな分野があり、その一つ一つに果敢に取り組んでいく必要があると考えている。

　特に途上国では、いくつもの問題が同時多発的に発生しており、その解決をより困難にしている。このため、北九州市は、これまでの持続可能な開発の経

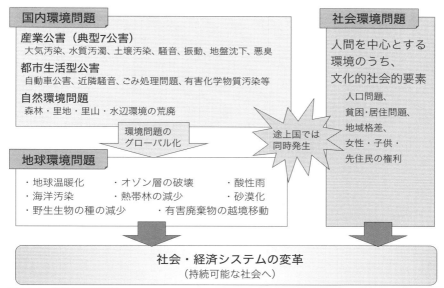

図11・1　多様な環境課題

験・成果、技術等を、環境国際協力やビジネスを通じて、海外に輸出している。

環境都市の輸出戦略に関して、始めに、北九州市の国際社会におけるポジションについて簡単に紹介する。北九州市は、2014年9月に国連本部（米国・ニューヨーク）の信託統治理事会会議場で開催された国際連合「持続可能な開発に関するハイレベル政治フォーラム（the 2014 High-level Political Forum）」において、持続可能な開発目標（SDGs）の達成に向けた国際社会と都市の連携協力を発表した。また、これに先立ち、同年1月には、同じく国連本部でJICA、日本政府、フランス政府、経済協力開発機構（OECD）及び七つの国連機関の共催により、「私たちの求める持続可能な未来（Sustainable Future Cities We Want）」をテーマに開催された「持続的な都市開発に関するシンポジウム」において、北九州市の持続可能な開発経験を発表し、議論を行った。これらは、いずれも今日の持続可能な開発における都市の課題解決・役割の重要性に鑑み、世界の都市の代表として招聘されたものである。

北九州市は日本政府から環境モデル都市、環境未来都市に選定されるとともにOECDからパリ、シカゴ、ストックホルムとともにグリーン成長都市に選定

|パリ（フランス）|シカゴ（アメリカ）|ストックホルム（スウェーデン）|北九州（日本）|

図 11・2　OECD グリーン成長都市 (出典：北九州市)

された（図 11・2）。

　また、世界銀行のシティパートナーシッププログラム（CPP）や MEIP（大都市環境改善プログラム）、JICA の「持続可能な都市経営」研修等、都市の重要性に着目し、先進都市経験をこれからの世界の都市の能力強化に活用しようとするプログラムが非常に多く、近年、飛躍的に増加している。こうした国際社会の流れは、都市への人口集中の急増もあって、もはや国レベルでは問題を解決できず、都市にその役割を求めているように見える。

## 11-2　持続可能な都市発展に関する日本の経験

　国際社会が希求する都市の持続可能な発展に関して、北九州市では、参考となる事例がいくつかあるので、紹介する。

### 1　公害克服とローカルイニシアティブ

　まずは、公害の克服である（図 11・3）。

　1901 年の官営八幡製鐵所（現・新日鐵住金）の操業以来、北九州市は産業都市として発展を続ける中で、日本一と言われた深刻な大気汚染や、「死の海」と呼ばれた洞海湾等の水質汚濁等、激甚な公害に見舞われた。この対策に最初に立ち上がったのが、市民団体「戸畑婦人会」である。戸畑婦人会では、子どもたちの健康影響への懸念等から、大学の先生に指導を受けながら自ら環境調査を行い、その結果を基に、企業、行政、議会へ、公害対策の実施を要請した。

1950〜1960年代　　　　　　　　　　　　　現在
図11・3　北九州市の公害克服状況

　これを受け、行政(北九州市)では、企業への改善指導、下水道や緑地等の公共インフラ整備、環境モニタリング・システムの導入や行政組織強化等を行った。企業では、設備投資により、新技術導入による生産プロセスの改善、汚染物質除去装置の設置、公害防止管理者の配置、或いは、蓄積した汚染物の除去事業への費用負担等を行った。大学においても、公害発生のメカニズムの解析や公害対策政策への助言・指導等重要な役割を担った。
　こうした関係者の取り組みは、関係者間での対立ではなく、対話と協働よって進められ、その結果、北九州市の環境は蘇った。国連アジア太平洋経済社会委員会(ESCAP)では、北九州市における公害克服の成功要因として、次の点を指摘している[*4]。

- ローカルイニシアティブとパートナーシップ：国の取り組みに先立ち、現場である北九州地域が率先して取り組んだこと。そのイニシアティブは市民の活動から始まり、産業界、行政、大学が対話の積み重ねによる合意形成の下で、パートナーシップを持って取り組んだこと
- 環境ガバナンス：地域の関係者を調整し動員する立場にある地方自治体の

管理・政策実施能力を飛躍的に高めたこと
・環境技術と投資：企業がクリーナープロダクション（Cleaner Production）いわゆるグリーン技術を導入することで、経済発展を続けながら環境負荷削減を成し遂げたこと、また、そのための投資を経済成長の中で行ったこと
・市民参加と教育：市民イニシアティブは、民主主義教育や大学の先生を招いての自己学習に基づくものであり、また、行政・企業における職員研修、さらには一般市民の環境教育と、教育による理解・認識の深化や具体的行動へとつながったこと

特に、市民参加の重要性は、経済協力開発機構（OECD）のグリーンシティ・プログラムで発行された北九州市のグリーン成長に関する評価報告書[*5]においても、「これまでの成功と同様に、北九州におけるさらなるグリーン成長（Green Growth：OECDプログラム）は、力強い市民の参画に基づくであろう」と指摘されている。

市民、企業、行政、大学の対話とパートナーシップは、持続可能な社会づくりで不可欠な要素であるが、多くの国・地域では、必ずしもこうした関係は構築されていない。時として対立し、相互不信にあり、また、それぞれ関係者がその役割を果たすための能力に不足している。この課題は、日本からの都市輸出を行う場合には、十分に考慮されなければならない。

## 2　経済成長と環境保全が両立する技術・クリーナープロダクション

次に、クリーナープロダクション（グリーン技術）の開発・導入がある。

クリーナープロダクションは、一般には、「低環境負荷型の生産システム」として、UNEP（国連環境計画）が1992年から推進しているものと言われている。省資源化、省エネルギー化と同時に生産コストの低減を図ることができるので、経済成長と環境保全の両立を達成するもの（Win-Win）として、開発途上国に導入することが期待されているものである。

北九州市では、1960年代からの公害克服、中心的には1970年代のオイルショックへの対応として、積極的なクリーナープロダクションの開発・導入が進められた。クリーナープロダクションは、生産プロセス改革、資料原燃料の転換

や使用効率化、廃棄物の循環利用等多岐にわたる工夫であり、北九州市での事例を紹介する。

分かりやすい事例として、製鉄業における生産プロセスの転換（連続鋳造）がある。これまで鋳型に溶鋼を流し込み冷却して固めた鋼鉄を再加熱して分塊圧延機で延ばしていた分塊法を、1967年から連続鋳造に転換していった[*6]。連続鋳造機は、冷やして固める分塊工程を省き溶鋼をそのまま次工程に送って鋼片までを一度に作ることを可能にしたもので、結果として、生産性向上と省エネルギーにつながった。

また、重油、灯油、LPG、LNGへの燃料転換を進めた。この結果、環境汚染物質の排出は、1970年の2万5575トンから1990年には607トンに大幅に削減された[*7]（図11・4）。

生産プロセスの効率化は、日本が世界に誇る技術・ノウハウであり、これによって、少ないエネルギーによって、より多くの製品を生み出している。北九州市でも、大幅な生産性向上を達成した[*8]（図11・5）。

これにより、経済成長を達成しながらの環境改善に成功したのである。その

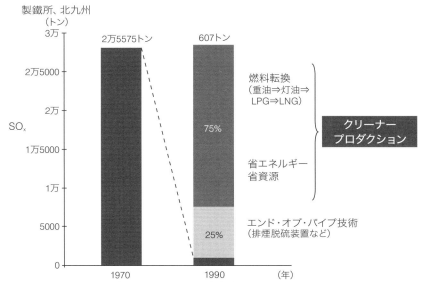

図11・4　クリーナープロダクションによる汚染物質削減（出典：Imai, S., *Features of Pollution Control in Japan*, Japan International Cooperation Agency）

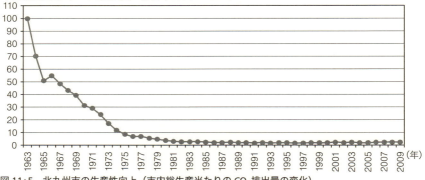

図 11・5 北九州市の生産性向上（市内総生産当たりの $CO_2$ 排出量の変化）

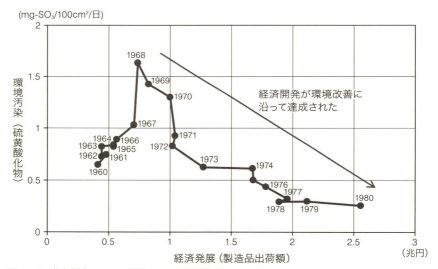

図 11・6 北九州市における経済成長と環境改善（Win-Win）

ことは、世界銀行による北九州市の環境経験のレビュー[9]によって明らかにされた。北九州市の経験は、こうした国際的検証によって裏付けされることで海外への輸出において信頼性を高めることになった。今後は、環境悪化が進むアジア等において、北九州市のように環境悪化が最悪の状態に達する前に、改善へと方向性を転換し持続可能な成長に至る「リープフロッグ」をも可能にするであろう（図 11・6）。

## 3　循環型社会形成のソフトとハード

　今日、世界各国で、循環型社会や低炭素社会といったスマートシティを目指した取り組みが進んでいる。北九州市における循環型社会への取り組みの典型は、市民参加のごみ分別・減量化と北九州エコタウン事業である。

　北九州市では、家庭ごみ収集袋を、1998年に政令措定都市の中では最初に有料化し、2003年には、リサイクル可能なものとその他に分別し、リサイクル可能なごみ用の収集袋は1/4の低価格に設定し、分別への経済的インセンティブを導入した。この結果、ごみ発生量は25％削減され、リサイクル率は大きく上昇した。

　この成功には、市民の理解と参加は不可欠であった。分別制度の導入・収集袋の値上げについて、市民への事前説明を数百回行い、市民からのさまざまな意見、提案をいただき、その中で可能な限り、市民にとって受け入れられやすい方策を模索した。また、制度決定後、導入初日から2週間は、収集が行われる早朝の2時間、市民ボランティア1万人が、各地区の収集ステーションで正しいごみ出し（分別）が行われているかを確認し、間違っている場合には、正しい方法を指導した。こうした市民・地域の理解と参加によって、分別収集制度へスムースに移行することができた。

　この経験は、後述するスラバヤ市との国際協力として実施した「コミュニティでのごみ分別・堆肥化プロジェクト」にも活用されている。

　北九州エコタウン事業は、さまざまなリサイクル産業や資源循環・廃棄物処理研究が集積する事業であり、日本政府から全国で最初の指定を受けている。北九州エコタウンでは、年間38万トンの$CO_2$削減を達成するとともに、これまでに直接投資額が約700億円、雇用人数が1400人、そして130万人以上の視察者が訪れている。エコタウン事業は、国際的にも注目され、海外から多くの視察団が訪れ、中国等でのエコタウンづくりへの国際協力につながっている。

　資源循環型社会は、市民の努力エコタウン事業のようなものが一つの社会システムとして閉じた系となって初めて成り立つものである（図11・7）。

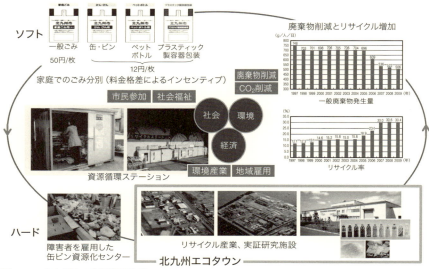

図11・7　北九州市の資源循環体系

## 4　低炭素社会づくり

　2016年に行われたCOP21では、今後の気候変動政策を示した「パリ協定」が合意され、米中等世界の主要排出国も含めて批准が進み、協定が発効した。ここでは、途上国を始め国際社会でも有益と考えられる北九州市の低炭素社会づくりの事例をいくつか紹介する。

　まずは、街づくり、低炭素街区である。新日鐵住金の工場跡地を再開発して、環境配慮の街を創造する「東田グリーンビレッジ」は、街と工場が近接する「利点」を活かし、工場で生み出される電力を街に供給している。新日鐵住金が、LNGを使用したコ・ジェネレーション・システムを導入し、電力は街に、熱は工場に供給している（「国際物流特区」の規制緩和活用による電力供給事業）（図11・8）。

　この街区には、環境共生住宅やカーシェア・システム等もあり、この結果、エネルギーの効率的利用によって、街区全体で30％の$CO_2$削減を達成している。この低炭素街区づくりでの工夫は、工場跡地（ブラウン・フィールド）の再開発を、公共関与の区画整理事業で実施することで、民間の開発リスクを回避し、

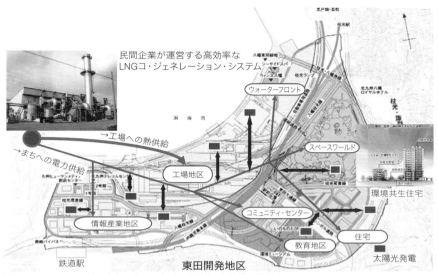

図11・8 LNGコ・ジェネレーションによる地域エネルギー供給 (出典：北九州市)

図11・9 東田グリーン・ビレッジの基盤整備 (全体概要)

11章 環境都市を輸出する——北九州市

インフラを整備することで民間セクターにも魅力となる付加価値を高め、商業や住宅等の立地を促進したことである[*10]。これはPPPの一つの事例であり、海外においてもその状況に合ったPPPを形成する上で、実例として参考になるものと考える。なお、この街区は、経済産業省の「スマートコミュニティ」実証事業の全国4か所のうちの一つである（図11・9）。

## 5　グリーン経済

　もう一つは、グリーン経済である。これには、産業のグリーン化とグリーン政策の産業化があり、先の北九州エコタウンは、グリーン政策の産業化である。ここでは、産業のグリーン化について紹介したい（図11・10）。

　先に述べたように、北九州市は、産業都市としての成長の中で、生産プロセスの高効率化を徹底して進めてきた。そして、世界でもトップレベルの生産効率で生み出される製品は、低環境負荷或いは省エネ型のもの、グリーン製品が数多くある。

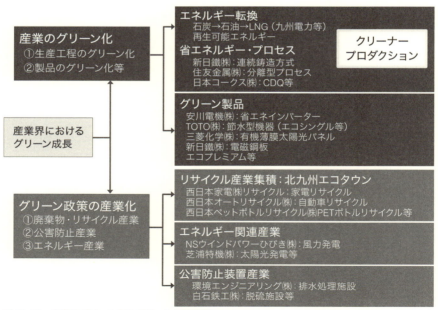

図11・10　産業のグリーン化とグリーンの産業化

安川電機㈱
省エネに貢献する
インバーター

TOTO㈱
節水に貢献する
自己発電機能付自動水栓

新日鐵住金㈱
電磁鋼板

図11・11　北九州市のグリーン製品の例（出典：北九州市）

　これまでの販売累計台数で世界の$CO_2$発生量の1％相当の削減に貢献するといわれている安川電機のインバーター、TOTOの節水性能の高い水回り製品、電磁変更効率が高くハイブリッド車等に不可欠な新日鐵住金の電磁鋼板等、世界の低炭素化に貢献している（図11・11）。

　こうした生産は北九州地域で行われ、そこでは$CO_2$が発生するが、LCAで評価した場合には、グローバルな低炭素化に大きく貢献している。OECD[*11]では、このことについて、「高いエネルギー効率は、北九州市の重工業における主要資産である。日本の鉄鋼製造業は世界で最もエネルギー効率が良く、これを他国に移せば、生産高当たり$CO_2$排出はより高くなるだろう。北九州市の鉄鋼業は、電磁鋼板等エネルギー性能の進んだ幅広い製品を提供でき、北九州市は、これにより現地製造の場合より多くの$CO_2$を排出するであろう他国に対し、環境製品を提供することができる。」としている。

## 6　持続可能な社会づくりに向けた地域の合意

　最後に、さまざまな環境・エネルギー政策や対策を共同して進めるための地域における目標や理念の共有化である。北九州市では、2004年の持続可能な社会を構築していくための地域の合意として、「世界の環境首都・グランド・デザイン」を策定した。これは、市民、企業、大学、行政等多様な主体が、数百回に及び議論を重ね、また、1000件を超える意見、提案を集約して、今後の北九州市の持続可能な都市像やその実現のためのアプローチについて、1年半をかけて取りまとめたものである（図11・12）。

　このグランド・デザイン策定のきっかけは、2002年に南アフリカのヨハネス

《基本理念》
「真の豊かさ」にあふれるまちを創り、未来の世代に引き継ぐ

《三つの柱》

○共に生き、共に創る　　　　　　・・・社会的側面
　環境問題を自らの課題として認識し、環境意識が世界一高い市民になる。

○環境で経済を拓く　　　　　　　・・・経済的側面
　環境産業をさらに発展させ、環境と経済の好循環による持続可能な社会を創出する。

○都市の持続可能性を高める　　　・・・環境的側面
　環境負荷の小さい都市構造へ転換するとともに、豊かな自然環境を活かした魅力ある都市構造を創造する。

図 11・12　世界の環境首都・グランド・デザイン（出典：北九州市）

ブルグで開催された国連の「持続可能な開発に関する世界首脳会議（WSSD）」である。北九州市は、サミットに、市長、市民・NPO、大学等の関係者が参加した。サミットでは、ローカルイニシアティブによる環境への取り組みや国際協力の推進を推奨する「クリーンな環境のための北九州イニシアティブ」（2000年の ESCAP 環境大臣会合で採択されたもの）が、WSSD の政府間合意文書（Plan of Implementation of the World Summit on Sustainable Development）に明示された[*12]。これにより、北九州市が持続可能な開発への積極的なイニシアティブを発揮したいとの市民等の思いが高まったものである。策定後、グランド・デザインを持参して、世界的にも環境都市として著名なドイツ・フライブルク市等を訪問し、市民環境フォーラムを開催したが、そこでは、北九州市のような市民、企業、大学、行政が一緒になって一つの目標に向かって行動しているのは、極めて異例で、素晴らしいとの評価を得た。公害克服から受け継がれている北九州市のマルチステークホルダーのパートナーシップを改めて実感し、今後のさらなる持続可能な社会づくりの推進への決意を強くしたものである。

　現在、このグランド・デザインをより具体的に進める計画として、環境モデル都市行動計画（グリーンフロンティアプラン）を策定し、推進している。経済成長を続けながら、$CO_2$ をいかに削減していくか、今日の政策が向き合う課題は、公害問題があった当時に比べて排出源の多様化・市民生活との密接な関係等さらに複雑化している。それだけに、特に途上国においては、環境問題の

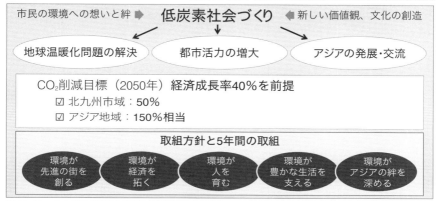

図 11・13　北九州市環境モデル都市行動計画（グリーンフロンティアプラン）

解決の困難性が一段と高まっており、北九州市では、こうした経験をもとに、Win-Win のソリューションを提供していきたいと考えている（図 11・13）。

## 11-3　北九州市の環境国際戦略

### 1　三つの目的

北九州市の環境国際戦略は、次の三つの目的を持っている[*13]。すなわち、
- 地球環境保全への貢献を通じて、市民生活の快適で安心な暮らしを創造すること。
- 環境国際ビジネス展開によって、市内企業振興等の経済発展を進めること
- 世界の先進事例等を学び政策への反映によって、自らの持続可能な都市づくりを進めること。

いずれもが、北九州地域、さらには日本の利益につながることを目指してい

る。市民の福祉向上を図るという地方自治体の本質的なミッションの一環である。

そのためには、①国際社会において解決が求められている課題・問題（需要）は何か、また、その課題・問題の背景は何か等の需要サイドの理解の上で、②課題解決に関係した自らの経験や技術があるのか、相手の需要を満たすためのどのような工夫・考慮を行う必要があるのか、国際展開によってどのような北九州市にとっての利益をもたらそうとするのか等をきちんと検証・整理する必要がある。さらに、③日本の自治体には、国際協力に関する法的責務がある訳ではなく、実施に必要な資金に関しても、自ずと限界があり、ODAや各種助成事業等の外部リソースをも活用していかなければならない。こうした三つの要素の最適な組み合わせを構築していくのが、環境国際戦略と考えている。

北九州市の環境国際戦略の目的の一つ、地球環境保全への貢献に関して、そのスタートは、今から37年前、1980年の（財）北九州国際研修協会（現・（公財）北九州国際技術協力協会、KITA）の設立である。これまでの鉄鋼等の重化学工業から、新たな都市づくりを目指して、（一社）北九州青年会議所、北九州商工会議所、（一社）西日本工業倶楽部、北九州市、福岡県、多くの民間企業・団体の支援により、設立された。北九州の工業化並びに公害克服の過程で獲得した環境技術・産業技術等を海外移転することによって、北九州の国際研修都市化を推進すると共に産業貿易都市としての北九州の発展に資することを目的としたものである。初代理事長には、水野勲・元新日本製鐵八幡製鉄所長／副社長が就任した。北九州市が経験した公害問題が海外で同じように発生し人々が苦しむことがないように、同じ過ちを繰り返さないように、との想いからである。国際協力の基本である人材育成は、相手の自己能力を高めることであり、よく言われる話であるが、「相手の公害対策を実施してあげるのではなく、公害対策・未然防止の仕方を教える、また、適切な対応がとれる能力を身に付けてもらう」のである。現在、国際協力機構（JICA）からの委託を受け、クリーナープロダクション等の産業技術や都市環境政策等の数多くの研修コースを実施している[*14]（表11・1）。

途上国の持続可能な開発のための、相手国の人材育成は、自己管理・政策実施能力を高め、自立的発展に貢献するとともに、研修中或いは帰国後に研修員からの出されたプロジェクト提案は、その後の本格的な日本との本格的国際協

表 11・1　KITA 研修コース一覧（2015 年度）

| 研修コース名 |
| --- |
| I　環境管理 |
| 　廃棄物管理技術（A） |
| 　コンポスト事業運営（B） |
| 　イラク産業環境対策 |
| II　水資源・処理 |
| 　水環境行政 |
| 　ベトナム下水道経営研修 1 |
| III　生産技術・地場産業活性化 |
| 　中南米地域：中小企業・地場産業活性化 |
| 　先進国を対象にした輸出振興・マーケティング戦略（B）アフリカ |
| 　先進国を対象にした輸出振興・マーケティング戦略（C）中南米 |
| 　職業訓練の運営・管理と質的強化（C） |
| 　アフリカ地域：実践的電気・電子技術者育成 |
| 　アフリカ地域：起業家育成・中小零細企業活性化（A） |
| IV　省・新エネルギー |
| 　イラン省エネルギー・再生可能エネルギー |
| 　省エネルギー政策立案（B） |
| 　再生可能エネルギー導入計画（A） |
| 　高効率クリーン火力発電の推進（A） |
| 　青年研修：アフリカ再生可能エネルギー |
| 　カザフスタン：産業部門の省エネルギー推進 |
| 　掘削マネージメント |
| V　保健衛生・都市開発・他 |
| 　食品安全行政 |
| 　持続的な都市開発のための都市経営（A） |
| 　持続的な都市開発のための都市経営（B） |

力事業へも貢献・発展している。

## 2　多様なスキームを活用した環境国際協力・ビジネス

　北九州市は、中国の大連市の環境改善に協力し、成功した。

　その中核にある「大連環境モデル地区計画」は、大連市を中国都市の環境モデルとして位置付け、日本の国際協力によって改善を進めたものである。この発想は、1993 年に、中国政府要人が北九州市を訪問した際に、北九州市の KITA 理事長や北九州市長から提案したもので、その後、ODA の都市間環境協力の初の共同事業として、大連市の大幅な大気環境改善につながった[*15]（図 11・14、11・15）。

図 11・14　中国・大連市の大気環境改善

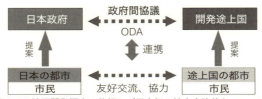

図 11・15　大連環境モデル地区開発調査の仕組み（日本初の地方自治体と ODA の協力）

　共同事業による改善スキームは、ODA（技術協力）による開発調査、北九州市調査団による策定の現地調査や技術指導の開発調査との一体的実施、北九州市よる大連市の人材育成、大連市による工場指導等の取り組み等により、「環境改善マスタープラン」を策定した。このプランの実施のため、大連市・中国政府の自助努力に加え、日本の円借款（5 件、総額 85 億円）の供与が行われた。これは、日本の都市の技術輸出がビジネス案件に発展した初めてのケースであろう。

　ご承知のとおり、ODA は要請主義であり、大連市の環境改善に ODA を利用しようとする場合にも、中国政府から日本政府への要請が必要であり、日本での採択のためには、中国政府として高い優先順位で行わなければならない。この時、中国政府の ODA 担当者が KITA での研修を経験した方で、北九州市や大連市との関係をよく知っており、本事業の有効性を十分に理解して対応いただいた。また、大連環境モデル地区計画は、当時の朱鎔基・副首相からも支持を得ており、多くの人々の理解と協力により成功につながった。そして、重要なことは、大連市と北九州市の相互理解・信頼関係であり、1979 年の有効都市締結以来、大連市での「公害管理講座」の開催（1981 年）を始め、長年の国際協

力・交流を進めていたことは、成功の不可欠な基盤であった。

インドネシアのスラバヤ市との環境国際協力では、さまざまな国際協力スキームを組み合わせて実施してきた。

今日の都市間協力のベースは、「アジア環境協力都市ネットワーク」にある。中国・大連市との協力で大きな成果を上げ、さらに、東南アジアとの協力を進め、相互に利益をもたらす仕組みづくりを進めた。環境協力を入口として、さらに経済交流・物流・人物往来等の推進によって、北九州市の発展を図るため、次の状況に合致する都市を選定し、協力を進めることを決定したのは、1996年のことである。これが、環境都市の輸出戦略の初めてのものであった。

①経済発展を続けている、または、見込まれること（北九州市の技術輸出）
②港湾機能を有すること（北九州市との貿易）
③空港を有すること（物流・人物往来）
④環境に積極的姿勢を有すること（地球環境保全）

こうして選定した都市が、スラバヤ市、スマラン市（以上、インドネシア）、セブ市、バタンガス市（以上、フィリピン）、ホーチミン市（ベトナム）、ペナン島市（マレーシア）である。これにより、1991年に開始した日中韓からなる

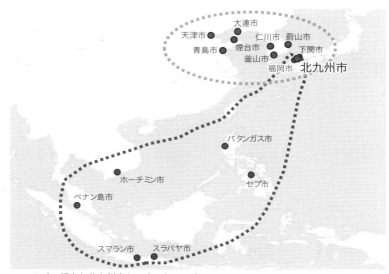

図 11・16　アジア都市と北九州市とのネットワーク

「東アジア都市会議」及び「東アジア経済人会議」(現在の「東アジア経済交流推進機構」)と合わせて東アジアの都市ネットワークを形成をスタートした(図11・16)。

アジア環境協力ネットワークは、一度にアジア6都市との関係を構築するのであり、自力では相当な時間や資金を要する。この時、ちょうどタイミング良く、世界銀行からアジアでワークショップを開催(途上国及び日本で2週間連続)したいので、参加・協力をお願いしたい、また、参加候補があれば推薦をとの話があった。北九州市はこの絶好のチャンスを活かすべく、上記の6都市を推薦し、世界銀行から認められた。この世界銀行主催の、ペナン島市で1週間、北九州市で1週間の連続ワークショップを通じ、6都市との関係が深まり、翌年の1997年には、北九州市主催よる「アジア環境協力都市会議」を北九州市で開催し、全都市の代表者による環境協力推進に関する合意文書への署名に至った。

こうした基盤の中で、具体的な環境協力事業として始まったのが、スラバヤ市における廃棄物減量化・資源循環事業(コンポスト事業)である。

この事業では、廃棄物から有機性廃棄物を分別し堆肥化して利用することで、アジア都市ではおそらく初めてのケースである「埋立廃棄物量の削減」を達成した。廃棄物発生時点(コミュニティ)での市民参加による分別を進め、スラバヤ市の気候に合った堆肥化微生物を見出し利用することで、成功につながった(図11・17)。

埋立処分場での環境汚染(以前)

コミュニティで堆肥化を教える北九州市の専門家

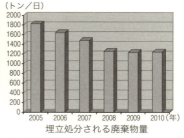
埋立処分される廃棄物量

堆肥化された廃棄物

6万世帯以上に普及。埋立処分廃棄物量を30%削減
さらに他都市・他国へも普及

図11・17　スラバヤ市でのコミュニティ参加型廃棄物削減・堆肥化事業

本事業のスタートは、2002年の国際協力銀行（JBIC、当時）の提案型案件形成調査*16を活用したスラバヤ市の現状と課題解決方策の調査・検討である。これまでこうした調査に地方自治体が参画することができなかったが、この年から提案参画が認められ、日本の第1号として実施に至った。

　調査は、スラバヤ市及びスラバヤ工科大学との密接な協力の下、スラバヤ市のコミュニティの理解と参画を得て進めることができた。実は、スラバヤ市の本事業の担当者は、前年に別プログラムで北九州市に招聘し、3か月の研修を経験した「親北九州市人材」であり、また、スラバヤ工科大学のヨハン・シラス教授は、スラバヤ市の居住環境改善事業（KIP）を進めて来たスラバヤ市民の全面的信頼を得ている人物であった。また、カンポンと呼ばれるコミュニティでは、伝統的なゴトンロヨン（相互扶助）の慣習）やKIP事業での成功体験によって、社会参加・協力への意識が非常に高かった。こうした人と人のつながりや、地域の特性に応じたアプローチがうまくいった事例である。その後、スラバヤ市とは、「環境姉妹都市」の締結を行い、エネルギー等多方面での協力を続け、市内の企業も参画している。

　北九州市の典型的な国際協力事例の三つ目として、カンボジア・プノンペン市との水道事業がある（図11・18）。カンボジア王国では、長く続いた内戦が1991年に終結し、「水へのアクセス」を国復興のための最重要課題として取り組んでいた。1993年から日本、フランス及び国際協力機関が協力し、首都プノンペンの水道施設の復興が始まり、2002年ハード的には一連の復興事業が完了した。水道施設整備が完了したプノンペン水道公社の人材育成に対しての要請がカンボジア政府から日本政府になされた。この人材育成プロジェクトは2003（平成15）年10月から2006（平成18）年10月までの3年間、その実施に当たってはJICAが行い、専門家の派遣については本市と横浜市水道局が協力して行うことになった*17。

　カンボジア王国の首都プノンペンに2003年から2006年まで第1期（フェーズ1）が実施され、飲料可能な24時間給水が可能になり、カンボジア政府、日本政府及びJICA等から成功事例として評価されている。

　2007年5月からはプノンペンで実施した事業をカンボジア王国主要8都市（シェムリアップ市・シハヌークビル市・バッタンバン市・プルサット市・コ

| 1993年 | プノンペンの飛躍的改善 | 2006年 | |
|---|---|---|---|
| 22人 | 職員数／1000給水栓 | 4人 | |
| 6万5000 | 一日最大給水量（m³/日） | 23万5000 | |
| 25% | 行政区域内水道普及率 | 90% | |
| 10時間 | 給水時間 | 24時間 | |
| 0.2kgf/cm² | 平均給水圧力 | 2.5 kgf/cm² | 3階直接給水可能 |
| 2万6881 | 給水戸数 | 14万7000 | |
| 72% | 無収水量率（漏水） | 8% | 北九州市並 |
| 48% | 水道料金納付率 | 99.9% | |

図 11・18　プノンペン市での上水道改善（プノンペンでは、飲料可能な水道水が 24 時間、市民に配られている）

ンポンチャム市・カンポット市・コンポントム市・スバイリエン市）に対して実施する第 2 期（フェーズ 2）が始まった。

　北九州市のカンボジア国への協力は高く評価され、カンボジア政府から北九州市長に勲章が授与された[18]。さらに、今日、海外水ビジネスで初の国際競争入札案件の受注となった「シュムリアップ上水道拡張事業・詳細設計業務（契約金額：約 8 億円、拡張事業全体事業費 71.6 億円）の受注[19]にも発展し、まさに都市の海外輸出ビジネスが実現している。また、2016 年 3 月 29 日、北九州市とプノンペン都は、両市の友好交流のさらなる深化を目指して姉妹都市協定を締結した[20]。

## 3　国際社会における健全な市場形成

　北九州市は、これまで述べたような都市間協力だけでなく、WSSD（2002）、Rio + 20（2012）等の国連会議への参加や、OECD、世界銀行、国連環境計画、国連工業開発機関等国際機関との協力等を進め、地域政策をグローバル政策に反映させている。

　環境と開発に関する国連会議（UNCED、ブラジル・リオデジャネイロ、1992 年）では、北九州市の政策発表を行うとともに、世界で 12 都市に授与された

「国連地方自治体表彰」を受けた。「公害を克服し国際協力へ発展（From Sea of Death to International Cooperation）」がその理由である。それから 10 年後に南アフリカ・ヨハネスブルグでの「持続可能な開発に関する世界首脳会議（WSSD）では、政府代表団顧問としての出席、現地でのセミナーでの発表、サミット会議場での国際公約として、アジア都市との環境国際協力による均衡ある発展の計画である「ASPRO（Asian Shared Prosperity Programme）」の登録、そして、政府合意文書「実施計画」への「クリーンな環境のための北九州イニシアティブ」の盛り込み等の成果を得た。その 10 年度に再びリオデジャネイロで行われたリオ＋20 では、日本政府や横浜市と共同してセミナー・展示会を開催したほか、北九州市の市民・NPO もセミナーを開催し、国際社会へのアピールを行った。

国内においても ESCAP 環境大臣会議、日中韓三か国環境大臣会合、G7 エネルギー大臣会合は、北九州市の環境・エネルギーのイニシアティブが評価されて開催されたものであるが、北九州市自らがコーディネートして開催した国際会議も数多くある。中でも 2013 年 10 月の「エコマンス国際会議」は、4 日間で八つの国際会議を連続開催した。この結果、会議に出席した国連 DESA の局長から、是非、国連での会議で北九州市から発表してほしいとの要請を受け、翌年 7 月にニューヨークの国際本部の信託統治理事会会議室で、国連加盟国大臣へのプレゼンテーションを行い、環境政策をインプットした（図 11・19）。

こうした国際社会におけるプレゼンスの拡大・アピールは、単に都市ブランドを上げるだけのものではなく、北九州市の政策をデファクト・スタンダートとして広く国際的な需要（マーケート）を形成していくことを含んでいる。

図 11・19　第 2 回国連持続可能な開発に関するハイレベル政治フォーラム・閣僚対話（於：ニューヨーク・国連本部、2014 年 7 月）

11 章　環境都市を輸出する——北九州市

## 4 本格的な都市輸出に向けて

　北九州市の環境都市輸出の取り組みとして、アジア低炭素化センターがある。これは、先に述べたように、北九州市環境モデル都市行動計画において掲げた、アジア地域での$CO_2$排出量を、北九州市の年間排出量の150％相当分を削減するとの目標を達成するために、北九州市が設置したものである。現在、北九州市、（公財）北九州国際技術協力協会、（公財）地球環境戦略研究機関・北九州アーバンセンターが協働して、ビジネス手法により、技術輸出を進め、同時に$CO_2$の削減にも結び付けている。現在、世界各地で100以上のプロジェクトを進めている。

　本格的な輸出となれば、これは、行政でなく、企業が行うものであり、北九州市での典型が、鉄鋼会社による電磁鋼板等の高機能製品の輸出である。世界一の効率の生産プロセスで生産されるグリーン製品を海外輸出する。これは、輸出入両国のとっての利益である。図11・20は、北九州港からアジア地域等へのグリーン製品の輸出を示したものである。

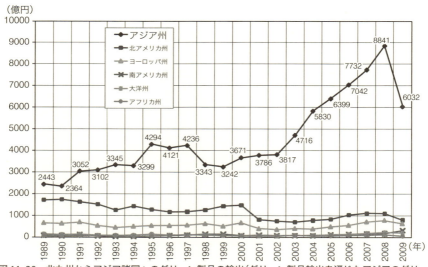

図11・20　北九州からアジア諸国へのグリーン製品の輸出（グリーン製品輸出を通じたアジアのグリーン成長への貢献）（出典：北九州市統計年鑑）

## 11-4 世界の均衡ある持続可能な発展に向けて

これまで、北九州市の環境都市輸出について述べてきたが、その本質は、決してこちらだけが儲かればよいのでなく、相手側、そして、世界が均衡ある持続可能な発展を達成されなければならないと考える。

インドネシア・スマラン市で国際会議の開催準備のために現地を訪問したのは、1998年に経済危機から発生したインドネシアでの大暴動（危険性が増大し日本政府から滞在日本人の引き上げが指示されたほどであった）が起こって間もない時であった。

あちこちに暴動の残骸があり（図11・21）、また、人々は不安の中にあった。国際会議は訪問の1か月後には開催予定で、北九州市の市民や企業の方々にも出席をお願いしていた。訪問当時は大きな混乱は収まっていたが、まだ各地で小さな衝突が続いていた。このため、会議開催ができるか、また。すべきかどうかを迷っていた。その時、訪問したJICAインドネシア事務所で所長から、「今、この国は困っています。明日への光を求めています。私たちは相手が困っているからこそ、何かできることをしたいと思います。」との思いを聞くことができた。こちらの都合でできるかできないかでなく、相手にとってどう役立つのかという国際協力の本質を教えていただいた[21]。勿論、インドネシアでの会議は予定どおりに開催した。

国際協力を通じて良かったと思うのは、人々の笑顔に出会った時である（図11・22）。中国、フィリピン、インドネシア等各地でいろんな困難に出くわしながらも、環境が少しずつ良くなっていくことを感じた時、人々の笑顔は、私にとって、何物にも代えがたい

図11・21　経済危機から発生した暴動による被害（ジャカルタ、1998年）

図11・22 スラバヤ市（インドネシア）の人々

嬉しい贈り物である。豊かさとは、決してあふれる物質では満たされない。人々の笑顔は、生きていることが嬉しく、そして、それを楽しむ、それを表している。笑顔にあふれる世界を創りたい。

都市輸出によって、相手側の持続可能な社会づくりに貢献し、住む人々が笑顔になる。結果として、輸出した側にとっては、経済的・社会的・精神的利益を得ることができる。そのような気持ちで取り組んでいる。

注

* 1 UN Department of Economic and Social Affairs (2014) *World Urbanization Prospects The 2014 Revision*
* 2 http://www.un.org/sustainabledevelopment/poverty/
* 3 https://sustainabledevelopment.un.org/content/documents/Agenda21.pdf#search='Agenda+21'
* 4 UNESCAP 環境大臣会合（2000）*Kitakyushu Initiative for a Clean Environment*
* 5 OECD (2013) *Green Growth in Kitakyushu, Japan*
* 6 http://www.nssmc.com/works/yawata/about/history.html
* 7 Imai, S., *Features of Pollution Control in Japan*, Japan International Cooperation Agency
* 8 北九州市（2012）『OECD 北九州市基礎情報集』
* 9 The World Bank (1996) *Japan's Experience in Urban Environmental Management, A Case Study, Kitakyushu*
* 10 第4回日経スマートシティ・シンポジウム、2014年
* 11 OECD (2013) *Green Growth in Kitakyushu, Japan*
* 12 http://www.city.kitakyushu.lg.jp/kankyou/file_0274.html
　　http://www.un.org/esa/sustdev/documents/WSSD_POI_PD/English/WSSD_PlanImpl.pdf#search='Plan+of+Implementation+WSSD'
* 13 北九州市（1995）『大連市との環境国際協力のあり方に関する調査報告書』
* 14 http://www.kita.or.jp/cgi-bin/_course_h28/dbdsp.cgi?f_dsp=o&f_ack=o&mode=dsp_list_act_all
* 15 http://www.city.kitakyushu.lg.jp/kankyou/file_0274.html
* 16 https://www.jica.go.jp/press/archives/jbic/autocontents/japanese/news/2002/000050/attach.html
* 17 http://www.city.kitakyushu.lg.jp/suidou/s00400009.html
* 18 http://www.fukuoka-cambodia.jp/news/post-110.php
* 19 http://www.city.kitakyushu.lg.jp/files/000718047.pdf
* 20 http:www.city.kitakyushu.lg.jp/files/000732644.pdf
* 21 櫃本礼二（2008）「世界事情を経験して」『ALPS』(財)地方公務員等ライフプラン協会

# 12章 都市マネジメントを輸出する——横浜市

信時正人・橋本徹

## 12-1 日本の都市輸出マネジメントの現場——横浜の経験

2012年、リオ＋20がリオデジャネイロで開催された。

1992年、日本から当時の宮沢首相も出席した「国連環境開発会議（地球サミット）」が開催された。そこでは、「環境と開発に関するリオ宣言」やそれを具体化するための「アジェンダ21」が採択されたのだが、さらに、気候変動枠組条約や生物多様性条約が署名される等、今日に至る地球環境の保護や持続可能な開発の考え方に大きな影響を与えた会議であった。それから20周年を迎える機会に、ブラジル政府が同会議のフォローアップ会合を行うことを提案したことを受け、2009年の第64回国連総会で開催が決定されたものであった（図12・1）。

この会議では最終日に「我々の求める世界」が採択され、全体会議に国連加盟国188か国と3オブザーバーから100名近くの首脳閣僚級の参加があり、各国政府代表団以外にも、地方自治体、国際機関、企業、市民団体から約3万人の参加を見、国連の会議としては最大級の規模となった。

横浜市は、2011年に環境未来都市に選ばれた。環境未来都市とは、環境（低炭素、廃棄物、自然）、少子高齢化（医療、介護、子育て）、経済成長、国際展

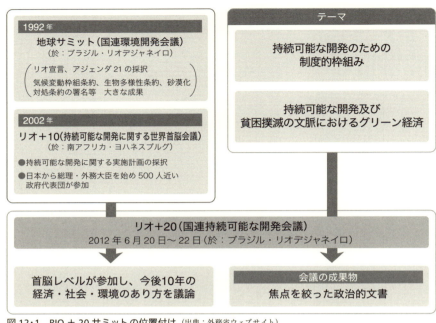

図 12・1　RIO + 20 サミットの位置付け　(出典：外務省ウェブサイト)

開の分野に力を入れ、環境・社会・経済の三側面がバランスよくサステイナブル（持続可能）なハイレベルの都市を目指し、人間中心の新たな価値を創造することを求められている。環境未来都市に選定されたことで、リオ＋20で、世界にアピールすることも求められ、横浜市は、日本パビリオンへのブース設置を行った。横浜市は 6 月 13 日から 24 日の 12 日間にわたり、「日本のグリーン・イノベーション―復興への力、世界との絆」をテーマとした、日本パビリオンの事業に参加した。横浜のブースでは、環境未来都市に向けての横浜市の挑戦の内容を展示し、来場者に対しての説明を行った。また、環境未来都市をテーマとして「我々の求める環境未来都市（Future Cities We Want）」と題した日本政府主催公式サイドイベントが実施され、そこにてもスピーチを行った。イベントでは、まず、政府のほうから、東日本大震災の後ということもあって、我が国が、防災にも配慮したサステイナブルなまちづくりの実現に力を入れていることを強調しつつ、その中での地方自治体の役割を評価し、産官学民の参画を得ながら、人を中心とする都市づくりが行われることへの期待が表明され

た。続いて、村上周三（一財）建築環境・エネルギー機構理事長及び、筆者（当時、横浜市環境未来都市推進担当理事）が、我が国が進める「環境未来都市」構想について紹介し、続いて、持続可能なまちづくりに関する取り組みを進めている OECD、UNDP、世界銀行等の国際機関から、プレゼンテーションが行われた。

　環境未来都市としては、その任務の中に、国際展開というのがあるのは上述の通りであり、我々も、ブースでは、そのことを意識し、メイン事業の一つである、スマートグリッドの実証事業を中心に展示も行った。しかし、見学に来られた他国の方々の関心事が、スマート技術と、その都市への実装というところだけではなく、横浜市が、江戸幕府の開国時にその拠点となってから 150 年あまりの比較的短い間に、関東大震災と第二次世界大戦時の空襲で二度も、市域の 90％が廃墟になったのにもかかわらず、現在、基礎自治体として日本最大の 370 万人超の人口を抱えるまでに、どうしてなってきたのか、というところにより興味を持たれたことが我々にとっては少し驚きであった。日本が懸命に困難を乗り越えてまちづくりをしてきた歴史、経験、技術、制度等々、その総体が興味を持ってみていただいたということであり、逆に、誇らしいことでもあると思った。我々としてはごく当たり前に思っていることが、強ち、そうではないのかもしれない、ということだ。日本のような段階に来ている都市、すなわち、スマートグリッドを装備して街ぐるみでエネルギーマネジメントを目指していこうとするような段階の都市は世界的には、まだ、少数派なのかもしれない。東日本大震災を経験した日本として、エネルギーが途切れず、そのうえで、温暖化対策にもなる再生可能エネルギーを最先端の技術開発とその実装への試行錯誤を、当方は、世界に紹介していきたい意図があっての展示であったが、そういった最先端のものだけではなく、それを支え、持続可能にしていく総合的なところについて、サステイナブルな都市としての総合力を提供していくことが本来、重要なのではないか、ということだと思う。東日本大震災ので見せたのと同様の日本人の気まじめさ、懸命に復興への力を合わせる国民性が復興の根本にある、という説明もできよう。さらに制度的には、日本では当たり前の手法となっている"区画整理事業"が大きな力を発揮したと思われる。昨今、海外の都市開発の担当者が日本にきての研修の対象にもこの区画整理事

業が良くテーマになると聞く。最先端に加えて、日本では当たり前の制度や社会システム、日本のサステイナブルな都市の輸出という場合、日本としては、その両面に着目し、都市つくりの歴史をもう一度、自分たちで再認識、再評価し、その基本技術や社会制度を棚卸して行くことが求められると思う。

## 12-2 都市連携から都市輸出へ（G to G）

　私が、自治体が、都市の輸出を手掛けるに当たっての、第一段階と捉えている海外都市との連携には、二つのタイプがある。(1) 先進的な都市づくりを行っている都市との連携（先進都市との連携）と (2) これから発展しようとしている都市に対する都市のノウハウ移転（これが、都市輸出）である。(1) については都市にとって、世界での都市づくりの潮流や先進事例を相互に学び合い、自らの都市に取り入れることによって、都市をさらに発展させることができるという点に意義がある。(2) はこれまで経験、蓄積した都市づくりのノウハウを移転することにより、相手都市の都市課題の解決に対して貢献するとともに、ノウハウ移転に対するなんらかの「対価」を得るという意義がある。対価には、行政ノウハウの移転料(コンサルフィーやロイヤリティ)、企業の技術導入による企業の売上増大や例えば気候変動問題における、$CO_2$ 削減クレジットの獲得等が挙げられる。今後税収の増加があまり期待できない日本においては都市の強みを使って都市自身が稼ぐ、ということも考えていく必要があるのではなかろうか。下記ではまず、環境未来都市プロジェクトを推進してきている私の属する温暖化対策統括本部が、ここ数年にわたって取り組んできた、海外都市との連携について紹介する。続いて、国際局が展開する Y-PORT 事業について紹介をしていきたい。

## 12-3 横浜市温暖化対策統括本部の活動

### 1 先進的な都市づくりを行っている都市との連携

1 ―バルセロナ市

　スペイン・バルセロナ市は観光都市として世界中の人々を引き付けている都市である。また、新しい都市づくりに対しても力を入れており都市計画においても都市計画家セルダによるバルセロナ市の拡張で有名な都市である。なお、セルダによるバルセロナ市の拡張は、横浜開港の年である1859年に始まっており、すくなからず横浜市と縁を感じる。近年では、横浜市と同様に「スマートシティ」に力を入れており、世界中のスマートシティに携わる関係者を1年に1度バルセロナに集合させることを目論み、「スマートシティ・エキスポ世界会議（Smart City Expo World Congress）」を2011年より開催している。横浜市も「スマートシティ」に力を入れており、その取り組みは2011年に開催された同会議が主催する「ワールドスマートシティ・アワード」において都市部門賞を受賞する等、その取り組みは欧州地域をはじめとする海外でも評価を得てきた。その両市が、スマートシティに関する協力関係を構築する目的で、2013年3月に覚書を締結し交流を進めてきた。具体的には、エネルギーマネジメント、EV、オープンデータとオープンガバメント等の分野で、情報交換や、職員の派遣等も行い、スマートシティの推進を両市で行ってきている。バルセロナ等欧米でのスマートシティはもっぱらICTをインフラや都市のマネジメントにも組み込むことによるスマートシティという色彩が強い一方で、日本では東日本大震災の影響もあることから、スマートグリッドを中心とする省エネや防災対策を目的とするエネルギーマネジメントをベースとするスマートシティを目指すところが違いであり、それらの都市づくりのコンセプトを共有するということは相互にとって意義のあるものである。

2 ― クリチバ市

　ブラジル国クリチバ市は都市計画、都市交通の分野で先進的な都市づくりを1960年代から行ってきた、国際的に知られた環境都市であるクリチバ市は2009年には、世界銀行から「環境に配慮しつつ経済成長をしている都市」として、横浜市とともに「eco2 cities」に選定されている。横浜市とクリチバ市とはJICAのプロジェクトを通じて相互交流を図ってきた。JICAのプロジェクトの専門家等として横浜市の職員がクリチバ市を訪問し、横浜市が進めている「環境未来都市」について紹介し、クリチバ市の今後の都市づくりの参考としていただいた。

　また、クリチバ市からは市長を筆頭にクリチバ都市計画研究所（IPPUC）の総裁をはじめとする都市づくりの責任者が横浜市を訪れ、「環境未来都市」の状況を視察するとともに意見交換を行った。特にIPPUC総裁は、横浜市と東京急行電鉄株式会社が環境未来都市の推進のために実施している「次世代郊外まちづくり」プロジェクトの一環として実施した、「フューチャーシティフォーラム」に出席し、クリチバ市の経験が横浜市民にも共有された。さらに、横浜市資源リサイクル事業協同組合が毎年実施している「環境絵日記」（横浜市共催）にはクリチバ市の子供も参加し、彼らが考える「環境未来都市」を「環境絵日記」に描いた作品を横浜市民に公開・展示した。クリチバ市は2012年のリオ＋20でグリーンシティ・アワード（Green City Award）を受賞する等、近年でも、その「人間都市」をテーマにした都市づくりは世界的に評価されている。クリチバ市との連携を進めることは横浜市が進める都市づくりにも多くの知見を与えてくれるため、今後も連携を深めていきたい。

## 2　都市のノウハウ移転

1 ― バンコク都

　タイ国の首都であるバンコク都（横浜市では「バンコク都」と呼んでいる）は首都圏人口が1500万人とも言われASEAN諸都市の中でもシンガポールに次ぐ先進的大都市である。そのバンコク都は2011年に、世界銀行の推計で東日本大震災、阪神大震災、ハリケーン・カトリーナに次ぐ自然災害による経済損

失額の大きさでは、史上4位であると言われる大洪水に見舞われた。バンコク都はその大洪水を契機として、気候変動対策に新興国の諸都市の中でもいち早く取り組みを始めてきた。バンコク都は気候変動対策を検討するために、既に気候変動対策を進めている都市のケーススタディーを行っていたが、JICAのプロジェクトを通じて、横浜市の気候変動対策であった、CODO30（コードさんじゅう）に出会い、横浜市との情報交換を望むようになった。

　横浜市の培ってきた都市づくりのノウハウは、都市開発の過程で問題を抱える新興国の諸都市にとって「モデル」となり相手都市の問題解決の手助けになる。また、企業、市民等とともに横浜市が取り組んできた都市づくりのノウハウを移転（輸出）することは、横浜市関連企業の海外での受注機会の増大につながり、税収や雇用の増加を市内で生む可能性がある。また、本市のノウハウを使い新興国の諸都市が都市問題を解決できれば、横浜市の知名度、ブランド力も向上するであろう。さらに、温暖化対策の分野で横浜市のノウハウが新興国に移転され、温室効果ガスが削減されれば、地球規模の問題に寄与できるだけではなく、本市の「横浜市地球温暖化対策実行計画」でも言及しているように、本市の協力により現地で減少できた温室効果ガスを本市の削減分としてみなすことも可能であろう。このような観点から、本市の都市づくりのノウハウ、特に温暖化対策のノウハウを新興国都市に移転（輸出）することは意義が大きい。

　また、行政のノウハウだけではなく、具体的な削減技術は民間の技術であるため、気候変動対策の移転は、行政のノウハウと民間の技術をパッケージ化して移転（輸出）できる。そのため、バンコク都の気候変動マスタープラン策定に深くかかわり支援を行ってきた。

　気候変動対策パッケージとして考えた場合の行政のノウハウの部分としては、都市の気候変動対策として必要な、排水処理、廃棄物、エネルギー、交通といったインフラでの低炭素化施策や、横浜市で取り組んでいる、G30プラン、ヨコハマ3R夢プランまた、ヨコハマ・エコ・スクール（YES）といった市民と協働した気候変動対策の取り組み等が要素となる。それら具体的なモデルを、職員がバンコク都に出張し、また、バンコク都の職員を受け入れながら共有し、両都市で議論してきた。また、要素をつなぐ、人・もの・資金・情報をどのようにマネジメントしてきたかという部分についても共有をはかってきた。

なお、気候変動対策に結び付く技術というと、創エネ、省エネ等の技術が思い起こされるが、そのような緩和策だけではなく、適応策も含めて気候変動対策は考えるべきであり、適応策まで入れて考えると、気候変動対策に結び付く技術は無数にある。

バンコク都が策定するマスタープランの策定段階で、横浜市が企業とともに進めてきた気候変動対策をインプットできるとすると、結果として企業の技術が導入されやすくなる。そのため、行政のノウハウをJICAのプロジェクトでインプットするだけではなく、環境省のプロジェクトであるJCM案件形成可能性調査に参加し、市内企業やバンコク都及び現地企業が参加したビジネスマッチングをバンコクで実施するとともに、現地の企業や行政スタッフを横浜に受け入れ、気候変動対策を持つ市内企業のビジネス形成を支援してきた。3回のビジネスマッチングを実施し、延べ37社（市内企業延べ12社）が参加してきた。その中で、市内企業の㈱ファインテックの提案である、ペイント工場への太陽光発電及びEMS（Energy Management System）による電力供給のプロジェクトが設備補助事業として採択され、バンコク都の気候変動対策に寄与していくことになった。今後、このような事例を多く形成し、バンコク都の気候変動対策に貢献するとともに、横浜市の気候変動対策の移転（輸出）を進めていくことが求められる。

## 12-4 横浜市国際局の国際技術協力（Y-PORT事業）

2011年1月に「横浜の資源・技術を活用した公民連携による国際技術協力（Y-PORT事業：Yokohama Partnership of Resources and Technologies）」がスタートされた。横浜市はそれまでも、1987年にアジア太平洋都市間協力ネットワーク（CityNet）が設立された際にいち早くその事務局を誘致し、2013年までの長きにわたり、その会長都市・事務局を務め、アジアにおける都市間技術協力をリードしてきた。また、水道事業を中心にJICAとの連携で長年にわたり、熱心に技術協力に携わってきた伝統を有する。その伝統に則り、Y-PORT事業

では、横浜が都市開発の過程で培った経験、例えば1960年代から80年代の100万人台から300万人を超す人口急増期や環境汚染等の課題を克服してきたノウハウ等を活用するとともに、海外事業の実績が豊富な市内の大手インフラ関連企業や海外に通用する優れた技術を有する市内中小企業と連携し、新興国等の都市課題解決の支援とインフラ案件の形成を進めている。

　Y-PORT事業の大きな特色として、海外都市と二都市間の協力関係を構築した上で、JICA、アジア開発銀行、世界銀行等国際援助機関とも協力し、また日本国政府の提供するインフラ輸出のためのさまざまなリソースを活用しながら、対象国都市の都市づくりの上流計画、マスタープラン、個別のインフラセクターの整備アクションプランの策定から参画し、BtoBを含む、都市インフラ事業、都市サービスの提供を包括的に行おうとする点がある。2012年3月のフィリピン国セブ市との「持続可能な都市の発展に向けた技術協力に関する覚書」を皮切りに、現在ベトナム国ダナン市、先に述べたタイ国バンコク都、インドネシア国バタム市と協定を交わしている。これらの覚書には協力項目として、横浜市が連携都市の持続的な都市開発の推進における技術的な助言を行うこと、両市が民間及び学術機関の参加を働きかけること、両市が両国政府及び国際機関等の協力を得るための活動を行うことを設けている。本市の都市づくりにおいて個々のインフラの整備をしっかりと進めながらも、後に述べる「6大事業」に代表されるように、複合的な面的開発を同時並行的に進め、都市構造の転換を図ってきた。その総合的な街づくりの手法、知見を現在の横浜の都市づくりにつながる成功事例として、アジア諸都市に紹介し、都市を長期にわたり俯瞰的に見ることこそが、質の高い都市空間、インフラの整備につながるとの理解を共有することが重要と考えるからである。以下にその内容をより詳しく見てみる。

## 1　Y-PORT事業の位置付け

　2014年に策定された「横浜市中期4か年計画2014～2017」では、横浜経済の活性化に向けた主要施策に「市内企業の海外インフラビジネス支援」を掲げ、その目標実現のための戦略としてY-PORT事業を位置付けている。Y-PORT事

業は、横浜の国際的な地位の向上と市内経済の活性化等を目指すもので、「①都市づくりアドバイザリー」「②市内企業等の海外展開支援」「③横浜のシティプロモーション」の三つの取り組みで構成される事業である。

　Y-PORT 事業では、海外都市を対象に都市づくりを包括した技術協力を推進することを目指しており、さまざまなセクターに対応するための庁内のハブ機能として 2015 年 4 月に国際局国際協力部が新たに設置された。同部は、市内を中心とした企業、国や国際関係の機関や大学等との連携を推進するため、海外への進出意欲の高い企業等からの相談や提案を一元的に受け付ける窓口の機能も担っており、横浜市がウェブサイトに設けた専門窓口「Y-PORT フロント」[*1]への企業等からの相談・提案を起点として、公民の対話を重ねて事業形成に取り組んでいるところである。

## 2　Y-PORT 事業の三つの取り組みの柱

1 ── 取り組み①「都市づくりアドバイザリー」
①横浜市に求められている技術協力とは

　横浜市は、みなとみらい 21 地区や港北ニュータウンに代表される環境に配慮した街づくりや都市デザイン手法の導入、市内河川や海に至る健在な水環境の整備、「G30 プラン」や「3R 夢（スリム）プラン」等の市民協働によるごみの減量化、横浜スマートシティプロジェクト（YSCP）によるエネルギーマネジメント等、持続可能な都市づくりを実践してきた（このような横浜市が培ってきた実績を新興国都市向けに紹介するツールを JICA の協力のもと動画と冊子に取りまとめたので参照されたい[*2]）。Y-PORT 事業では、国際技術協力においても国内の都市づくりと同様に、セクターにとらわれずさまざまな分野を対象とした「包括的な都市づくり」の支援を目指しており、この点は横浜市の国際技術協力の大きな特徴である。なお、横浜市は住みやすく活気があり持続可能な都市創造に貢献した都市に贈られる「リー・クワンユー世界都市賞 2014」において「特別賞」を受賞した[*3]。これは、過去 40 年以上にわたり横浜自身のさまざまな都市課題を解決してきた実績や、近年の地元企業との連携によるセブを含む新興国都市への課題解決策を輸出する取り組みが評価されたものである。

②さまざまな機関との連携体制の構築

　Y-PORT 事業では、国際技術協力を進めるに当たり、海外事業の実績が豊富な企業、政府関係機関との連携体制を構築してきた。2009年10月には、国際協力銀行（JBIC）と「環境・都市インフラに関する業務協力協定」を締結し、技術・ノウハウ・人材等、国際貢献に向けた情報交換を進めている。また、2011年10月には、（独）国際協力機構（JICA）と包括的な連携協定を締結し、これまで両者で取り組んできた海外研修生の受入や専門家の派遣等のさらなる推進に加えて、新たに公民連携による国際技術協力を進めている。さらに、2013年10月にはアジア開発銀行（ADB）と、ADB事業への横浜市の都市開発等の知見の活用や市内企業等の技術提供の機会を通じた相互協力のための覚書を交わした。なお、JICAやADBが本邦自治体と包括的な協力にかかる協定や覚書を交わすのは、横浜市が初めての事例である。

③都市間協力（セブにおける取り組みを中心に）

　2012年3月、横浜市はセブ市と「持続可能な都市の発展に向けた技術協力に関する覚書」を交わした。セブ市では渋滞対策、廃棄物処理、排水処理等が喫緊の課題となっている。そこで、この覚書には協力項目として、横浜市がセブ市のエコシティ開発の推進における技術的な助言を行うこと、両市が民間及び学術機関の参加を働きかけること、両市が両国政府及び国際機関等の協力を得るための活動を行うことを設けた。国家間の協力関係に加えて都市間の協力関係を構築することで企業の参画をより促進し、公民連携事業を通じてセブ市の

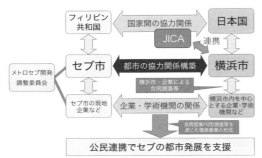

図 12・2　都市間協力からの公民連携事業の形成イメージ

図 12・3　横浜市とセブ市の技術協力に関する覚書署名式（横浜市長とセブ市長）

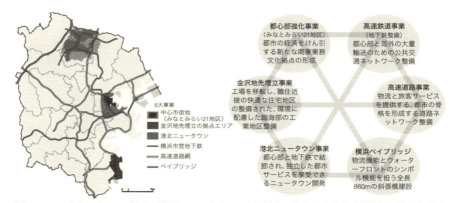

図12・4 みなとみらい21地区・港北ニュータウン・金沢地先の拠点開発と高速道路網・横浜市営地下鉄・横浜ベイブリッジの都市交通網の形成。都市骨格の形成を牽引した6大事業は、拠点開発事業と都市交通事業で構成されている。（出典：Building a Global Model of Sustainable City Management -Case of Yokohama- (JICA, 2014) 詳細は＊2参照）

都市発展を目指そうとしたものである（図12・2、12・3）。

　都市開発・インフラ事業は、構想から実現までに長期間を要する。しかし、フィリピン国においては自治体トップの交代による政策変更等が影響して長期的な都市開発計画が定着していない場合がある。そこで、2012年度にJICAは横浜市と連携して、セブ都市圏を対象とした都市開発ビジョン「メガセブ・ビジョン（Mega Cebu Vision 2050）」の策定支援を行った＊4。この長期ビジョンの策定過程において横浜市は、本市の高度成長期に策定した長期構想に沿った数十年に渡る都市づくりの経験をセブ関係者と共有する等、本邦自治体が持つ経験を活かした協力を行った。特に横浜の都市骨格の形成を牽引した6大事業（図12・4）の事例は、持続可能な都市づくりにおける複合的面開発、都市機能の転換、TOD（公共交通と一体となった都市開発）による拠点整備の重要性をセブ関係者と共有することに効果的であった。

　セブ都市圏への技術協力を行っている副次的効果として、横浜市が同地で広く認知されるとともに、横浜市は同地の開発ニーズをより的確に把握できるようになった。このような海外都市との信頼関係の構築は、企業が横浜市と連携して同地で事業形成するに当たり、大きな効果をもたらすものと考える。上位マスタープランの策定後、横浜市は、JICAが実施する同ビジョンを実現するためのインフラ整備のロードマップの策定調査をも支援し、数多くのワークシ

ョップをセブ、横浜において開催した。このようにセブ都市圏の上流計画に参画している状況を生かして、多くの本邦（市内）企業の参画につなげていくことがY-PORT事業による事業形成の主要なアプローチの一つである。

一例を挙げる。「メガセブ・ビジョン」では開発戦略（図12・5）の柱に「交通（Mobility）」の向上を置いている。セブ都市圏では急増する自動車交通に対応したインフラが整備されておらず慢性的な交通渋滞が発生している。鉄道やバスはなく自動車に依存した交通体系となっている。「ジプニー」と呼ばれる乗り合い小規模バスが市民の足となっており、ジプニーはどこでも乗り降りができる便利さの反面で交通流の阻害要因にもなっていることや将来人口には対応ができない等課題がある。このような状況下、ロードマップ調査ではセブ都市圏の将来構造とあわせて適切な公共交通の整備が検討されている。セブ都市圏の地形的特徴として、セブ市等の人口集積地があるセブ島と空港やリゾートホテルが集積するマクタン島が海峡で隔てられていること、セブ島の居住に適した平地は南北約70kmの沿岸部に帯状に分布していることが挙げられる（図12・6）。このような地理的特徴から、南北の縦貫と2島間を接続する公共交通・高規格道路等の交通軸と都市圏全域にバランスよく配置された拠点開発が重要と考えられている。

横浜市では、1960年代に鉄道事業を含む6大事業が発表されたのち、数十年をかけて公共交通（①市営地下鉄（都心部と郊外の接続）、②みなとみらい線

図12・5　メガセブ・ビジョン2050の開発戦略（出典：JICA資料、詳細は＊4を参照）

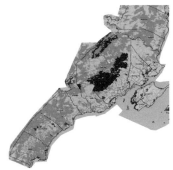

図12・6　メガセブ・都市開発ロードマップ調査で始めて明らかになったセブ都市圏の現況土地利用等（出典：JICA調査）

(新都市の公共交通軸)、③シーサイドライン(金沢埋立地先を縦貫する公共交通軸)等)を都市開発と一体的に整備してきた(図12・7)。これらの3事業は、かつて高度成長期に東京への通勤者のためのベッドタウン化が進んだ都市から、自ら雇用機会や投資機会、娯楽等を創出できる新たな経済拠点として生まれ変わるために必要不可欠な事業であった。例えば、金沢地先埋立は、市内に散在する中小工場を集約する目的で造成された工業団地であるが、同地区では業務地区のほかにも居住地区や娯楽施設、海浜公園、病院等の複合的な土地利用による沿線開発と、公共交通及び道路網整備が一体的に開発された(図12・8)。

過去数十年にわたるこのような公共交通と一体となった都市開発の遂行の結果、横浜市全域におけるJR、私鉄、市による公共交通の整備により、2008年には本市の鉄道分担率は約39%と自動車交通に過度に依存しない交通体系を実現している。さらに、利用状況を細かくみると定期券以外の割合は約4割を占める(図12・9、12・10)。このことから、通勤・通学以外の移動目的にも公共交通が高い割合で利用されていることが伺える。このようなバランスのとれた鉄道利用の状況は持続可能な事業運営において極めて重要な要素と

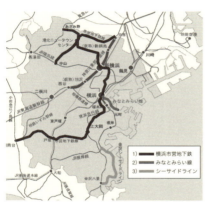

**図12・7　横浜市の鉄道網の現状と市が主導して整備した3路線の位置関係**(出典:横浜市都市整備局資料をもとに作成)

**図12・8　横浜市金沢地先埋立に整備されたシーサイドラインと沿線開発**(出典:横浜シーサイドラインパンフレット等)

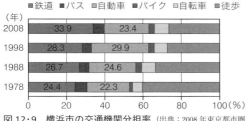

図12・9 横浜市の交通機関分担率 (出典：2008年東京都市圏パーソントリップ調査)

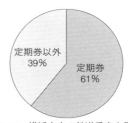

図12・10 横浜市内の鉄道乗車人員の定期券利用の割合 (横浜市統計データ http://www.city.yokohama.lg.jp/ex/stat/index2.html#3 から算出)

考えるが、その実現には鉄道単体の視点のみならず都市づくり全体からの視点が不可欠であると考える。このような視点をセブ都市圏の公共交通整備にも取り入れてもらうことが重要と考えている。

本市は、2014年11月に国土交通省とメトロセブ開発調整委員会が共催した都市交通セミナー*5 で、本市の都市交通の現状を紹介する機会を得た。これは、セブ都市圏の中期開発目標の候補として検討されているセブ市及びマンダウエ市とマクタン国際空港を接続する公共交通軸の整備（約15km）をターゲットに、我が国の都市交通政策や本邦企業技術の優位性を紹介することを目的に開催されたものである。対象地域の路線延長やセブ島とマクタン島を結ぶ海峡横断橋を通過するための縦断線形等から最も現地への適合性が高いと考えられた横浜の開発事例として、シーサイドライン（AGT、営業延長11km）を取り上げ、横浜市金沢地先埋立のエリア開発と公共交通軸が一体となった開発事例を紹介した。国土交通省からの都市交通政策の紹介と本市開発事例の紹介、さらには企業からの交通システムの紹介は、地元メディアでも大きく取り上げられる等、フィリピン国関係者に向けた良好なプロモーションになった。インフラ輸出の促進において本市は、システム自体の技術的優位性を強みとした展開にとどまらず、地方自治体としての経験を活用して駅周辺・沿線開発と一体となった公共交通整備の導入を促進し、海外都市の持続可能な都市づくりへの貢献を目指して取り組んでまいりたい。

このように、長期の準備・調査期間を要する都市開発、インフラ整備を視野に入れた取り組みに加え、上位計画の策定に留まらず、即効性のある環境整備事業を行うことも都市間連携においては重要である。連携都市の首長以下に連

図12・11　萬世リサイクルシステムズ株式会社によるごみ最終処分場の廃プラスチックを石油由来燃料の代替燃料にリサイクルする事業

図12・12　アムコン株式会社による家庭等からの汚泥の脱水処理技術を導入し、未処理であった状況を改善する事業

携のメリットを十分に感じてもらう必要があるからである。セブにおいては、都市間の覚書に基づいて、2012年7月に企業20社との第1回目の合同調査を実施した。合同調査に対する参加企業の評価は良好であった。民間企業単独で行う調査と比べてセブ市の政策決定者や幅広い分野の現地企業との面識形成及び効率的な現地ニーズの収集ができたという長所が挙げられた。また、これらの活動が2012年12月に、外務省「ODAを活用した中小企業等の海外展開支援に係る委託事業（案件化調査、途上国政府への普及事業）」への市内中小企業による調査提案3件の採択につながった。このうち、廃棄物リサイクルや汚泥脱水処理の提案は、現在、セブ市に資機材を輸送して実稼働を行う実証事業の段階を経て、民間企業による自己資本、JICAの無償資金協力等を活用し、具体的なビジネス形成の段階に進んでいる（図12・11、12・12）。比較的短期に実際の都市環境向上につながる事業が立ち上がったことは、海外への展開を目指す本邦企業、海外都市双方にとり、今後必要とされるより長期の都市間連携を担保するものにもなった。

　同様の取り組みをダナン市、バンコク都、バタム市でも展開しており、ダナン市においてはJICA・世界銀行と連携した「ダナン都市開発フォーラム」の実施、バンコク都においては「気候変動マスタープラン策定・実施能力向上プロジェクト（JICA）」及び「アジアの低炭素社会実現のためのJCM大規模案件形成可能性調査事業（環境省）」への協力として具体化し、都市課題解決の支援と具体の案件形成に向けた取り組みが進められている。

## 2 — 取り組み②企業の海外展開支援

　Y-PORT 事業では、市内企業・大学・NPO 等の海外展開を進めるため、積極的な情報交換や意見交換を行っている。まず、海外展開に関する課題テーマを絞って企業との意見交換を行う場として「Y-PORT 共創ワークショップ」*6 を定期開催している。前述のような JICA・日本国政府委託事業等の受注に向けた支援や、国際機関の取り組みの紹介、連携都市によるプレゼンが主たる内容である。さらに国際会議等において企業が有する環境技術の広報やネットワーク形成を行う機会を設ける等、市内企業の海外展開を積極的に支援している。パシフィコ横浜で開催されたスマートシティウィークにおいて自治体セミナー「横浜デイ」*7 を開催し、横浜市の公民連携事業に関する情報提供のほか、企業や公的団体からの技術展示ブースを設け企業技術の広報やネットワーク形成の支援を行ってきた（2014 年度は総勢約 500 名（うち海外関係者約 100 名）が横浜デイに参加）。先に紹介したセブ市への公民による合同調査も海外展開支援の取り組みの一つである。

## 3 — 取り組み③横浜のシティプロモーション

　都市づくりアドバイザリーや企業の海外展開支援を効果的に行うには、新興国都市から「横浜には都市づくりのベストプラクティスが多数ある」ことを認知してもらうことが重要である。そこで、Y-PORT 事業では、国際会議等での広報や海外からのインフラ視察を積極的に受け入れている。Y-PORT 事業では、これら二都市間の計画から事業形成までの包括的な協力を軸に、都市間のネッ

図 12・13　アジア・スマートシティ会議

トワークの強化、まちづくりの知見の共有を目的として、毎年継続的に国際会議を開催している。アジアの地方公共団体の首長や日本政府・国際機関等の代表者による国際会議「アジア・スマートシティ会議」である（図12・13）。2015年の第4回会議においては、持続可能な都市発展に向けたビジョンや取り組みを共有するとともに、アジア・スマートシティ・アライアンスの立ち上げが参加者により提唱され、その結果は、ハビタットⅢの準備会合であった第6回アジア太平洋都市フォーラム（Asia Pacific Urban Forum（APUF））にて紹介され、議長声明に明記された。

## 3　公民連携における地方自治体ならではのアプローチとは

　本節では、横浜市が進める公民連携による国際技術協力（Y-PORT事業）における地方自治体ならではのアプローチとして以下三つの取り組みを紹介した。
①横浜市が海外都市との二都市間の協力関係を構築した上で、JICA等と連携しながら都市づくりの上流計画から参画することで、企業による事業形成の道筋を創出する取り組み
②横浜市の持つ国や政府関係機関、海外都市とのネットワークを活用して「Y-PORT共創ワークショップ」や「合同調査」を行い、情報収集や面識形成において公民連携による効果を生み出す取り組み
③「アジア・スマートシティ会議」や国際会議への参加、ウェブ、メディアを通した新興国都市等へのプロモーションと優良事例の効果的な情報発信[*8]
　さらに、①の地方自治体が上流計画から参画して企業の事業参画につなげる取り組み事例として、セブにおける都市開発、インフラ整備に焦点をあてて紹介した。都市インフラ整備は、現地に最も適したシステムの選定、開発にかかる土地利用、運営体制等にかかる合意形成、さらにはインフラ整備に必要な用地取得等、長期を要する。このため、現地での合意形成の推進のために、これらの実践事例として我が国のインフラ開発や制度を紹介することの意義は極めて高いと考える。また、自治体による計画策定から運営・維持管理にかかる経験等によって事業の付加価値を高めていくことは、海外都市における持続可能な都市づくりと（市内）企業の海外展開支援の両面に資するものと考える。新

興国地方公共団体の都市政策実施能力の強化を進めるうえで、急激な都市化を経験、環境の悪化、都市インフラ不足の課題に直面し、それを乗り越えてきた日本の自治体は、新興国の地方公共団体に提供し得る知見を多く保有しており、都市間協力を通じてそれらを提供することが国際的責務であると考える。本市は2015年5月都市間連携、海外プロジェクトや国際会議等の共同事業を実施する「Y-PORTセンター」[*9]を立ち上げた。今後もこのプラットフォームを有効に活用し、Y-PORT事業の推進をより強力に進め、その責務に応えていきたい。

## 12-5 これからの課題

横浜市が行っている現状の都市輸出につながる事例を紹介してきたが、今後の課題としては、下記の諸点が挙げられる。

### 1 民間企業との緊密な連携

これまでの自治体は、民間企業とは、許認可を与える側と与えられる側、という関係、或いは、補助金の対象、といういわゆる、上下関係と言ってもよい関係性の中で付き合ってきたと思う。昨今のコンプライアンスが厳しく叫ばれる時代となって、官と民の関係性は必ずしも簡単ではない局面も見られることは否めない。しかし、これから、日本の誇るべき都市のノウハウを輸出する、というフェーズに本格的に入っていくためには、これまでの少し溝のある関係性ではなく、自治体と民間に加え、さらに学を入れて、産官学の新しい枠組みを構築し、お互いの技術やノウハウを開放し、新しいものを創造していくオープンイノベーションの世界を作っていく必要がある。この体制をいかに組んでいくのかが、これからの都市輸出への試金石になるだろう。

## 2 自治体のノウハウの価値化

　民間企業と連携して海外に出ていく際には、自治体自身のノウハウの価値化（商品化）も図らなければならない。これまで、無償供与、或いは、教育事業としてやってきていた技術や、ソフトの知見の価値を、商品化していくことも必要になるのではないか、と考える。当然、これまでのような途上国へのサポートは必要な場面もあるとは思われるが、民間企業の高度な技術と、自治体の持つ、管理運営や、社会システム構築等の国内で果たしている役割を価値化することは、大きなプロジェクトを仕掛けていく場合には欠かせない。例えば、ごみ焼却プラントの輸出の場合等では、民間企業が、プラントそのものの技術や設置の部分は担当するが、自治体の果たしているプラントの管理運営や、社会的なごみの収集システム、集金システム等、ごみに関わる施策全般のソフトの部分を価値化できるからだ。民間企業のハードと自治体のソフトの組み合わせ等は、世界に出しても全く引けをとらないばかりか、そのシステムがクールジャパンの一つとして、受け入れられるはずだ。

## 3 自治体の価値観の変換

　自治体は儲けてはいけない、という原則めいたものがある。というか、自治体はそれ自体の利益のためには存在はしないということだ。
　さらに、国際交流をして海外の都市にハードやソフトを輸出していきたい、と願って自治体に入ってくる人はほとんどいないだろうし、これまでは実際にそういった対象ではなかった。
　これらの二点は、自治体がこれまで、自ら直接的に海外に打って出ることを妨げている価値観だと思う。
　公共の団体として、利益を至上命題にすることは本末転倒であることは言を待たないが、それであれば、自治体の持つ価値あるノウハウについてはどうしていくのか、ということを考える必要がある。税収がこれまでのように右肩上がりで伸びないことが予想されている。また、反面、公共施設の更新費用が今後大いに嵩んで来ることも確かなこととしてその対策をどうしていくのか、議

論が喧しくなってきている。医療・福祉分野への費用の際限ない増大も確実である。もう国にも頼れない。そうした際に、今後も、これまでどおりのやり方でよいのだろうか。価値化できるものをそのまま放置しておいて良いのだろうか。ノウハウがないのであれば致し方ないが、世界に誇れる種々のノウハウを持っていれば、それを価値化し、世界に発信していくことは罪であろうか。外郭団体を作る等、是非とも工夫を凝らして、真っ当な利益を生み出すことを考えていくことが必要ではないかと思う。そういった価値観を自治体が新たに持つべきで、地元の企業との産官連携もそのために密接にしていくべきであろう。

また、その方向性を示せれば、相応しい人材も集まるはずだ。国際的に自治体を売り出していきたい（当然国内にもであるが）、それが、地元のため、日本の産業界のためになる、と考える人材が就職先と選択する対象に自治体がなること、クールジャパンの海外展開を志望する学生等の選択先となること、そういったことに価値観を転換していく必要があろうと考える。

注
* 1　Y-PORT フロント　http://www.city.yokohama.lg.jp/kokusai/yport/yportfront.html
* 2　Building a Global Model of Sustainable City Management -Case of Yokoham
　　http://www.city.yokohama.lg.jp/kokusai/yport/pdf/201402english.pdf
* 3　「リー・クワンユー世界都市賞 2014　特別賞」
　　https://www.leekuanyewworldcityprize.com.sg/2014_mentions_Yokohama.htm
* 4　JICA ニュース「新たな ODA のモデルに（フィリピン）　2013 年 4 月 30 日」
　　https://www.jica.go.jp/topics/news/2013/20130430_01.html
* 5　メトロセブ都市交通セミナーの開催について（結果報告）国土交通省都市局都市計画課都市計画調査室　http://www.mlit.go.jp/report/press/toshi07_hh_000084.html
* 6　Y-PORT ワークショップ開催状況等
　　http://www.city.yokohama.lg.jp/kokusai/yport/yportworkshop.html
* 7　横浜デイ in Smart City Week 2014
　　http://www.city.yokohama.lg.jp/kokusai/yport/yday/2014.html
* 8　アジアスマートシティ会議
　　http://www.city.yokohama.lg.jp/kokusai/yport/ascc/
* 9　Y-PORT センター
　　http://www.city.yokohama.lg.jp/kokusai/yport/about/yportcenter.html

# 公共交通指向型開発(TOD)を輸出する

松村茂久

## 13-1 新たな官民協力の枠組みによるTOD型都市開発

めざましい経済発展に伴い急速に都市化が進展しているベトナム。特に、首都であるハノイ市とベトナム最大の経済都市であるホーチミン市の2大都市における発展は目覚ましく、日本をはじめ、世界の投資家やデベロッパーが注目する不動産ビジネスのマーケットが生み出されている。同時に、ベトナムは日本にとって最大のODA供与国の一つでもあり、鉄道や高速道路等の交通基盤施設をはじめとする基幹インフラの整備には、日本のODAが大きく貢献している。

このような世界の投資家やデベロッパーが注目するベトナムの大都市では、日本の企業が都市開発事業に参画するための官民一体となった取り組みが始まっている。すなわち、日本のODAによるインフラ整備と都市開発事業を連動させることで、日本企業による案件形成を有利に進めようとしているのである。特に、鉄道整備と鉄道沿線の都市開発を一体的に行う、公共交通指向型の都市開発(TOD：Transit Oriented Development)は、日本が豊富な経験とノウハウを持つものとして強くアピールすることができると考えられており、都市鉄道の整備が進むハノイ市とホーチミン市の両都市において、官民一体となった案件形成が進められている。TOD型の都市開発事業では、各種インフラ施設やエ

ネルギー設備の建設等を通じて多くの民間企業の参画が可能と考えられることから、日本の国家戦略として注目されている「パッケージ型インフラ輸出」を実現できるものとして、大いに期待が高まっている。

　海外における都市開発事業を官民一体となり推進する仕組みとしては、「海外エコシティプロジェクト協議会（J-CODE）」が国土交通省の支援により設立された。J-CODEは、構想・企画といった川上段階から建設・管理・運営に至る一連の都市開発事業に関連する活動を、都市・環境等に関連する企業により構成される"オールジャパンチーム"で推進するための枠組みである。さらに、海外において交通関連のインフラ整備や都市開発事業を行う日本企業に対して、資金の供給等の支援を行う「㈱海外交通・都市開発事業支援機構（JOIN）」が日本国政府と民間企業の資金により設立されている。

　本稿では、以上のような海外における新たな官民協力の枠組みの下、ベトナムの大都市において、TOD型の都市開発事業がどのように推進されようとしているのか、また、どのような課題に直面しているか現状を報告し、今後の都市開発分野における官民協力のあり方について考えてみたい。

## 13-2 ベトナムにおける都市開発マーケット　〜経済発展と都市化の現状〜

　まずこの章では、ベトナム全国及び2大都市であるハノイ市とホーチミン市における経済発展と都市化の現状、並びにそれらが日本企業をはじめとする世界の投資家やデベロッパーにとってどのような市場価値を持っているのかを概観する。

　世界経済のエンジンと言われているアジア[*1]。その中でも、特に東南アジア諸国連合（ASEAN）は急速な経済成長を続けている。表13・1に示されているように、ベトナムはそのASEAN諸国の中でも特に高い成長率を示している国の一つであるが、一人当たりGPDの値をみると、ベトナムはようやく2000ドルを超えたレベルであり、タイやマレーシアのような「高中所得国」を目指して発展する「低中所得国」の位置付けでしかない[*2]。

表 13・1　ASEAN 9 か国の経済状況

| | 一人当たり GDP<br>(2014 年) ドル | GDP (2012 年)<br>単位：10 億ドル | 年平均実質成長率<br>2010 年～14 年、% |
|---|---|---|---|
| シンガポール | 5 万 6100 | 306 | 4.4 |
| マレーシア | 1 万 1050 | 338 | 5.2 |
| タイ | 6100 | 408 | 3.0 |
| インドネシア | 3560 | 891 | 5.5 |
| フィリピン | 2890 | 285 | 5.7 |
| ベトナム | 2080 | 188 | 7.1 |
| ラオス | 1780 | 12 | 7.7 |
| カンボジア | 1140 | 17 | 7.0 |
| ミャンマー | 1310 | 67 | 7.4 |

(出典：APO (2016), *Productivity Databook*)

表 13・2　ハノイ市・ホーチミン市基礎データ

| | 2015 年人口[1]<br>単位：1000 人 | 市域[1] | 市街化エリア[2] | | | 一人当たりGDP[3]<br>(2015 年) |
|---|---|---|---|---|---|---|
| | | | エリア<br>(2010 年) | 市街化エリア<br>人口密度 | 増加率／年<br>(2005～2010) | |
| ハノイ市 | 7216.0 | 3324km² | 851km² | 85.0 人/ha | 3.8% | 3500 ドル |
| ホーチミン市 | 8146.3 | 2096km² | 815km² | 95.3 人/ha | 4.0% | 5500 ドル |

(出典 (1)：General Statics Office of Vietnam (2016)、(2)：World Bank (2015), *East Asia's Changing Urban Landscape*、(3)：両市の統計資料 (2016))

　しかし、経済レベルを都市単位でみた場合、大都市は高中所得国レベル、もしくはそれに近づく値となっている。表 13・2 はハノイ市及びホーチミン市の一人当たりの GDP を示したものであるが、それぞれ 3500 ドル及び 5000 ドルを超えた値となっており、特にホーチミン市の経済レベルは既に高中所得国のレベルに達している。通常、一人当たりの GDP が 3000 ドルを超えると、都市化や工業化の進展が始まり、紙おむつ等の比較的高額な商品や、バイク、洗濯機、冷蔵庫等の耐久消費材が売れ始める等、人々の消費行動に大きな変化が現れると言われており[*3]、両市は、このような、都市化の進展や人々の行動の変化が始まる経済レベルに達していると考えられる。
　さらに、ベトナムの大都市では、4000 ドルを超えるような高額なバイクが飛ぶように売れていることや、多くの人々がスマートフォンを所持している状況をみると、統計には出てこないインフォーマルマネーがかなりの規模で存在していると推測される。2013 年にベトナムで実施したアンケート調査[*4]では、住

宅を購入する場合、金利が極めて高い自国の銀行から借入するケースはまれで、ホーチミン都市圏の6割以上が自己資金で住宅を購入するという結果が出ている。このような個人の消費行動もインフォーマルな個人資産の存在を示していると考えられる。

それでは、経済発展著しいベトナムにおける都市化はど

表13・3　ASEAN 9か国の都市化率（都市人口の割合）

|  | 都市人口の割合（％） | | 増加率（％）<br>（2010～2015） |
|---|---|---|---|
|  | 2010年 | 2015年 | |
| シンガポール | 100.0 | 100.0 | 0.0 |
| マレーシア | 70.9 | 74.7 | 5.4 |
| カンボジア | 56.3 | 59.6 | 5.9 |
| インドネシア | 49.9 | 53.7 | 7.6 |
| タイ | 44.1 | 50.4 | 14.3 |
| フィリピン | 45.3 | 44.4 | -2.0 |
| ラオス | 33.1 | 38.6 | 16.6 |
| ミャンマー | 31.4 | 34.1 | 8.6 |
| ベトナム | 30.4 | 33.6 | 10.5 |

（出典：World Bank (2016), *World Development Indicator*）

のように進んでいるのであろうか。表13・3はASEAN 9か国の都市化の状況を示したものであるが、ベトナムはこれらの国の中で最も都市人口の割合が低く、その一方で、急速に都市人口が増加していることがわかる。ベトナムは、今まさに都市化が始まった状況にあると言える。ベトナムにおける急速な都市化は、特に2大都市であるハノイ市とホーチミン市において顕著であり、表13・2に示されているように、両都市では人口の増加とともに市街化エリアも急速に拡大している。世界銀行のレポート[*5]では、2005から2010年の間にベトナム全国で拡大した市街化面積の75％がハノイ市とホーチミン市に集中していることが報告されており、近年のベトナムにおける都市人口の増加並びに市街地の拡大はこれらの二つの都市に集中していることがわかる。

経済がある程度のレベルに達し、都市化も急速に進展しているベトナムの2大都市では、今や世界の投資家やデベロッパーが注目する都市開発ビジネスのマーケットが生み出されている。アメリカの研究機関の調査[*6]によると、今後の都市開発事業の投資先として、ハノイ市及びホーチミン市はアジア・太平洋地域で最も有望な都市の一つにランクされている。実際に現地では、図13・1に示されているように、ハノイ市におけるインドネシア資本「チプトラ」が手掛けた「タイ湖西部開発」、ホーチミン市における台湾の投資会社「フーミーフン」による「サイゴンサウス」、同じくホーチミン市の中心部において韓国企業により開発された「アシアナプラザ」、シンガポール企業が中心となり開発

図13・1　ハノイ市・ホーチミン市における外国資本による都市開発プロジェクト
A：サイゴンサウス（台湾資本による開発）、B：アシアナプラザ（韓国資本による開発）
C：ビスタ（シンガポール資本による開発）、D：タイ湖西部開発（インドネシア資本による開発）

を進めている「ビスタ」等、周辺のASEAN諸国をはじめとする世界のデベロッパーや投資会社が手がけた大規模都市開発案件を数多くみることができる。

このように、ベトナムの２大都市では世界の企業や投資家が注目するマーケットが生み出されているが、これまで日本企業は、上記のような外国企業並びに近年デベロッパーとしての経験やノウハウを習得しつつある地元ベトナム企業と比べると大きく出遅れている状況にある。最近、ホーチミン市の隣接省であるビンズオン省において、地元の有力企業と大規模ニュータウン事業「ビンズオンニューシティ」の開発を始めた東急電鉄や、シンガポールのデベロッパーとの共同出資で、ホーチミン市中心部の複合開発「サイゴンセンター」において百貨店（高島屋）を開発した東神開発等の活動がみられるようになったものの、シンガポールや韓国等他国の不動産投資実績と比べると出遅れている感は否めない。

そもそも、多くの日本企業が本格的にベトナムの都市開発事業に乗り出したのは、アジア経済危機の後、ベトナムを含む ASEAN 諸国の経済が回復した 2000 年代中旬からである。しかし、上記の韓国資本が開発したアシアナプラザやシンガポールのデベロッパーによるサイゴンセンター（Ⅰ期）に関しては、1990 年代初頭のまだ土地や都市開発に関連する基本的な法律や制度が明確になっていない時期に、開発権並びに土地使用権が取得されており、多くの日本の企業が都市開発事業に興味を持ち始める 10 年以上も前に、ベトナムで事業を始めていたことになる。

## 13-3 ODA と連動させた官民一体となった都市開発事業推進の仕組み

　日本政府は、2010 年に発表した「新成長戦略」により、全世界の膨大なインフラ需要を取り込むべく、「パッケージ型インフラ海外展開支援」の方針を打ち出し、重点分野に合致する案件形成について、ODA を活用し積極的に推進してきた。都市開発分野における官民協力については、主に国土交通省がイニシアティブをとり、積極的な案件形成を進めている。国土交通省が示している都市開発分野における海外展開の基本方針[*7]は下記の通りであり、開発事業の初期段階から日本政府が積極的に支援を行うという基本姿勢が示されている。
　①海外進出を目指す民間事業者のイニシアティブのもと国が積極的に支援を行う。
　②日本がこれまで培ってきた強みを活かす（日本の都市開発の強みを活かす）。
　③国内企業の横断的な連携、官民のリソースの総合的活用
　④案件の川上段階から参画を目指す。
　前述のように、ベトナムにおける都市開発事業に関しては、日本企業はシンガポールや韓国等の周辺諸国の企業に大きく遅れをとっている。したがって、このような状況を挽回するべく、基幹インフラの整備に大きく貢献している日本の ODA と都市開発の案件形成を連動させる、官民一体となった展開が期待されている。以下、本章では、ベトナムの交通事情を説明したうえで、その深

刻な交通問題を解決するための方策の一つとして進められている都市鉄道整備への日本の支援、並びに官民一体となり都市開発事業への参画を推進するための仕組みについて述べる。

## 1 ベトナムの大都市における交通事情

　ハノイ市及びホーチミン市の2大都市では、急速に都市人口の増加並びに市街地の拡大がおこっていることを述べたが、両市では都市の発展に対応した都市基盤施設の整備が追いつかず、さまざまな都市問題が顕在化している。その中でも交通問題は特に深刻な状況にあり、大都市の経済活動に深刻な打撃を与えている。ベトナムが他のASEAN諸国と異なっているのは、バイクの所有率が異常に高く、都市はバイクであふれる状況になっていることである（図13・2）。表13・4はハノイ市とホーチミン市における、車及びバイクの所有率を示したものであるが、両市では一世帯当たりのバイクの所有台数が2台を超えており、加えて、近年は市民の所得の上昇に伴い車の所有率も上がっている[*8]。表13・5はASEANの主要都市におけるモーダルシェアを示したものであるが、ハノイ市とホーチミン市では、バイクと自転車を合わせたモーダルシェアが80％を超えるという極端に大きな値を示している。また、他のASEANの大都市では、鉄道のシェアは低いものの、パラトランジット[*9]を含むバスやミニバス等の公共交通機関のモーダルシェアが4〜7割に達しているが、ベトナムの両市では、公共交通機関のシェアは10％以下という、これもまた極端に低い値となってい

図13・2　ハノイ市・ホーチミン市におけるバイクであふれるまちの状況

表13・4　ハノイ市・ホーチミン市における車・バイクの所有率（2010年）

|  | 自動車 | | オートバイ | | |
| --- | --- | --- | --- | --- | --- |
|  | 所有台数（千台） | 千人当たり台数 | 所有台数（千台） | 千人当たり台数 | 世帯当たり台数 |
| ハノイ市 | 350 | 53.5 | 4038 | 617.4 | 2.28 |
| ホーチミン市 | 442 | 61.1 | 4445 | 614.3 | 2.38 |

（出典：両市の交通局／統計局資料より作成）

表13・5　ASEAN諸国の主要都市におけるモーダルシェア（％）

|  | 都市鉄道 | バス | ミニバス | パラトラ | 車 | バイク | その他・注記 |
| --- | --- | --- | --- | --- | --- | --- | --- |
| ジャカルタ[1] | 2.1 | 15.7 | 33.5 | 6.5 | 13.3 | 21.4 | 自転3.4、タクシー1.8 |
| バンコク[2] | 3.5 | 43.0 | - | - | 30.5 | 23.0 | バスは他モード含む |
| マニラ[1] | 2.3 | 14.9 | 39.1 | 13.4 | 18.5 | 0.7 | スクーター2.5、タクシー6.2 |
| ハノイ[3] | 0 | 8.2 | - | - | 5.4 | 64.2 | 自転車19.4 |
| ホーチミン[3] | 0 | 6.3 | - | - | 5.3 | 83.0 | 自転車2.8 |

（出典：(1)：JICA「都市交通計画策定にかかるプロジェクト研究ファイナルレポート資料編」(2011) ジャカルタは2002年JICA調査、マニラは1996年JICA調査がベース、(2)：World Bank (2005), *2006 Stream Study*、(3)：JICA (2016), *Data Collection Survey on Railways in Major Cities in Vietnam*）

る。バスはドアツードアで移動ができるバイクの利便性に勝てないうえに、交通渋滞に巻き込まれ速達性が望めないこと、加えてベトナムの場合は、他のASEAN諸国において縦横無尽に市街地をカバーしているミニバスやパラトランジット等の小回りの利く交通モードが普及していないことなどが公共交通機関の利用が増えない理由と考えられる。

　このようにベトナムの2大都市では、バイクの利用率が異常に高いうえに車の保有率も急増していることから、交通渋滞はますます激しくなってきているが、これまで両市政府は適切な対応策を講じることができていない。例えば、中国の大都市においては、大気汚染や交通渋滞を緩和するために厳しい交通規制[*10]を行っているが、ベトナムの両市では交通規制に関して長年にわたり検討を行っているものの、市民からの反発を恐れ検討を行った施策を実行できていない[*11]。近年、車両の登録証やナンバープレートの発行に対して課金することで車両の増加に歯止めをかけようとしているが、課金額が少額なため効果を発揮していない。

　ベトナムの大都市におけるこのような状況において、渋滞に巻き込まれず

中・長距離を高速で、しかも快適に移動できる都市鉄道の整備は、今まさに望まれているものと言える。

## 2　日本のODAによる都市鉄道整備支援

　ハノイ市及びホーチミン市においては、ベトナムで初めてとなる都市鉄道（UMRT：Urban Mass Rapid Transit）の整備が始まっているが、これらの整備事業には日本のODAが大きな役割を果たしている。図13・3は日本の支援が行われている両市の都市鉄道の路線である。ハノイ市においては都市鉄道の1号線と2号線のフェーズ1の区間、ホーチミン市においては同じく都市鉄道の1号線と3A号線[*12]のフェーズ1の区間である。

　両市の都市鉄道については、計画策定に関しても日本が大きく貢献している。まず、都市鉄道のルートは、ホーチミン市とハノイ市において各2007年と2008年に政府承認された都市交通マスタープランにおいて正式に位置付けられたものであるが、これらの路線はJICAの調査がベースになっている。すなわち、ハノイ市では2004～2006年に実施された「ハノイ市総合都市開発計画調査」を、ホーチミン市では2002～2004年に行われた「ホーチミン都市交通調査」をベ

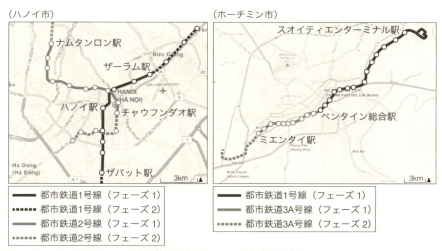

図13・3　ベトナムにおいて日本が整備の支援をしている都市鉄道路線

ースに、ベトナム政府が都市鉄道の路線を決定している。これらの調査では、計画を検討するために本格的な交通調査（パーソントリップ調査等）が実施されており、調査で構築されたデータは、両市における唯一信頼のおける交通データとして広く活用されている。これらの調査後も、JICAは上記の日本が整備を支援している路線について、フィージビリティ調査・設計、建設、さらには、運営・管理等の幅広い分野における支援を行っている。

　上記のような、日本による鉄道整備全般にわたる技術的支援は、ベトナムのような開発途上国にとって、計画策定後、具体的に各路線の整備を進める上で非常に有利な状況をつくりだすものと考えられる。すなわち、一つの都市鉄道路線を整備するためには、日本円にして数百億円から、時には千億円を超える莫大な費用を要し、さらに、鉄道を運営・管理していくための新たな制度・システムの構築や人材育成等が必要となるため、開発途上国としては、国際機関や二国間援助等のODAによる資金や技術的支援が不可欠である。このような都市鉄道の整備に関して、開発途上国が国際社会からの支援を得るためには、JICAのような国際的な信頼を受けている援助機関による高度な技術支援に基づくマスタープラン及びフィージビリティ調査の存在が必要条件となっているのである。

　日本にとってもODA事業としての都市鉄道整備案件は、インフラの設計・監理、建設、運営・管理の他、車両や関連する機器やシステムの調達等幅広い要素が含まれることから、多様なセクターにまたがる日本企業の参画が可能であり、日本政府が国家戦略として推し進めている「パッケージ型インフラ輸出」が実現できるものと考えることができる。

　このように、ベトナムにおいては日本が主導して都市鉄道の整備が進められているが、JICAはハノイ市及びホーチミン市における都市鉄道の沿線や駅周辺エリアにおける都市開発の可能性に関する調査も行っている。ハノイ市の都市鉄道に関しては、2009～2011年並びに2014～2015年に「ベトナム国ハノイ市におけるUMRTの建設と一体となった都市開発整備計画調査」が、ホーチミン市に関しては、2013～2014年に「ホーチミン市都市鉄道（ベンタイン～スオイティエン間（1号線））建設事業案件実施支援調査（SAPI[*13]）」が実施された。2016年11月現在実施中のホーチミン市の都市鉄道3A号線の準備調査にお

表13・6 JICAによる都市鉄道関連調査において設置された駅前・沿線アドバイザーメンバー

| ホーチミン市都市鉄道1号線駅前・沿線開発アドバイザー（2013～2014年） | ホーチミン市都市鉄道3A号線駅前・沿線開発アドバイザー（2016年～） |
|---|---|
| ・東京急行電鉄<br>・京王電鉄<br>・西日本鉄道<br>・阪急電鉄<br>・UR都市機構 | ・東京急行電鉄<br>・西日本鉄道<br>・阪急電鉄<br>・J-CODE（UR都市機構） |

いても、沿線都市開発の可能性について整理・検討が行われている。これらの調査は、まさに日本が長年培った公共交通指向型の都市開発（TOD）の可能性について検討を行う調査である。

　ホーチミン市における上記の二つの調査で注目すべきは、日本における駅前や鉄道沿線の都市開発の経験を活用するため、表13・6に示す鉄道会社やUR都市機構等により構成される「駅前・沿線開発アドバイザー」を設置したことである。アドバイザーメンバーによる、長年培った事業経験に基づく調査への助言や、市政府職員等が参加したセミナーにおける鉄道沿線の都市開発事業の経験の発表等により、JICAによる都市鉄道整備への支援がより幅の広いかつ実務的なものになっている。加えて、アドバイザーメンバーは、海外における都市開発マーケットへの参画を目指す日本企業という視点も持っていることから、後述する官民一体となり海外での事業展開を図るためのプラットフォームを活用するための方向性をも示すものと期待されている。

## 3 官民協力のプラットフォーム

### 1 ─ 海外エコシティプロジェクト協議会（J-CODE）

　日本企業の海外における都市開発事業への参画を支援する仕組みとして、「海外エコシティプロジェクト協議会（J-CODE：Japan Conference on Overseas Development of Eco-Cities）」が設立されている。これは、新興国等を中心に急速に高まる「環境共生型の都市開発（エコシティ）」へのニーズに対して、我が国が有する関連技術とノウハウを一元的に提供するため、2011年に国土交通省の支援により設立されたものである（2014年に一般社団法人化された）。J-

図 13・4　J-CODE の取り組む事業のイメージ　（出典：J-CODE ウェブサイト）

CODE は、都市・環境等の関連企業で"オールジャパンチーム"を構成し、構想・企画といった川上段階から建設・管理・運営に至る一連の都市開発事業の活動を、官民一体となり推進することを目指した企業コンソーシアムである（図 13・4 は J-CODE のパンフ

表 13・7　J-CODE が提案するエコシティの 10 のキーワード

| |
|---|
| 1.　公共交通を優先 |
| 2.　効率的・複合的な土地利用 |
| 3.　人間本位の都市空間デザイン |
| 4.　環境資源　風・水・緑を活用 |
| 5.　環境技術を駆使した建築 |
| 6.　先端のエネルギーマネージメント |
| 7.　水循環・水環境システムの構築 |
| 8.　安全安心システムの構築 |
| 9.　エコライフスタイルで育む新たな都市文化 |
| 10.　先進的な都市経営・管理システム |

（出典：J-CODE ウェブサイト）

レットに示された事業イメージ）。メンバーは、デベロッパー、ゼネコン、コンサルタント、商社、システム・機器、電機・エネルギーメーカー等、都市開発に関係する日本企業により構成されているため、都市開発に関する事業を総合的に進める、いわいるパッケージ的な取り組みができるものと期待されている。表 13・7 に示された 10 のキーワードは、日本が得意とするエコシティに関連する技術やノウハウで、J-CODE ではこれらのキーワードを基本として、アジア等の新興国において都市開発事業の推進を目指している。

J-CODE には 2016 年 11 月時点で、中国、ベトナム、ミャンマーの三つの国

様々な人々が住む創造性の高い街づくり
 省エネ型のまちづくり
 街を常に魅力的に維持するマネジメント
 安全安心のまちづくり
 自然と共生するまちづくり
 資源循環型まちづくり
 公共交通中心のまちづくり

図13・5　エコシティ基準の七つの項目（ベトナム国への提案の例）
（出典：ベトナムにおける環境共生型都市開発の推進に関する調査（国土交通省））

を対象としたワーキンググループ（WG）が組成されている。ベトナムWGは2012年に発足し、カウターパート組織であるベトナム建設省とともにエコシティ事業の推進を目指してきた。図13・5は、ベトナムWGがエコシティ事業を評価するために作成した七つの指標であるが、ハノイ市及びホーチミン市では都市鉄道の整備が進められていることから、特に日本が豊富な経験を持つ「公共交通指向型の都市開発（TOD）」に焦点をあて、海外展開を進めている。2013年には、国土交通省とベトナム建設省との間で、ベトナムにおけるエコシティプロジェクトの推進に関する協力覚書を締結する等、G to G（政府対政府）の協力がベースとなった活動が進められている。

2──官民共同で設立したインフラファンド（JOIN）

　J-CODEに加え、海外におけるインフラ整備や都市開発事業に対して資金供給を行う組織も設立された。2014年に日本政府及び民間企業の資金により設立された「㈱海外交通・都市開発事業支援機構」（JOIN：Japan Overseas Infrastructure Investment Corporation for Transport & Urban Development）である。JOINは、海外において交通関連のインフラ整備並びに都市開発事業を行う日本企業に対し、資金の供給や専門家の派遣等の支援を行うための組織で、J-CODE

も設立発起人の一人となっている。JOIN は、民間と共同で出資を行うほか、日本政府と共に相手国政府と交渉を行う等、日本企業の投資リスクを改善する役割を担うことが期待されている。

## 13-4 ホーチミン市における TOD 型都市開発事業の推進

　ベトナムで最大の人口と経済規模を誇るホーチミン市においては、J-CODE の枠組みを活用し、日本企業の参画を目指した TOD 型の都市開発事業の案件形成が官民一体となり進められている。現在、日本の支援を受け建設が行われている都市鉄道 1 号線は、ホーチミン市で初めてとなる都市鉄道であり、図 13・6 に示すように、その沿線には、市内で最も高級と言われている住宅エリア、政府推進のハイテクパーク、市民に人気のアミューズメントパーク、国家大学エリアにおける教育施設群など特色ある施設が立地し、現在も高級マンションやショッピングモール等の建設が進められている。以下この章では、都市鉄道 1 号線の沿線で試みられている、官民一体となった TOD 型都市開発事業の形成状況について述べる。

図 13・6　ホーチミン市都市鉄道 1 号線と沿線の開発状況
①サイゴン―パール、②タオディエン（高級住宅エリア）、③サイゴンハイテクパーク、④スオイティエンウォーターパーク、⑤ホーチミン国家大学エリア

# 1 官民一体となった都市開発事業の推進

　J-CODE におけるベトナムを対象としたワーキンググループ（WG）は、その前年に組成された中国 WG に続き、2012 年に発足している。ベトナム WG としては、ハノイとホーチミンの両都市圏において基本的な情報収集を実施したうえで、都市開発事業の案件形成を進める候補地について、WG メンバーとベトナム側のカウンターパート機関であるベトナム建設省とで協議を行い、優先順位をつけ整理を行っている。さらに、優先順位の高い都市開発候補地について、WG の幹事社を中心にエコシティとしての基本構想の検討、WG のメンバーによる現地視察、並びにハノイ市とホーチミン市を含む両都市圏の地方政府と協力の可能性について協議を行っている。このような J-CODE の活動に対し、日本政府（国土交通省）は、情報収集や基本構想に対する調査費用を提供している他、G to G による協力関係を構築する等の支援を行っている。表 13・8 はベトナム WG が検討を行っているベトナム及びホーチミン市の都市開発案件に対する主な政府間協議の内容を示したものである。

　J-CODE の活動に対しては、JICA も J-CODE からの要望に応えるかたちで協力を行っている。2013 〜 2014 年に実施された「住宅セクター基礎情報収集・確認調査」は、J-CODE ベトナム WG の要望に応え、ハノイ市とホーチミン市における将来の住宅需要予測等を行ったものであり、2014 〜 2015 年に実施された「ビンズオン省における TOD による都市開発事業並びに BRT 事業準備調査（PPP インフラ事業調査*14）」は、ホーチミン市都市鉄道 1 号線の終着駅であるスオイティエンターミナル駅に隣接するエリアの都市開発構想、並びにその駅からホーチミン市に隣接するビンズオン省の中心部へ北上するバス高速輸

表 13・8　国土交通省によるベトナム及びホーチミン市の都市開発に関する主な政府間協議

| | |
|---|---|
| 2012 年： | 国土交通省とベトナム建設省との間で大臣級会談が行われ、エコシティの開発候補地についての協力を確認 |
| 2013 年： | 国土交通省とベトナム建設省との間でベトナムにおけるエコシティプロジェクトの推進に関する協力覚書を締結 |
| 2013 年： | 国土交通省とホーチミン市の幹部が会談を行い、全面的に協力することを確認 |
| 2014 年： | 国土交通省幹部名でホーチミン市委員長（市長）あてに開発候補地についての協力を要請 |

（出典：J-CODE 協議資料より著者作成）

図13・7　ベンタイン地下街整備イメージ。地上イメージ（左）と地下イメージ（右）（出典：JICA資料）

送システム（BRT：Bass Rapid Transit）の基本構想について、J-CODEのメンバー企業が主体となり検討を行ったものである。

　J-CODEベトナムWGのプラットフォームがTOD型の都市開発案件の形成に活用された事例の一つとして、「ベンタイン地下街整備事業」を挙げることができる。これは、ホーチミン市都市鉄道1号線の起点駅となるベンタイン総合駅周辺と1号線が通過するレロイ通りの地下に、地下鉄の構造物と一体となったベトナムで初めてとなる地下街の整備を行う、というものである。基本的な構想は、2010〜2012年に実施されたJICAによるPPPインフラ調査「ホーチミン市ベンタイン駅周辺地区総合開発事業準備調査」で検討されたが（図13・7はPPP調査で検討された地下街構想図）、その後の事業推進にはJ-CODEベトナムWGの枠組みが活用され、ホーチミン市政府への働きかけ等が官民一体となって進められた。具体的には、2014年にベトナムWGの中にプロジェクトチーム（PT）が組成され、集中的に事業化が推進されている。

　ここで、ベトナムにおける地下街整備事業を進めるに当たり、J-CODEの枠組みの活用がいかに有益なものであるかを説明したい。まず、地下街開発はベトナムで初めて行われるものであることから、関連する法制度がほとんど整備されていない。例えば、地下における土地使用権の設定や地下街の建設を規定する制度はない。このような状況で、一民間企業がベトナムの地方及び中央政府を相手に、地下街整備のために必要な行政協議を行うのは容易ではない。また、関連する政府機関は多岐にわたっているため、G to Gの協力関係の下、行政協議の窓口の絞り込みや迅速かつ適切な対応を依頼することは、事業を推進するうえで非常に有益である。さらに、本事業のようにホーチミン市で最も商

表13・9　日本政府によるホーチミン市の地下街開発に関する主な政府間協議

| |
|---|
| 2014年11月：国土交通省審議官とホーチミン市人民委員会副委員長が面会。地下街に関する日本のノウハウを活かし、本計画の実現を目指す意思を伝える。 |
| 2015年7月：日本・ベトナム両首相会談で、安倍首相から本件について言及 |
| 2015年9月：プロジェクトチームに国土交通省、JOIN等を加えた官民一体の「推進ワーキンググループ」を組成し、ホーチミン市人民委員会担当局との協議を実施 |

(出典：J-CODE協議資料より著者作成)

業的価値の高いエリアにおける地下街の整備事業は、当然、日本企業だけでなく、地元や日本以外の海外の投資家も興味を持っており、日本企業が優先的に地下街の開発権をもらえるよう交渉するのは、地下鉄整備を支援している日本政府と民間企業が官民一体となり事業推進を行うJ-CODEの枠組みがあるからこそできるものである。

　表13・9は、ホーチミン市における地下街整備事業を推進するために行われた主な政府間協議の内容を示したものである。2015年7月には、安倍首相とベトナムのズン首相（当時）による両首相会談において、安倍首相から本件についての支援要望が出される等、本件は高レベルの政府間協議の議題にもあがっている。さらに、同年9月には、J-CODEベトナムWGのプロジェクトチームに、国土交通省、JOIN等を加えた官民一体の「推進ワーキンググループ」が組成され、ホーチミン市人民委員会（市政府）の担当部局と協議を行う等、ベトナム国政府への働きかけが活発化している。

## 2　困難に直面する大規模都市開発事業の推進

　ところで、J-CODEメンバーである日本企業の多くは、質の高い"ジャパンクオリティ"をセールスポイントとした、中高所得者向けの住宅や高級オフィスの開発を狙っている。ホーチミン市の都市鉄道1号線沿線は、そのような階層をターゲットとする住宅の需要が見込まれるエリアと考えられるため、ベトナムWGでは、1号線の駅予定地の周辺エリアを対象として、面的な広がりを持った大規模都市開発事業の案件形成を試みている。上記の地下街整備と同様、日本の支援により整備が進められている都市鉄道の沿線は、日本企業が参画する都市開発事業の案件形成を有利に進めることができるものと期待されている。

特に面的な広がりを持つ大規模都市開発事業は、計画・設計・監理業務をはじめ、各種インフラ施設やエネルギー設備の建設や管理・運営等、多くの日本企業が関係するパッケージ的な取り組みが可能になることから、J-CODE のメンバー企業も積極的な展開を期待している。しかし、これまでホーチミン市の都市鉄道 1 号線沿線においては、このような大規模都市開発事業の案件形成は期待通りには進んでいない。

　プロジェクトの形成がうまく進まない最大の理由としては、面的な広がりを持つ大規模都市開発案件の事業リスクの大きさを挙げることができる。すなわち、大規模な面的広がりを持つ都市開発事業には、通常、多くの事業リスクが潜んでいるため、官民一体の協力体制があったとしても、民間企業として事業への投資を容易に決断することができない。大規模な開発事業を進めるためには、計画の策定やその承認を受けるための行政手続きをはじめ、土地買収・立退き協議、造成・上下水道・道路等の各種インフラ施設の整備等さまざまなプロセスを経ることが必要であり、事業を遂行するためには長い歳月と費用がかかってしまう。日本でも 100ha を超えるような大規模な都市開発事業は、通常 10 年以上の歳月が必要である。約 3000ha の規模を誇る多摩ニュータウンは、UR 都市機構（旧住都公団）等の公的機関が担当した事業が終了するまでに約 40 年の歳月を要している。このような大規模プロジェクトでは、投資資金を回収し利益をあげるまでに長い年月を要するため、開発事業者はその間、大きなリスクを負うことになる。このように、長期にわたる大規模都市開発事業は、先進国でさえ事業の遂行は容易ではなく、ましてや開発途上国であれば、開発事業者はさらに大きなリスクをとる覚悟が必要になってくる。

　長期にわたる大規模都市開発事業を進めるに当たって、まず乗り越えなければならない問題として、資金調達の難しさがある。これは開発途上国のほとんどすべての国に共通する事項であるが、ベトナムにおいても、銀行の金利が非常に高く、長期の不動産事業を成立させることが可能な融資を受けるのは難しい。日本等の先進国の金融機関は、開発途上国の都市開発事業リスクの高さから、通常融資には消極的である。ソフトローンを提供する国際機関等の公的な金融機関も、都市開発事業案件は安定した資金回収の見通しが難しいため通常融資は行わない。ASEAN 諸国で見られる大規模都市開発案件は、自己資金に

より事業を行っているケースが多く、先に示したホーチミン市の台湾資本による事業やハノイ市のインドネシア資本による案件も主に自己資金により開発が進められている。

大規模都市開発事業を進めるに当たって乗り越えなければならない他の問題としては、これも開発途上国に共通する事項であるが、土地の権利や許認可手続きをはじめとする都市開発に関する法制度の整備が進んでいないことが挙げられる。ベトナムの場合、未整備の法制度や整備されていても解釈が明確でないものが数多く存在し、さらに長期間にわたるプロジェクトの場合、制度が途中で変更されるリスクにもさらされることになる。特にベトナムで大きな問題となっているのは、立退きに関する制度が開発事業者にとって極めて不利なものとなっていることである[*15]。

GtoGの協議により、日本の支援により整備が進むインフラ事業と連動させ、土地の開発権を優先的に日本企業グループに付与するよう要望したとしても、上記のような事業リスクを負う覚悟がまず企業側に求められる。企業側としては、これらの事業リスクを勘案すると容易に投資判断を下すことができないため、結果として大規模都市開発事業の案件形成は一向に進捗しないという状況

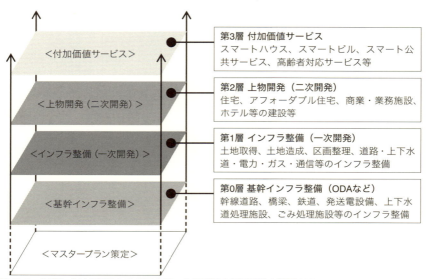

図13・8 海外における面的な広がりを持つ大規模都市開発事業の階層 (出典：J-CODE資料に基づき著者作成)

になっている。

　図13・8は、面的な広がりを持つ大規模都市開発事業の展開プロセスの階層を示したものである。ベトナムをはじめとする開発途上国においては、上記のようなさまざまな事業リスクを避けるため、日本の民間企業の多くは、この図に示されている第2層以上の開発事業（二次開発）から投資を行っている。しかし、大きな利益を上げることが可能なパッケージ的な取り組みを進めるためには、マスタープランの策定等の川上段階を含む第1層の開発事業（一次開発）から参画する必要がある。

　このように、大規模な都市開発事業に関しては、上記の官民協力のプラットフォームがあったとしても、事業リスクの大きさから初期段階からの投資ができない状況となっているが、このような開発事業を官民連携により積極的に推し進めている国がある。韓国とシンガポールである。

　韓国では、「韓国土地住宅公社（Korea Land and Housing Corporation（LH公社））」、企業の海外進出を支援する民間組織「韓国海外建設協会（International Construction Association of Korea（ICAK））」、都市輸出の官民協力の受け皿である民間企業団体「海外都市開発エンジニアリング協議会」等による、海外の都市開発事業を官民で推進するシステムが形成されている。特にLH公社の役割は大きく、韓国政府と連携した相手国政府との交渉、業務締結、海外投資、技術支援、研修等を行い、民間企業が海外市場において受注・進出をしやすい環境をつくりだしている。LH公社と民間企業の共同体が受託した、総事業費が60億ドルに達するアルジェリアの新都市開発事業は、このような官民連携のプラットフォームを活用した展開事例である。

　シンガポールでは、通商産業省傘下の「シンガポール国際企業庁（International Enterprise Singapore（IE Singapore））」が事業の推進役となり、相手国政府との協議により投資環境を整備したうえで、政府の資金的バックアップを受けた政府系の投資・開発会社が都市開発事業を行うという海外展開のスタイルが確立している。中国の「天津エコシティ」や「広州ナレッジシティ」では、政府系の投資会社 Keppel 及び Singridge がそれぞれ中国側の会社と共同出資会社を設立し、マスターデベロッパーとして都市開発事業を実施している。最近では、インドの Andra Pradesh（AP）州の新州都 Amaravati の整備事業にシン

ガポールの典型的な展開事例をみることができる。シンガポール政府は、まず、政府系のコンサルタント会社スバナ・ジュロン社（Surbana Jurong Private Limited）を活用し、都市計画マスタープラン（計画範囲約2万1000ha）を無償で作成、その後、そのマスタープランで指定された面積1690haの新州都の中核エリア（Seed Development Area）について、シンガポールの政府系デベロッパー・建設会社であるアセンダス・シンブリッジ（Ascendas-Singbridge Private Limited）、セムコープ（Sembcorp Design and Constriction）並びにAP州政府の3者が共同で特別目的会社（SPC：Special Purpose Company）を設立し、そのSPCがマスターデベロッパーとして開発を進めている。

このように、韓国やシンガポールにおいてつくりだされた仕組みでは、政府の全面的支援を受けた政府系の投資会社や開発公社等が、図13・8で示したマスタープラン策定及び第1層（一次開発）レベルにおける事業を主体的に行い、その後の民間企業が進出しやすい環境をつくりだしている。

## 13-5 | 新たな官民協力の仕組み

以上のように、有望な不動産ビジネスの市場として注目が集まるベトナムの大都市においては、日本の企業が都市開発事業の案件形成を有利に進めるため、日本が支援するインフラ整備プロジェクトを活用した、官民一体となった事業展開が始まっている。特にハノイ市とホーチミン市の2大都市では、ベトナムで初めてとなる都市鉄道の整備が進められており、日本の得意分野とも言うべき公共交通指向型の都市開発事業（TOD）への日本企業参画の期待が高まっている。

海外における官民一体となったTOD型の都市開発事業の推進に当たっては、日本政府が設立を支援したJ-CODE（海外エコシティプロジェクト協議会）が大きな役割を果たしている。J-CODEは海外のエコシティ事業を官民一体となり推進することを目指して設立された企業コンソーシアムであり、海外での交通インフラや都市開発事業を進める日本企業への資金提供等を行う組織、JOIN

（㈱海外交通・都市開発事業支援機構）とともに、海外での都市開発事業の展開を支援するプラットフォームとして期待されている。

　ベトナムにおいては、2012 年、J-CODE ベトナムワーキンググループ（WG）が組成され、これらの枠組みの活用により、G to G（政府対政府）の協力や JOIN からの支援を受け、民間企業のみでは難しいと考えられるホーチミン市の地下街開発事業が進められている。しかし、面的な広がりをも持つ大規模都市開発事業については、現状の枠組みでは、開発途上国に特有の多くの事業リスクを克服することはできず、案件形成は進んでいない。したがって、このような大規模都市開発事業への民間企業グループの参画を進めるためには、シンガポールや韓国においてみられるような、マスタープランの策定や土地造成・インフラ整備等を伴う初期の事業段階から、官民一体となって案件形成を進めることが可能な新たな枠組みづくりが望まれる。

注

*1　アジアの GDP が全世界の GDP に占める割合は 2014 年で 45％にのぼり、2021 年には 51％になることが予測されている（APO Productivity Databook（2016）のデータ）。

*2　世界銀行では一人当たり GNI が約 1000 〜 13000 米ドルを中進国もしくは中所得国と定義している。また、中所得国は、4126 米ドル（2015 年時点）を境に高中所得国と低中所得国に分かれ、アジアではマレーシア、タイが高中所得国、ベトナムを含むインドネシア、フィリピン等が低中所得国に該当している。ちなみに、GNI は国外で当該国の企業等が生産したモノやサービスの価値を含むが、GDP はこれら海外で生産された価値は含まない。

*3　あくまで一般的に言及されている指標であり、小売業や製造業がなどの民間企業が海外進出を検討する場合に用いられている（JETRO のレポート等に散見される）。厳密には、国別に経済レベルと消費行動や工業化の状況を比較することは、時点やインフレによる貨幣価値の差異や米ドル価値の変動等から難しい。また、2000 ドルを分岐点とする説もある（OECD エコノミスト Angus Maddison 氏など）。

*4　JICA（2014）『ベトナム国住宅セクター基礎情報収集・確認調査ファイナルレポート』

*5　World Bank (2015) *East Asia's Changing Urban Landscape*

*6　米国の非営利研究機関アーバンランド・インスティテュートと大手会計事務所プライスウォーターハウスクーパース（PwC）が発表した、2017 年におけるアジア・太平洋地域の不動産市場の予測リポートによる。特にホーチミン市は、「都市開発事業の見通し」の分野においてアジア・太平洋地域で 2 位にランクされている。

*7　国土交通省発表資料「海外における都市開発等の総合的広域開発について」（2015 年 6 月 2 日）

*8　ハノイ市の交通局の統計値によると、2000 年から 2010 年の間に、ハノイ市における自動車の保有台数は、11 万 8000 台から 35 万台へ約 3 倍増加している。

*9　パラトランジットとは、鉄道やバス等の大量輸送機関とタクシーや自家用車等の個別輸送機関の中間に位置付けられる交通機関の総称。ジャカルタでは Ojek、Bejaj、Hacak 等。マニラでは、Tricycle 等（Jeepney はミニバスの分類）。バンコクでは、シーロー、サムロー、ソイバイク等。

* 10 広州市では 2007 年より市内の全ての公道でバイクの乗り入れが禁止されているほか、北京市や上海市等でもバイクの新規登録が禁止されている。車については、北京市や上海市ではナンバープレートの発給の制限やナンバープレート末尾による走行規制が行われている。
* 11 2016 年 6 月のハノイ市の共産党執行委員会では、2025 年までに市内中心部の特定時間の主要道路におけるバイクの走行を禁止する方針を打ち出したが、交通の専門家等から実現性について疑問を呈する声があがっている。一方、ホーチミン市交通局の幹部は、「公共交通機関を発展させた後、バイクや車を制限することを検討する」と発言する等、車両規制に関しては控えめである。
* 12 3A 号線については、ベトナム政府からの要請を受け、日本の ODA で支援を行うための準備調査「ホーチミン市都市鉄道建設事業（ベンタイン－ミエンタイ間（3A 号線 フェーズ 1））準備調査」を実施中（2016 年 11 月時点）である。
* 13 SAPI（Special Assistance for Project Implementation）（案件実施支援調査）は、JICA の調査スキームの一つで、JICA が資金協力を実施しているプロジェクトに対し、事業目的の達成や円滑な実施の確保等を図るために行う追加的・補完的な調査である。
* 14 JICA の調査スキーム「PPP インフラ事業調査」は、日本の民間投資家が主体となり PPP によるインフラ等の整備事業の基本的な方針を検討するための調査である。
* 15 立退きに関しては、地方政府の管轄下、立退き委員会が設立され、補償費用等が決定することが規定されているが、費用の決定や立退きに要する期間がプロジェクトの最終段階で判明する仕組みとなっており、プロジェクトの初期段階で投資判断を行うことが難しい状況になっている。また、ベトナムには日本の土地収用法のような法制度がなく、公共事業も大きく遅れる要因となっている。

# 14章 都市づくりを担ってきた日本企業の海外進出の現状

瀬田史彦

## 14-1 都市づくりを担う日本企業の海外進出

### 1 日本の都市づくりにおける民間企業の寄与

　本章では、日本で都市づくりを担ってきた主な業種の主要企業の、都市づくりに関連した事業での海外進出の状況について概観する。

　第2章にも述べられているように、日本は、戦前から戦後の都市化の過程、とりわけ1950年代後半からの高度成長期における急速な都市化の過程で、さまざまな都市問題を経験し、そしてそれらをかなりの程度、克服してきた。水道をはじめとする生活インフラの不備、交通量増大に伴う渋滞やラッシュの激化、人口と経済活動の増大に伴う環境負荷の増大が引き起こす各種の公害を、各種インフラの整備、市街化のコントロール、そしてそれらを包括的に制御・調整する都市計画によって軽減し、また未然に防いできた。

　その過程では、さまざまな都市政策を実施してきた政府や公的機関だけでなく、都市の現場で事業・ビジネスを展開してきた民間企業が、日本の都市づくりに果たしてきた役割も過小評価できない。途上国・新興国の多くでは、かつての日本と同じ経済段階に達して都市化がかなり進んでも、日本と同じような質

の高い都市づくりを担う主体が国内で十分に見つけられないという現状がある。

　製造業分野ではかつて、関税や資本規制を利用して未熟な国内産業を保護し、国内企業の質的成長や国民の能力向上によって自国の産業が育つのを待つ、輸入代替政策を進めた途上国が多かった。しかしそうした政策が長期間取られても、途上国の国内企業が先進国並みに成長することは困難であった。むしろ 21 世紀に入ってからは、自由貿易と国際分業を前提として、比較優位を持つ産業や工程を中心に国内の産業構造を戦略的に構築していこうとする国々が多くなってきている。

　他方、都市づくりに関連する産業は、ローカルな事情（気候や地理的条件の違い、権限や利権の構造）を強く反映する土地や建物を扱うため、製造業に比べて、関税や資本規制がなくても参入しづらい。こうした状況の中で、国内企業は激しい競争にさらされずに来たこともあり、経済成長の過程で量的に大きくなっても、質的な成長は限定的なままとなっている。

　日本国内で都市づくりを担ってきた民間企業に対する国内での評価は、利益本位で住環境・自然環境を顧みない開発を進めてきた、あるいは投資効果の低い公共事業に業界全体で群がっているといった印象から、時に否定的な評価を受けることもある。しかし、途上国・新興国の現状との単純な比較をするだけでも、都市づくりを担う日本の企業が国内で独自の発展をしてきたことは、非常に誇らしいことと思える。それと同時に、経済成長でより質の高いサービスを求める国民のニーズが大きくなる一方で、それを担うだけの国内企業が質的に十分育っていない途上国・新興国において、都市づくりを担う日本企業が入り込む余地は本来的に非常に大きいと考えられる。

## 2　海外進出で後れを取る日本企業

　しかしこうした日本の企業がこれまでに途上国・新興国で果たしてきた役割は、その能力や経験に比べるとまだ限定的なものにとどまっている。むしろ都市づくりの多くの分野で、他の先進国や新興国の企業の後塵を拝していると言わざるを得ない。その理由にはいくつか考えられる。

　まず、1980 年代までの日本は、経済成長と都市化の継続によって事業機会も

拡大し続け、あえて海外に進出するという動機が見いだせなかったことが挙げられるだろう。アジア全体の GDP を合わせてもだいたい日本一国と同じくらいというかつての世界経済の市場規模では、開拓でリスクも高くその割に大きな実入りが期待できない途上国への進出にその動機を見いだすことは容易でなかった。実際の進出は、リスクが低く確実に利益を見込める事業に限られた。それは主に、先んじて海外進出を進めた製造業企業を顧客とする現地での工場・住宅や産業基盤の建設、そして日本の政府開発援助（ODA）による事業であった。

　他方、1980 年代から 90 年代にかけて、NIES（新興工業経済地域）と呼ばれ、時に日本の経済発展を見習いながら日本以上の急激な経済発展を遂げたシンガポールと韓国は、日本に先んじて都市づくりの輸出に本格的に着手した。両国は現在の都市輸出において日本の強力なライバルであり、同時に参考とすべき国となっている。

　自国市場が極めて限られる都市国家であるシンガポールは、1965 年のマレーシアからの独立・建国以来、すべての分野で常に海外に目を向けて政策と経済活動を展開してきた。都市づくりの分野では「都市ソリューション」を軸に、経済開発庁が中心となって国策として海外での都市づくりを進めている[*1]。経済発展の過程で常に日本の都市づくりを視野に入れながら独自の改良を進めてきた韓国は、1993 年には海外建設促進法を策定し、国策として海外での建設事業に目を向けた[*2]。

　日本の都市づくりを担う企業の海外進出が遅れている理由として、さらに、この 10 ～ 20 年で激変している世界での都市づくりのビジネスの潮流に、日本の企業が総じてまだ十分についていっていないことが挙げられる。

　かつて極めてドメスティックで国外企業が入り込むコストやリスクが他分野に比べても高かった都市づくりの分野において、比較的進出が見込めたのは、各国政府や国際機関による開発援助に関係するプロジェクトであった。政策や事業を進めるキャパシティが十分ではない現地国の中央・地方政府に代わり、実質的に援助国の援助機関や関連するコンサルタントが、事前調査や政治家・高級官僚等有力者との調整を経て案件を形成した。その過程は、自国で公共事業を進める過程に類似したところがあり、日本企業の場合は、上述のように日

本政府の開発援助を目当てに進出した。

　しかし現在、都市づくりの事業の主流となりつつあるのは、開発援助の借款や資金協力をあてにした公共事業に近いプロジェクトではなく、都市化によって拡大する市場を対象にビジネスベースで行う事業となっている。この変化には、途上国市民の所得向上による都市づくりの市場拡大、民間活力の導入と規制緩和という世界的な潮流の変化が主な理由に挙げられる。ビジネスベースでの都市づくりの市場の急速な拡大に対して、日本の企業は、国内での経験は十分であっても、海外での経験に乏しい。日本の特徴的な都市づくりビジネスである鉄道沿線開発のように潜在的なノウハウは十分持ち合わせているはずであっても、他国への展開の人材やノウハウが十分になく、また上述のように動機も強く見いだせず、展開されなかった。

　こうした結果として、例えばゼネコンの世界ランキングにおいても日本企業の地位は大きく低下し、先進国だけでなく中国の企業にも遅れをとるようになっている[*3,4]。

　日本の都市づくりの国内市場は今後、高齢化と人口減少等によって縮小が見込まれる。特に公共事業は、財政の全体的な逼迫や社会保障費の増大等からさらなる節減を余儀なくされる。民間市場については、都市インフラや公共施設の維持管理や都市サービス等におけるPFI・PPPの潜在的な市場はまだ大きいと思われるものの、経済成長と都市化で拡大が見込めた時代と比べると大きな発展は見込めない。他方、都市づくりを担う日本の企業がこれまでの海外進出の動機としてきた政府開発援助に基づく事業は、援助総額の伸び悩みに加えてアンタイド化（援助給与国以外も入札可能とすること）が進められ大きく期待できない。

　いよいよ日本企業も、ビジネスベースでの本格的な海外進出が求められる時期になっていると言えるだろう。量的な意味での海外進出も求められているが、むしろ重要なのは質的な適応、つまりビジネスベースで案件を形成して事業として着実に進めていくため、投資を行い、人材を育て、現地国を含む外国企業・外国人と渡り合い、進出国でのプレゼンスを上げていくことが求められていると言えるだろう。

## 3　各国の大都市の市場とそのポテンシャル

　都市づくりにおいて途上国・新興国にどの程度のポテンシャルがあるかを、一般的な統計からごく簡単に確認しておきたい。各国の人口や都市人口と、都市インフラや都市開発の需要の関係については、現在でもよく論じられている[*5]。

　ビジネスベースで利用者からサービス料を取る形の都市インフラ事業には、一定の人口規模が必要と考えられる。また都心を中心とした業務用途中心の開発・再開発や、ニュータウン等郊外の大規模な住宅・商業開発も、都市・都市圏全体として一定の規模になって初めて生まれるものであると考えられる。先進国の企業が自国で進めるのであれば、数十万人レベルの都市でもさまざまな都市づくりの事業が見込めるが、途上国・新興国の場合は、都市人口の所得水準やそれに影響される市場の大きさ、さらには進出企業にとっての進出のしやすさ等も考慮すると、100万人を一つの目安としてもよいと考えられる。とりわけアジア諸国の都市は、首都など特定の1〜数都市に人口が集中し、また所得水準もこれらの都市で高くなる傾向があり、ビジネスベースでの都市づくりの基盤が形成されやすい。

　図14・1は、世界銀行の世界開発指標（World Development Index）が公開しているデータを利用し、横軸に100万都市に住む人々の人口（対数表示）を、縦軸に100万都市の人口が全人口に占める割合をとって、アジアおよび先進国の都市を示したものである。上述の前提を踏まえると、横軸は右に行くほど現在の都市インフラの市場規模が大きい国と言え、縦軸は下に位置するほど今後の市場拡大の潜在力があると解釈できる。

　図を見ると、比較的分散的な国土構造を保っているため100万都市の人口割合が概して低い欧州諸国を除くと、100万都市の人口比率は先進国で高く、途上国・新興国では低いという傾向が見て取れる。とりわけ日本は100万都市に住む人口割合が非常に高く、市場としては成熟し今後の伸びしろはあまり期待できない。韓国、オーストラリア、アラブ首長国連邦等も同様の傾向であり、これらの国々での今後の都市づくりのビジネスは、都市化に従って自然に供給されるものではない、独自の付加価値を持つビジネスが求められると考えられる。

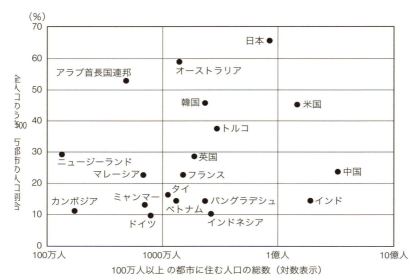

図 14-1　各国国民のうち 100 万都市（100 万人以上の人口を持つ都市）に住む人口と人口割合（2015 年）（出典：世界銀行 WDI ウェブサイト（http://data.worldbank.org/data-catalog/world-development-indicators）より筆者作成）

　他方、アジアの途上国・新興国は、100 万都市に住む人口の割合は 10 〜 20% 台でとどまっており、大きな伸びしろが期待できる。中でも中国、インドといった人口大国は、現在時点での市場が非常に大きいだけでなく、100 万都市の人口比率もまだ小さく、将来の伸びしろも非常に大きいと言える。インドネシアやバングラデシュもそれに続く存在として注目される。
　以上は単純な人口での分析であり、都市人口の集計方法、各国の所得水準や現在の基盤整備の状況等にもよるため、一概には言えないが、一定の目安になると考えられる。

## 14-2　業種別の状況

　以下では、日本の都市づくりを担ってきた日本企業の海外進出の状況について、ディベロッパー、建設会社（ゼネコン）、ハウスメーカー、鉄道会社等主

要な業種別に概説し、代表的企業の取り組みについて論じる。なお、各企業の取り組みについては、業界誌や学会誌による文献、新聞記事、代表的企業の公式ウェブサイト等を踏まえ、筆者の見解から特徴的な事例を抽出し論評しているものであることをお断りしておく。

## 1　ディベロッパー

　不動産事業は、土地や建物にさまざまな付加価値をつけてビジネスを行う業種であるが、不動産の売買、交換、貸借等の過程で現地の法制度や社会的事情が強く影響する、ローカルのリスクが高い業種であると言える。そのこともあり、日本における大手のディベロッパーの、途上国・新興国への海外展開の歴史は、都市づくりに関連した他業種に比べてもそれほど深くない[*6]。

　しかし現在は、活発な事業活動や投資が展開されている。その主な要因として、もちろんアジア諸国をはじめとした新興国市場の都市化・経済成長と成熟が挙げられる。都市化によって、都市部（とりわけ都心部）の不動産価値は高まっていく。経済成長によって良好な住宅や高機能のオフィスを中心としたさまざまな機能・サービスが必要とされるようになり、限られた空間で効率よくさまざまな機能を提供するニーズが生まれ、開発・再開発の需要が増大する。さらに経済が成熟していくに従って、当初はもっぱら先進国からの進出企業とその従業員にのみ提供されるだけだった高度な機能が、現地ローカルの企業・国民からも求められるようになると、海外に進出するディベロッパーにとってさらに魅力的な市場になっていく。

　他に動かすことのできない土地や建物をベースにビジネスを展開する不動産業にとって、近い将来の国の成長性がどれくらい見込めるかは最も基本的な要素となる。その意味で、東京を含めた日本は、今後大幅な人口減少が見込まれ、経済規模も多くの有識者がそれに従って縮小せざるを得ないと考えており、市場としての魅力は中長期的に乏しいと考えられる。かつて、ジョン・フリードマンによって世界都市仮説が発表された1980年代後半から1990年代は、少なくともアジアにおいて東京が圧倒的な地位を確立していたが、今はすでに香港、シンガポール、上海といった都市の後塵を拝しているという見方が多くある。

世界的に見た都市の位置付けの変化、とりわけ日本の都市の相対的な低落とアジア都市の量的・質的な成長が、日本のディベロッパーが海外に展開する遠因になっていると推察される。

　日本の不動産業が進出する国・都市は、経済成長が始まった直後の途上国よりも、中間層が増大し始める新興国の大都市、とりわけ首都等の大都市が中心となっている。

　森ビルは、上海において日本の六本木で行っているような本格的な都市開発を展開している。上海環球金融中心（上海ワールドフィナンシャルセンター）は、上海の新しい金融街である浦東（プードン）地区の中心に、当時世界で２番目に高いビルとして建設され、現在も上海金融街の主要機能の一角をなしている。最上層部には展望台、飲食店、ホテル、また地上階付近にはショッピングモールが配置され、日系の飲食店や販売店も多く進出し、現地でも有数の観光地となっている。

　三菱地所は、欧米の主要都市ではオフィスビルを中心として開発する[7]一方、シンガポール、ベトナム、タイ等のアジア新興国では、住宅開発を中心に展開しつつ、オフィス等も含めた多方面への展開を進めようとしている。とりわけ中国では住宅に商業、オフィス等も加えた複合開発を中心に、グローバルでの取り組みを進めている[8]。

　三井不動産は、アジアにおいては、商業や住宅を中心としたさまざまな用途での展開を進めているのが特徴となっている。中国、マレーシア等の国々で、ららぽーと等の大型商業施設やアウトレットモールを展開しており、その他のアセアン諸国では住宅開発を中心とした展開を見せている[9, 10]。

　上記のような大手総合ディベロッパーだけでなく、ハウスメーカー、商社、鉄道会社等も、それぞれが持つアドバンテージを活かして、不動産業による進出に乗り出している。

## 2　総合建設業（ゼネコン）

　建設業も、不動産業と同様、ローカルな要素が強い業種である。ただ土地の手当てや十分な量的・質的労働力の確保といったローカルなリスクを排除・軽

減できれば、その限りで海外進出は容易であると考えられ、実際に戦前から多くのゼネコンが海外に進出していった。

日本のゼネコンによる海外進出の歴史は古く、戦後は、東南アジアおよび韓国における賠償に基づく建設工事が中心であった時期を経て、そののちに商業ベースでの海外進出が本格化していった[*4]。その中心は、製造業の海外進出に関連する工場や現地駐在員用の住宅等と、開発途上国向けの政府開発援助（ODA）の受注であった。

（一社）海外建設協会の統計[*11]やそれをまとめた大竹[*4]によれば、戦後から現在まで、時代によって中東や北米等への進出・投資が目立った時期もあったが、全体的にみると、海外展開の中心はほぼ東・東南アジアであり続けたと言ってよい。ただ、最大市場であるはずの中国については、参入障壁の影響もあり進出は市場の大きさに比べると限定的となっており、主な進出先は東南アジアを中心としたアジア諸国となっている。

岡安ら[*3]によれば、日本のゼネコンの海外での工事は未だ日本法人による日系企業向けの事業が多い現状であり、売上高の海外比率は伸び悩み、より積極的に海外に進出している他の先進国のゼネコンや、巨大市場を持つ中国のゼネコンより遅れた状態であるとされる。

ただし日本の最大手ゼネコン各社とも、リスクは低いが市場規模が限られる日本政府や日系企業に関連する事業から、より高いリスクをとって大きな市場に臨む姿勢が2000年代に入って多くみられるようになっている。その過程ではリスクが顕在化し現地政府や企業とトラブルになるケースもある[*12]が、こうした経験も経ながら、今後、都市づくりにおける海外展開により大きく踏み出していくものと思われる。

清水建設は、日系企業の工場等を中心に東南アジア、中国、南アジア等で事業を展開している[*13]。ホーチミンやジャカルタで鉄道・MRTの工事をJVで請け負っている。再開発においては、シンガポールにおいて映画館・劇場等が核となる大規模複合施設の再開発（キャピトル・ディベロップメント）を受注した。

竹中工務店は、工場や空港等の産業施設・インフラを中心に海外事業を展開しつつも、シンガポールでは環境配慮型のオフィスや大型の観覧車（シンガポールフライヤー）の建設等、特徴的な事業も手掛けている[*14]。

大林組は、アジア各国や米国等で生産・物流施設、社会基盤、商業施設、郊外型オフィスビル等の建設を中心に事業を展開している[*15]。近年では、台北でドーム球場を含む複合開発を、ドーハでも複合再開発（ムシェレブ ダウンタウン）を、ともに現地ローカル企業とのJVで手掛ける等、さらに多方面での業務展開を進めている。

　大成建設は、日本での同社CMでも有名となった、イスタンブールの両岸を結ぶトンネル工事（ボスポラス海峡横断鉄道トンネル）をはじめ、アジアでの交通基盤の建設に多く携わっている[*16]。ホテルや社会基盤、生産施設等での施工も多い。

　鹿島建設は、オフィス、ホテル、住宅、教育施設、流通倉庫等各種の建設に加え、不動産開発事業も積極的に展開している[*17]。ジャカルタでは、20haの再開発地域（スナヤン・スクエア）の不動産開発から設計、施工、施設運営までを手掛けている。

## 3　ハウスメーカー

　住宅分野、中でもとりわけ戸建住宅の請負事業における海外展開は、相対的な高価格、国や地域によって異なる気候条件・住宅事情・法制度等から、長らく困難であると言われてきた[*18]。例えば、日本で高い性能が求められる耐震性等は海外では必要とされることが少なく、高スペック・高価格と受け止められる。

　しかし近年は、日本における人口・世帯減少に伴う市場規模の縮小が確実視されることから、同業界でも新たな市場の開拓が意識されている。米国や豪州では、日本の技術を応用して当地での嗜好にうまく合わせた形で販売し、成果を上げつつある。他方、途上国・新興国では人口が増加し都市化が進んで市場が拡大している。また新興国の市民の可処分所得が上昇し中間層が増加したことに伴い、日本のハウスメーカーが提供するような現地国にとって高スペックの住宅へのニーズも次第に高まる傾向にある。また先進国と途上国・新興国いずれの場合も、購入層の拡大や技術力だけでなく、日本のブランドやライフスタイルの魅力が現地の市民に浸透することが、市場をさらに押し広げることになると考えられる。

ハウスメーカーの海外進出は、分譲住宅の販売・住宅地開発と、そのための住宅建材の工場の進出が中心となっている。

　例えば積水ハウスは、中国ではプレハブ住宅の工場を瀋陽市に立地させるとともに、シンガポールでタウンハウスやマンションの複合開発等を行っている。また豪州では戸建住宅やマンションを販売するとともに、シドニー近郊での住宅開発（ザ・ヘルミテージ）等を手掛け、郊外団地の開発を進めている[*19]。

## 4　鉄道会社

　日本の大都市圏の鉄道会社による、鉄道事業を中心に据え、各駅周辺での住宅・商業施設・集客施設の開発を行い、沿線地域一体での発展を目指すというビジネスモデルは、世界での特質に値するものであり、日本の大都市の都市化や郊外開発に貢献してきた。

　今日、急激な都市化と極度の交通混雑に悩まされる新興国・途上国にとって、本来、日本の経験は生かされるべきものであったと考えられるが、現実にはほとんど生かされていない。東南アジアの大都市は、大容量の公共交通である鉄道が敷設される前に、モータリゼーションによる郊外化が進み、道路密度も低く主要幹線道路に全面的に頼った交通体系となっている。そのため、激しい交通渋滞が各所で生じ、それに対する解決方法も限定されている。ただ近年は、TOD（公共交通指向型開発）のコンセプトを基礎に据え、鉄道やバスの他、新たな交通モードや技術による解決が模索されている都市が多い。

　日本の鉄道は、車両等においては戦前から輸出産業でもあったが、円高の進行や内需拡大・国鉄民営化といった政策的な動きもあり、国内市場依存型で発展してきた経緯がある[*20]。その間、欧米の大手企業が世界市場を押さえ、またその後、中韓の企業の発展も目覚ましく、各国がしのぎを削る状況となっている。また鉄道ビジネスは大きく変化し、製造業的な施設・設備の輸出から、運行保守・維持管理等も含めたパッケージ型の輸出が主流となってきている。

　日本の企業は遅ればせながら、JR・私鉄各社ともさまざまな形で海外進出をもくろんでいる。各社とも関連会社や製造業等他業種とともに、鉄道車両・各種施設の販売と維持管理、そのための技術の提供や人材育成を進めようとして

いる。また沿線開発においても、東急電鉄がホーチミン郊外で新都市を大規模に開発する等の事例が見られる。

　JR東日本は、オペレーション＆メンテナンス分野（列車の運行や設備の保守等に関する計画・管理・支援・実施）や、車両製造・コンサルタントを手掛ける関連会社とともに海外展開に臨んでいる[*21]。例えば日系他社とともにタイのパープルラインで鉄道車両や各種地上設備をトータルでメンテナンスを行う事業へ参画している。

## 5 関連するその他の業種

　関連する他業種として、エネルギー企業、製造業、商社といった業種があり、それぞれのノウハウを生かしての都市づくりへの貢献が期待される。

　電気・ガス等のエネルギー企業は、国内で都市サービス供給の技術やノウハウを蓄積している。省エネ、気候変動対応といったそれぞれの時代に生じる新しい課題に対し、コージェネレーション、スマートシティ、水素エネルギー等新しい技術・システムの導入に関与している。経済成長の途上にある途上国・新興国でも、すでにこうした新しい技術・システムへのニーズは先進国と同様に高まっており、都市に関連する分野でのエネルギー企業の貢献が期待される。国内ではエネルギー自由化に向けて業界全体が再編される動きが進んでおり、各社ともグローバル展開を含めた今後の新たな戦略が求められている。

　例えば、東京ガスは、天然ガス等の権益確保や火力発電所の買収等の上流事業だけでなく、新興国における天然ガス発電事業や工場向け都市ガス供給事業にも参画している[*22]。

　製造業は、さまざまな製品を海外に輸出し、その後は工場等を海外進出させて現地生産を行う等、もともと海外進出が盛んであるが、都市づくりの分野でも存在感を高めつつある。

　例えば日立製作所は、鉄道やモノレール等軌道系公共交通で、日系の他業種に先んじて海外進出を進めている企業となっている。英国での高速鉄道の車両受注が有名であるが、東京モノレール等の技術をアジア・中東に展開する等[*23]、他の交通モードも手掛けており、また信号・交通システムの維持管理等にも乗

り出そうとしている。

その他、例えば商社は、これまでも世界各地で交通基盤施設をはじめとする都市インフラ事業を手掛けてきた。今後も、商社が持つ現地国政府・経済界とのネットワーク、各地域のマーケットやニーズに関する情報、多様化する事業についてのノウハウと経験を活かして、都市づくりにおける海外展開を進めることができると考えられる。

## 6　日本政府の役割

上述のように、都市づくりを担うさまざまな業種の日本企業が海外進出を本格化させようとしている。企業にとっては、縮小傾向にある日本市場のみに頼らず、新たなマーケットを開拓するために必要な取り組みであると考えられる。

ただし途上国・新興国での都市づくりのビジネスを進めるに当たり、海外からの民間企業だけでの取り組みには限界がある。政策決定者やキーパーソンへのトップセールスや、相手国の政策への関与等、いわゆる川上からの働きかけにおいて、外交を担う外務省や現地の大使館・領事館、国際協力を担う国際協力機構や各省庁等、日本政府や関係機関の協力が欠かせない。

日本政府にとっても、都市づくりにおける日本企業の海外進出は重要な取り組みとなる。海外で日本の企業による都市づくりが展開されることによって、製品・ノウハウの輸出や投資等による日本国内のさまざまな経済効果も見込める。また日本のビジネスが諸外国で進展し、都市問題が緩和・解消されることによって日本のプレゼンスが上がり、国益に資することにもなる。

日本政府は、2013年に閣議決定された「日本再興戦略」のアクションプランとして「国際展開戦略」を打ち出し、同年の「経協インフラ戦略会議」で決定されその後改訂された「インフラシステム輸出戦略」において、インフラシステムの受注目標を掲げた[24]。

また具体的な官民連携の取り組みとして、2011年に海外エコシティプロジェクト協議会（J-CODE）が設立され、都市づくりの海外展開を日本の民間企業と政府が手を携えながら進めるプラットフォームとなっている。また2014年には、㈱海外交通・都市開発事業支援機構（JOIN）が設立され、資金の供給や

人的支援等の仕組みが強化された[*25]。

これらの具体的な仕組みについての説明や評価は他稿に譲るが、官民が一体となった戦略的な取り組みが今後一層求められる。

## 14-3 東京五輪後に向けて

日本では2017年現在、3年後に迫った東京五輪に向けて、都市づくりを担う企業が国内での事業に追われている。東日本大震災の復興事業もまだ続いており、国内における直近の問題は、人口減少による市場縮小よりもむしろ、人手不足や建設資材の高騰といった現実的な課題が強く意識されている。

しかしこれらの企業は、同時に東京五輪後に向けての中長期的な視点も忘れていないようである。各社とも自社の売上高や利益に占める国外のシェアを高める目標を掲げ、さまざまな事業に乗り出している[*26]。東京五輪後に本格化すると思われる、日本の都市づくりを担ってきた企業のグローバルな展開に期待したい。

注
*1 大竹喜久（2012）「シンガポールの都市輸出戦略—「都市ソリューション」の輸出—」『土地総合研究』2012年夏号
*2 大竹喜久・宋賢富（2012）「韓国の都市輸出戦略① 韓国の都市輸出戦略における国家支援および韓国土地住宅公社の役割」『土地総合研究』2012年冬号
*3 岡安大地・蟹澤宏剛（2013）「日本の建設業の海外進出に関する基礎的研究」『日本建築学会大会学術講演梗概集』2013年8月
*4 大竹喜久（2013）「日本の建設業の海外進出の現状と都市輸出」『土地総合研究』2013年冬号
*5 濱田圭吾（2014）「日本の都市開発のアジア諸国への展開について」『新都市』68（11）
*6 竹腰俊朗・荒木康行・渡會竜司（2013）「拡大するASEAN市場における不動産事業者の成長戦略と課題」『知的資産創造』2013年4月、pp.58-70
*7 荒畑和彦（2014）「ロンドン セントラル・セント・ジャイルス（CSG）開発プロジェクト」『都市住宅学』2014年冬号
*8 三菱地所公式ウェブサイト「アジアの事業」 http://www.mec.co.jp/j/global/asia/
*9 入野竜郎（2014）「三井不動産レジデンシャルの東南アジアエリアにおける住宅分譲事業の展開」『都市住宅学』2014年冬号
*10 三井不動産公式ウェブサイト「グローバルでの取り組み」 http://www.mitsuifudosan.co.jp/global/
*11 海外建設協会ウェブサイト「海外受注実績の動向」 http://www.ocaji.or.jp/overseas_contract/

\*12 朝日新聞 2010 年 12 月 14 日朝刊「2010.12.14 高速道路建設のアルジェリア、日本に 1000 億円超未払い　前原外相が仲介」
日本経済新聞 2010 年 4 月 13 日「ゼネコン、新興国で工事採算悪化　鹿島は営業赤字」

\*13 清水建設公式ウェブサイト「シミズの海外進出」
http://www.shimz.co.jp/theme/overseas/about.html

\*14 竹中工務店公式ウェブサイト「建築作品＞建築種別＞アジア（他）」
http://www.takenaka.co.jp/majorworks/area/asia/index.html

\*15 大林組公式ウェブサイト「世界で活躍する大林組」
https://www.obayashi.co.jp/recruit/shinsotsu/global/world.html）

\*16 大成建設公式ウェブサイト「海外実績」　http://www.taisei.co.jp/works/wd/

\*17 鹿島建設公式ウェブサイト「鹿島の海外事業」　http://www.kajima.com/tech/overseas/index.html

\*18 馬場功一・渡會竜司（2009）「2015 年の住宅市場と住宅メーカーの目指すべき進路」『知的資産創造』2009 年 4 月、pp.6-17

\*19 積水ハウス公式ウェブサイト「CSR・環境活動」　https://www.sekisuihouse.co.j/stainable/index.html

\*20 田村明比古（2010）「わが国鉄道産業の海外展開と政策の方向性」『運輸政策研究』13（3）

\*21 JR 東日本公式ウェブサイト　「CSR 報告書 2016」　https://www.jreast.co.jp/eco/pdf/

\*22 東京ガス公式ウェブサイト　「アニュアルレポート」
http://www.tokyo-gas.co.jp/IR/library/anurp_j.html

\*23 井上英男（2015）「日立跨座型モノレールの海外展開について」『新都市』69（2）

\*24 国土交通省都市局総務課・都市計画課・街路交通施設課（2015）「都市開発・都市交通分野の海外展開について」『新都市』69（2）

\*25 吉村弘之（2016）「"都市輸出" J-CODE が目指すもの」『新都市』70（8）

\*26 日本経済新聞 2014 年 8 月 5 日「建設大手、アジアに活路　五輪後の収益源確保」
産経新聞 2014 年 2 月 28 日「ゼネコン、海外進出を再強化　東京五輪後の国内市場縮小見据え」

# ［ おわりに ］

　2007年に設立された社会人大学院である東大まちづくり大学院、通称「まち大」は、学術的な教育・研究という基本的なスタンスを保ちながら、最新のまちづくりの動向を、講義・演習やセミナーで取り上げ、外部の専門家を多く招き知見を深めてきた。まち大を運営する都市持続再生学寄付講座は、のべ20社近くの寄付企業の寄付によって支えられてきた。これまでまち大の運営にご協力頂いた全ての個人や企業・組織の方々に、厚く御礼を申し上げたい。

　本書は、「東大まちづくり大学院シリーズ」の5番目の刊行物となるが、今回新たに書籍全体として国際化・グローバル化を取り上げたことには特別な意味がある。これまでまち大では、海外の事例を研究・調査し参考にすることは多くても、フィールド自体を国外に設定することは、まれであった。もっぱら日本の都市づくりが抱える課題・問題を、さまざまな切り口で報告・議論してきた。

　しかし今や、日本の都市づくりも国際化・グローバル化と切っても切り離せない。まちづくりの需要が、これから成長し都市が拡大していくアジアをはじめとした新興国・途上国でより大きくなっていることは、否定できない。日本のまちづくりの仕組み・手法・ノウハウが、国外の他の都市でも有用なユニバーサルなものなのかが、本格的に試され、評価されようとしている。

　そしてその評価は、日本の都市自身にも跳ね返ってくるだろう。世界の都市が比較され優劣が評価される傾向が強まっている。機能だけでなく、住みやすさ・心地よさといった要素も含めて、世界基準で評価される時代になっている。

　できれば、日本の都市づくりのすばらしさが、日本人の単なる思い込みではなく、世界の都市生活を向上させることを示したい。そのためには、実務者も研究者も、海外に出て日本の制度・技術・ノウハウを伝え続ける必要があるだろう。

　「サステイナブル都市の輸出」は、このような努力によってはじめて達成されるものと考えられる。まち大もそのことに貢献できればと願ってやまない。

　最後に、本書の企画から刊行までご尽力頂いた学芸出版社の井口夏実さんに、監修者・編者・著者を代表して深く感謝の意を表したい。

2017年2月　瀬田史彦

# 索　引

## ◆英数

ADB　33, 48, 231
ASEAN 連結性マスタープラン　96
Bankable　153
Basic Human Needs　126
$CO_2$ 削減クレジット　224
E-waste（Electrical & Electronic Waste）　114
Fujisawa サステイナブル・スマートタウン　81
G30 プラン　227
G to G（政府対政府）の協力　254
HABITAT　70
ICHARM　185
IoT　60
ITS　82
JICA　25, 66, 98, 133, 176
JOIN　34, 88, 254
Land Readjustment　70
MACCS　28
MJ ティラワ・デベロップメント社（MJTD）　27
MSW（Municipal Solid Waste）　106
NIMBY（Not-In-My-BackYard）　109
ODA　92, 95, 122, 128
ODA 改革　100
ODA 大綱　129
ODA の都市間環境協力　211
PILaR　71
PPP（Public-Private Partnership）　17, 28, 57, 166, 206
SDGs（Sustainable Development Goals）　11, 103, 127
TOD（Transit Oriented Development）　72, 242, 252
UNESCO　179
UR 都市機構　146
UNCRD　178
UNDP　223
U-City　31
VGF（Viability Gap Funding）　153
Win-Win のソリューション　209
W to E（Waste-to-Energy）　112
Y-PORT 共創ワークショップ　237
Y-PORT 事業　228
Y-PORT センター　239
Y-PORT フロント　230
100 Resilient Cities　48
6 大事業　232, 233

## ◆あ

相手側の持続可能な社会づくりに貢献　220
アウトバウンド　51, 60
アジアインフラ投資銀行（AIIB）　31
アジア開発銀行（ADB）　33, 48, 231
アジア・スマートシティ会議　238
アジア太平洋都市間協力ネットワーク（CityNet）　228
アジア通貨危機　121
アーバンソリューションセンター　57
アーバン・リージョン　13
アベイラビリティペイメント　153
アンタイド化　268
アンドラ・プラデシュ（AP）州　38
一帯一路構想　31
一般廃棄物　106
イノベーション　49, 60, 76
インドネシア水道研修所　128
インド洋大津波　176
インバウンド　51, 60
インフラシステム輸出戦略　21
インフラ輸出　91, 92, 100
埋立　107
ウランバートル　167
エコロジカル・フットプリント　77
エコシティ　252
エネルギー使用効率　79
円借款　25, 159
エンド・オブ・パイプ　105
オープンダンピング　107
オープンデータ　225
オールジャパン　40

## ◆か

海外エコシティプロジェクト協議会（J-CODE）　88, 252, 277
海外建設促進法　30
海外交通・都市開発事業支援機構（JOIN）　34, 88, 254, 277
海外直接投資（FDI）　103
海外通信・放送・郵便事業支援機構（JICT）　34
海外投融資　159
海外都市開発　140
外国投資　164
拡大生産者責任　114
格付け　157
柏市豊四季台地域スマートウェルネス住宅・シティ　85
柏の葉キャンパスシティ　80
ガバナンス　56, 130
ガバナンスと組織形成　127
ガバナンスモデル　54
環境共生型の都市開発　252
環境未来都市　221
韓国土地住宅公社　30, 261
官民のリスク分担　153
官民連携（PPP）　17, 28, 57, 166, 206
緩和策　228
気候変動　15
気候変動適応　194
技術移転　87
技術協力　95, 159
北九州市　196
キャパシティビルディング　155
急速施工　28
共同事業　211
区画整理　63
区画整理国際セミナー　65
区画整理事業　223
区画整理に関する国際セミナー　64
クラークグリーンシティ　37

| | | |
|---|---|---|
| クリチバ 226 | 事業運営権 22 | スマートグリッド 79, 223 |
| クリチバ都市計画研究所（IPPUC）226 | 資金ギャップ 131 | スマート・コミュニティ 80 |
| クリーナープロダクション 200 | 資源効率性 118 | スマートシティ 77, 74, 141 |
| グリーン成長 200 | 自助・共助 193 | 政策研究大学院大学 184 |
| グローバル・ネットワーク 13 | 自助努力 95 | 政策・制度 56 |
| 経協インフラ戦略会議 21 | 自然災害 44 | 脆弱性 75, 76 |
| 系統的・持続的な仕組み 77, 78, 86 | 四川地震 189 | 政府開発援助（ODA）92, 95, 122, 128 |
| 下水道普及率 125 | 持続可能な開発（Sustainable Development）10 | 世界銀行 47 |
| 建設事業案件実施支援調査（SAPI）251 | 持続可能な開発目標（SDGs）11, 103, 127 | 世界都市サミット 46, 51 |
| 建築解体廃棄物 114 | 質の高いインフラ 101 | 世界の均衡ある持続可能な発展 219 |
| 建築環境・エネルギー機構 223 | 質の高いインフラ投資 21 | 世界保健機関（WHO）126 |
| 建築研究所 179 | 質の高いインフラパートナーシップ 33 | セブ市 229 |
| 公害 104 | 質の高いインフラ輸出 141 | セルダ 225 |
| 公共交通指向型の都市開発（TOD）72, 242, 252 | 質の高いインフラ輸出拡大イニシアティブ 33 | センター・フォー・リバブルシティーズ 50 |
| 公衆衛生 108 | シティ・アカウント・マネージャー 88 | 相互理解 212 |
| 耕地整理事業 61 | シティギャラリー 59 | |
| 交通渋滞 43 | 自動走行車技術 82 | ◆た |
| 高度浄水処理施設 124 | 市民の理解と参加 203 | 耐震建築基準 183 |
| 港湾EDIシステム 28 | 社会基盤 91 | タイド借款 100 |
| 国際飲料水の供給と衛生の10年 126 | 社会的便益 93 | 大丸有スマートシティ 85 |
| 国際協力 176 | ジャパンクオリティ 258 | ダナン市 229 |
| 国際協力機構（JICA）25, 66, 98, 133, 176 | 集成（aggregation）86 | 知識経済 76 |
| 国際協力銀行 33 | 受益者負担の原則 62 | 地方自治体 23 |
| 国際地震工学センター 180 | 循環経済 117 | 津波対策 180 |
| 国際社会におけるプレゼンス 217 | 準好気性埋立 113 | 低炭素社会 204 |
| 国連機関 177 | 焼却 107 | ティラワ地域開発 26 |
| コミュニティ防災 178 | 上下水道 44 | 適応策 228 |
| コレラ 123 | シルクロード基金 31 | 伝染病 123 |
| コロンビア型区画整理 71 | シンガポール 49 | データベース 58 |
| コロンボプラン 128 | シンガポール国際企業庁（IE Singapore）261 | 東西経済回廊 96 |
| コンセッション 130, 131 | 信頼関係 212 | 東南アジア諸国連合（ASEAN）96 |
| コンソーシアム 23 | 水源開発 124 | 東部臨海開発 24 |
| | 水道技術訓練センター 128 | 特別目的会社（SPC）262 |
| ◆さ | 水道産業国際展開推進事業 133 | 都市インフラ輸出 20 |
| 再開発 164 | 水道条例 123 | 都市化 42, 76, 158 |
| 再生可能エネルギー 112 | 水道普及率 124 | 都市開発 158 |
| 財政マネジメント 156 | 水道法 124 | 都市開発のバリューチェーン 142 |
| 参加型開発 127 | ストック効果 94 | 都市課題克服ノウハウ 54 |
| 産業公害 105 | スプロール 159 | 都市課題克服のストーリー 56 |
| 産業廃棄物 106 | スペックイン 150 | 都市間競争 45 |
| | | 都市間ネットワーク 135 |
| | | 都市計画法 62 |

都市人口比率　74
都市・生活型公害　105
都市総人口　74
都市ソリューション　41
都市鉄道（UMRT）　250
都市の持続可能性　196
都市の動態分析　86
土地区画整理　164
土地区画整理事業　61
土地の仕込み　148
トップセールス　35

◆な

長崎 EV & ITS プロジェクト　83, 84
南部経済回廊　96
日越大学　37
日本再興戦略　21
日本プラント協会　31
日本貿易振興機構（JETRO）　31
日本貿易保険　38
ニュー・アーバン・アジェンダ（New Urban Agenda）　11
ネパール地震　190

◆は

バイオマス発電　125
廃棄物　44
バス高速輸送システム（BRT）　256
バタム市　229
パッケージ型インフラ海外展開支援　247
パッケージ型インフラ輸出　243
パッケージ型の輸出　275
パラトランジット　248
バルセロナ　225
バンコク　226, 229
パートナーシップ　199
東日本大震災　176
非寛容　77
ひとまとまりの取り組み（collective approach）　86
貧困撲滅　126
プラザ合意　26
プロジェクトファイナンス　152
プロジェクト方式技術協力　180

プロダクトアウト　55
米国連邦政府 ATCMTD 補助金　83
ホアラック科学技術都市　36
防災まちづくり　176
ポートフォリオ　52, 53

◆ま

マスターデベロッパー　143
マスタープラン　143, 160
「マスタープラン型」の都市開発　16
マスダール・シティ・プロジェクト　82
「まちづくり型」の都市開発　16
マルチ・セクトラル・アプローチ　127
マーケティング　55
水インフラ　121
水環境ソリューションハブ　133
水と衛生へのアクセス　126
水ビジネス　122
水ビジネス協議会　134
水ビジネスの国際展開に向けた課題と具体的方策　133
水メジャー　132
ミレニアム開発目標　126
民営化　130, 131
民間資金調達　151
民間投資　166
無収水　134
無償資金協力　95
メガシティ　42
メガセブ・ビジョン　232, 233
メトロセブ開発調整委員会　235
モーダルシェア　248

◆や

やりながら学びながら（learning by doing）　89
ヤンゴン　162
有償資金協力　95
輸出志向型工業化政策　25
要請主義　95
横浜市　221
ヨコハマ 3R 夢プラン　227
ヨコハマ・エコ・スクール（YES）　227
横浜市資源リサイクル事業協同組合　226

横浜スマートシティプロジェクト　81

◆ら

ライフサイクルコスト　55
リサイクル　110
リスク分析　148
リチャード・ロジャース　77
リー・クワンユー世界都市賞 2014　230
ローカルイニシアティブ　198
ローコスト生産拠点　13

◆わ

ワーキンググループ（WG）　254

著者略歴 (執筆順)

【監修】

**原田　昇**（はらた　のぼる）——————————————————————————————————— 監修、序章

1955年生まれ。東京大学大学院工学系研究科都市工学専攻教授。東京大学院博士課程修了。日本学術振興会奨励研究員、(財)計量計画研究所研究員、東京大学工学部助手・助教授、オックスフォード大学客員研究員、東京大学大学院新領域創成科学研究科教授を経て、2005年より現職。この間、東京大学大学院工学系研究科長／工学部長、東京大学副学長・産学連携本部長を務める。国土交通省社会資本整備審議会・交通政策審議会・国土審議会の委員、東大まちづくり大学院コース長。専門は交通計画、都市計画。主な著書に『都市輸出』『交通まちづくり～地方都市からの挑戦』『都市交通計画』等

【編著】

**和泉　洋人**（いずみ　ひろと）——————————————————————————————————— 1章

1953年生まれ。内閣総理大臣補佐官。東京大学工学部都市工学科卒業。博士（工学）。1976年建設省入省、国土交通省住宅局長、内閣官房地域活性化統合事務局長、内閣官房参与を経て現職。政策研究大学院大学客員教授を兼任。主な著書に『容積率緩和型都市計画論』等

**城所　哲夫**（きどころ　てつお）——————————————————————————————— はじめに、序章

1958年生まれ。東京大学大学院工学系研究科都市工学専攻准教授。東京大学大学院修士課程修了。博士（工学）。㈱アルメック、国連ESCAP、国連UNCRD、チュラロンコン大学客員講師を経て現職。国連大学高等研究所客員教授。世界銀行・アジア開発銀行コンサルタント、OECD専門家等。主な著書に『アジア・アフリカの都市コミュニティ：「手づくりのまち」の形成論理とエンパワメントの実践』『グローバル時代のアジア都市論：持続可能な都市をどうつくるか』『復興まちづくり最前線』"Sustainable City Regions" "Vulnerable Cities"（いずれも編著）等

**瀬田　史彦**（せた　ふみひこ）——————————————————————————————— 14章、おわりに

1972年東京生まれ。東京大学大学院工学系研究科都市工学専攻准教授。東京大学工学部卒業。博士（工学）。東京大学先端科学技術研究センター助手、大阪市立大学准教授を経て現職。専門は国土・都市計画、地域開発。国土交通省都市交通システム海外展開研究会、国土審議会計画推進部会専門委員会国土管理専門委員会、社会資本整備審議会都市計画・歴史的風土分科会都市計画部会都市計画基本問題小委員会などの委員を務める。国際協力事業団（現国際協力機構）の事業については、タイ都市計画技術向上プロジェクトに短期専門家として5回派遣され、現在も主に国内で都市計画・交通など各種研修の講師を務める。主な著書に『広域計画と地域の持続可能性』『東日本大震災復興まちづくり最前線』（いずれも共著）等

【著】

**野田　由美子**（のだ　ゆみこ）——————————————————————————————— 2章、8章

1960年生まれ。PwCアドバイザリー合同会社パートナー（PPP・インフラ部門統括）、都市ソリューションセンター長。ハーバード大学経営学修士（MBA）。日本長期信用銀行ロンドン支店ストラクチャードファイナンス部次長、PwC英国、横浜市副市長、清華大学日本研究センター(北京)シニアフェローを経て現職。主な著書に『PFIの知識』『民営化の戦略と手法』『都市輸出』等

**岸井　隆幸**（きしい　たかゆき）――――――――――――――――――――――――――――― 3 章
1953 年生まれ。日本大学理工学部土木工学科教授。東京大学大学院修士課程修了。博士（工学）。建設省入省を経て 1998 年より現職。日本都市計画学会会長、政府審議会委員等を歴任。主な著書に『東京 150 プロジェクト』等

**野城　智也**（やしろ　ともなり）――――――――――――――――――――――――――――― 4 章
1957 年生まれ。東京大学生産技術研究所教授。東京大学大学院博士課程修了。建設省建築研究所、武蔵工業大学を経て、2001 年より現職。主な著書に『イノベーション・マネジメント：プロセス・組織の構造化から考える』『サービス・プロバイダー――都市再生の新産業論』『建築ものづくり論』等

**加藤　浩徳**（かとう　ひろのり）――――――――――――――――――――――――――――― 5 章
1970 年生まれ。東京大学大学院工学系研究科社会基盤学専攻教授。東京大学大学院工学系研究科修士課程修了。同助手、(財)運輸政策研究機構調査役、東京大学大学院工学系研究科専任講師、准教授を経て、2013 年より現職。主な著書に『グローバル時代のアジア都市論』『メガシティとサステイナビリティ』等

**森口　祐一**（もりぐち　ゆういち）――――――――――――――――――――――――――― 6 章
1959 年生まれ。東京大学大学院工学系研究科都市工学専攻教授。京都大学工学部衛生工学科卒業。環境庁国立公害研究所研究員、(独)国立環境研究所循環型社会・廃棄物研究センター長等を経て、2011 年より現職。主な著書に『東日本大震災復興まちづくり最前線』（共著）等

**滝沢　智**（たきざわ　さとし）――――――――――――――――――――――――――――― 7 章
1959 年生まれ。東京大学大学院工学系研究科都市工学専攻教授。東京大学大学院博士課程修了。博士（工学）。長岡技術科学大学、建設省土木研究所、東京大学助教授等を経て、2006 年より現職。主な著書に『環境工学系のための数学』等

**石井　亮**（いしい　りょう）――――――――――――――――――――――――――――――― 8 章
1979 年生まれ。PwC アドバイザリー合同会社マネージャー。東京理科大学大学院工学研究科建築学専攻修士課程修了。ドイツ・フライブルク市の建築設計事務所を経て、㈱日立コンサルティングにて海外スマートシティ事業開発に従事。2015 年より現職の都市ソリューションセンターに所属

**田中　準也**（たなか　じゅんや）――――――――――――――――――――――――――――― 8 章
1976 年生まれ。PwC アドバイザリー合同会社インフラ・PPP 部門マネージャー。早稲田大学大学院ファイナンス研究科修了（MBA）。横浜市において PPP/PFI の制度設計、PFI の事業化・発注手続き、財政運営、大都市制度設計等に従事。現職では国内外の PPP/PFI に関するアドバイザリー、リサーチサービスを提供

**森川　真樹**（もりかわ　まき）――――――――――――――――――――――――――――― 9 章
1969 年生まれ。(独)国際協力機構（JICA）国際協力専門員。東京大学大学院博士課程単位取得退学、博士（工学）。ユネスコ・アジア文化センター、立教大学アジア地域研究所研究員、国際協力銀行専門調査員、㈱国際開発アソシエイツ等を経て、2015 年より現職。専門は都市・地域開発計画。主な著書に『世界の SSD100：都市持続再生のツボ』『アジア・アフリカの都市コミュニティ』（共著）等

**安藤　尚一**（あんどう　しょういち）——————————————————————— 10 章

1957 年生まれ。（公財）住宅リフォーム・紛争処理支援センター研究部長。東京大学工学部建築学科卒業。建設省入省後、ペルー国立工科大学、北九州市都市計画局、経済協力開発機構（OECD）、国土交通省都市防災対策室長、国連地域開発センター所長、建築研究所国際地震工学センター長兼東京大学工学系研究科教授、政策研究大学院大学教授などを歴任。2017 年 4 月より近畿大学建築学部教授

**櫃本　礼二**（ひつもと　れいじ）——————————————————————— 11 章

1957 年生まれ。（公財）北九州産業学術推進機構キャンパス運営センター長。東京工業大学大学院修士課程修了（化学環境工学専攻）。1982 年北九州市役所に入職後、環境局等に勤務し、長年にわたり環境国際協力を所管。1992 年から 2 年間、国際連合地域開発センター（UNCRD）に派遣。2014 年から産業経済局担当部長として、公益財団法人で北九州学術研究都市の運営や産学連携の推進を担当

**信時　正人**（のぶとき　まさと）——————————————————————— 12 章

1956 年生まれ。㈱エックス都市研究所理事、東京大学まちづくり大学院非常勤講師、横浜国立大学客員教授等。東京大学工学部都市工学科卒業。三菱商事㈱を経て、(財)2005 年日本国際博覧会協会（政府出展事業）、東京大学大学院新領域創成科学研究科特任教授。2007 年横浜市入庁後、都市経営局都市経営戦略担当理事、地球温暖化対策事業本部長等を歴任し、横浜スマートシティプロジェクト等を推進。共著に『神山プロジェクトという可能性』

**橋本　徹**（はしもと　とおる）——————————————————————— 12 章

1963 年生まれ。横浜市国際局国際協力部長。アジア工科大学修士課程修了。国連アジア太平洋経済社会委員会、マサチューセッツ工科大学博士課程、世界銀行、アジア開発銀行研究所を経て、2008 年横浜市入庁。国際機関での都市計画支援事業の経験をベースに、Y-PORT 事業の立ち上げより関わる

**松村　茂久**（まつむら　しげひさ）——————————————————————— 13 章

1962 年生まれ。㈱日建設計総合研究所上席研究員。大阪大学大学院修士課程修了。ブリティシュ・コロンビア大学大学院修了。博士（工学）。1988 年㈱日建設計入社以来、国内外の都市計画・都市開発関連調査を担当。2015 年より現職。主なプロジェクトに「東南アジア・モンゴルにおける City Development Strategy 策定調査」「ホーチミン市都市計画マスタープラン策定調査」「ホーチミン市拡大 CBD エリア詳細計画・ガイドライン策定調査」「メトロセブ都市開発ビジョン策定調査」等

〈東大まちづくり大学院シリーズ〉
# サステイナブル都市の輸出──戦略と展望

2017 年 3 月 27 日　第 1 版第 1 刷発行

監修者　原田　昇
編著者　和泉洋人・城所哲夫・瀬田史彦
発行者　前田裕資
発行所　株式会社 学芸出版社
　　　　京都市下京区木津屋橋通西洞院東入　〒600-8216
　　　　電話 075・343・0811

印　刷：イチダ写真製版 ／ 製　本：山崎紙工
装　丁：前田俊平
編集協力：村角洋一デザイン事務所

Ⓒ 原田昇ほか　2017　　　　　　　　　　　　　　Printed in Japan
ISBN978-4-7615-3230-7

JCOPY 〈(社)出版者著作権管理機構委託出版物〉
本書の無断複写（電子化を含む）は著作権法上での例外を除き禁じられています。複写される場合は、そのつど事前に、(社)出版者著作権管理機構（電話 03-3513-6969、FAX 03-3513-6979、e-mail: info@jcopy.or.jp）の許諾を得てください。
また本書を代行業者等の第三者に依頼してスキャンやデジタル化することは、たとえ個人や家庭内での利用でも著作権法違反です。

## ✢「第二期東大まちづくり大学院シリーズ」の刊行にあたって

　東大まちづくり大学院（東京大学大学院工学系研究科都市工学専攻修士課程都市持続再生学コース）は、社会人を対象とし、就業と両立できるカリキュラムを提供する、社会人大学院です。まちづくりに関連する広い分野の実務経験者を対象に、総合的な教育を行い、まちづくりの現場において中心となって活躍する高度な知識を持った専門家を養成することを目的とした、国内に類例のないプログラムです。

　社会人のためのまちづくり大学院として、教育・研究の領域を広く設定したのは、現代都市の機能や環境が、単に都市計画の制度によって形成されているのではなく、市民、市民組織や企業等、都市に係る多くの主体が、個の領域を超えて、公の領域に働きかけたり、自ら社会のための活動を担う手段や力を持つことによって形成されていると考えたからに他なりません。

　東大まちづくり大学院では、まちづくりをテーマに講義や演習を行うだけではなく、社会の一線で活躍している大学院生が、現場での課題を教室に持ち込んで、議論や研究を進めるスタイルをとっています。これに応えるために、大学の研究者だけでなく、社会の多様な分野で活躍している講師が講義や演習を行うという方法も定着させてきました。

　2007年の開設以来10年間で、178名が入学し、108名が修了する実績を上げています。社会人学生の持つ専門性と高い問題意識が、まちづくりの多様性をカバーする豊富な講師陣による授業・演習と化学反応を起こし、学生も講師も新たな発見をする充実した日々を積み重ねてきました。演習や修士論文の成果の中には、具体的なまちづくりに実装されるものもでてきています。

　本シリーズは、東大まちづくり大学院での研究と教育の成果を、まちづくりのテーマごとにまとめることによって、広くまちづくりの実践に関わる方、大学や大学院でまちづくりを学んでいる方の参考にしようと試みたものです。第一期では、3年間に4冊を上梓しました。世界的に都市化が進展する中、地方創生、超高齢化、国際化等の波の中で大きく変わる都市社会やまちづくりの直面する新しいテーマに着目して、第二期を刊行します。本シリーズが、まちづくりに取り組む皆様の道しるべとなれば、幸いです。

2017年2月
東大まちづくり大学院コース長　原田　昇